中南民族大学2018年度中央高校基本科研业务费专项资金项目CSY18054最终成果

中南民族大学民族学学科资助出版教材

THEORETICAL VISION
OF ENVIRONMENTAL SOCIOLOGY

环境社会学的
理论视野

陈云 / 主编

汕頭大學出版社

图书在版编目（ＣＩＰ）数据

环境社会学的理论视野 / 陈云主编 . -- 汕头 ： 汕
头大学出版社， 2021.3
ISBN 978-7-5658-4308-2

Ⅰ．①环… Ⅱ．①陈… Ⅲ．①环境社会学 Ⅳ．
① X24

中国版本图书馆 CIP 数据核字（2021）第 021415 号

环境社会学的理论视野　　　HUANJING SHEHUIXUE DE LILUN SHIYE

主　　编：陈　云
责任编辑：邹　峰
责任技编：黄东生
封面设计：黑眼圈工作室
出版发行：汕头大学出版社
　　　　　广东省汕头市大学路 243 号汕头大学校园内　　邮政编码：515063
电　　话：0754-82904613
印　　刷：天津雅泽印刷有限公司
开　　本：710mm×1000mm　　1/16
印　　张：16.75
字　　数：270 千字
版　　次：2021 年 3 月第 1 版
印　　次：2021 年 3 月第 1 次印刷
定　　价：58.00 元
ISBN 978-7-5658-4308-2

20 世纪以来，面对日益严峻的环境生态危机，社会学做出了积极的正面回应，最典型的表现即为社会学分支学科环境社会学的诞生与发展。环境社会学不仅从理论层面展开了与传统社会学理论的多元对话，确立"环境"变量的理论地位；在实践层面也广泛关注各种环境问题和生态困境，在对具体问题的研究中揭示环境与人的互动关系，并在此过程中产生了许多研究主题，诸如环境意识、环境行为、环境风险、环境正义等。

2005 年，编者初次接触环境社会学，为本科生开设《环境社会学》课程。这是一个全新领域，做学生时没有学过，在图书馆里也找不到足够资料。当时，国内部分高校开始开设环境社会学的本科课程和研究生课程，一些早期教材出版面世。这些教材的出版标志着中国学者自觉建构环境社会学学科的开始。其中，姜晓萍、陈昌岑主编的《环境社会学》（2000）对环境社会学的部分重要内容进行了详细介绍，反映了当时国内学者对环境社会学的认识和理解。李友梅、刘春燕主编的《环境社会学》（2004）介绍了环境社会学的基本理论，以及环境问题产生的社会原因、社会影响等。此外，还有左玉辉（2003）、沈殿忠（2004）等学者编写的教材，以及翻译出版的日本学者饭岛伸子的《环境社会学》。这就是当时所能获得的有限资料。

实事求是地说，早期国内外关于环境社会学的资料对于理解什么是环境社会学具有一定启发意义，但是对"环境社

编者言

会学的视角和方法是什么""环境社会学的理论体系如何""环境社会学有何作为"等问题的回答仍给人一种意犹未尽的感觉，难以帮助初学者形成环境社会学的清晰轮廓。

带着诸多困惑，编者匆匆忙忙走上讲台，边学习、边思考、边讲授。随着学习的深入，编者越来越被环境社会学的独特立场所吸引，也越来越清晰地认识到社会学传统在处理"人—社会—环境"关系上所存在的局限。必须承认，以实证主义为主体的主流社会学在对待环境的问题上是整体倾向人类中心主义的，只关注人与社会如何相互作用，对社会秩序、社会变迁与发展格外感兴趣，自然环境仅被当作背景或常量来加以对待。尤其涂尔干（Durkheim）确立的"社会事实只能用社会事实来解释"，基本代表了社会学传统对自然环境的态度。对自然环境的严重忽视，在社会学传统中非常普遍，不仅实证主义，建构主义和批判主义也甚少涉及自然环境的分析。

环境社会学在社会学体系内第一次把"自然环境"作为一个独立变量加以尊重和对待。这种突破式转变本质上是社会学对人类社会发展所面临的时代困境展开的批判与反思。工业主义、科学主义、理性主义、消费主义已经成为当今人类世界的主题，在带给我们物质丰裕、科技发达、社会繁荣的同时，也把人类置于与自然母亲绝对对立的危险边缘。70 多亿人在数量上的优势足以剥夺其他物种的大片生存空间，更何况是一群追求无限可能、欲壑难填的人类。

就当前中国的实际情况而言，环境衰退的趋势也异常严峻。一方面，我国经济社会的持续发展越来越明显地受制于资源状况。耕地、淡水、石油、天然气等资源的人均占有量都低于世界平均水平。近年来，重要资源越来越依赖进口。另一方面，近 40 年的快速发展对我国的生态系统破坏巨大。空气、水源、土壤的污染日益严重，1/3 的国土面积受到酸雨影响，许多城市的河流都成了臭水，甚至可以说出现了"有水皆污"的局面。汽车尾气、固体废物、持久性有机物的污染持续增加，主要污染物的排放量都突破了环境的承载能力。此外，水土流失、天然草原退化、生物多样性快速减少等生态系统的恶化现象都给我们敲响了警钟。环境恶化的同时也引发了社会系统内部的摩擦和冲突，中国的和谐社会建设无可回避地要从"环境—社会"关系角度认真思考如何正确处理生态环境保护与经济社会持续发展的问题。中国环境社会学在这样的时代背景中蓬勃兴起便是自然而然的结果。

目前，关于环境社会学的学科性质已经有了非常明确的答案：研究环境与社会的相互影响、相互关系。环境社会学学科发展日益成熟，大量优秀教材问世，关于中国环境问题的中层理论建构积极自觉。在这里，必须向肖显静、洪大用、王芳、崔凤、唐国建、董小林等学者致以崇高敬意，因为十几年后的今天，当编者着手环境社会学教材的编写工作时，赫然发现他们的成就如高山般横亘在前，让人无法忽视、难以跨域。

洪大用老师主编的《中国环境社会学：一门建构中的学科》（2007）收纳了多篇该领域的理论和经验研究经典。虽然该书不是教材，却以最生动、具体的方式给予我们关于环境社会学学科性质、视角与方法的启示性回答。肖显静老师（2006）从人文社会的角度，完整梳理了环境与社会的知识体系，包括环境与人口、科技、政治经济、文化伦理、国家安全等方面，而且编排了相应的环境案例辅助思考，在系统性、针对性和通俗性方面做得都非常出色。董小林老师的《当代中国环境社会学建构》（2010）一书也采用了类似体例，对我们全面理解环境与社会的关系多有助益。王芳博士（2007）从人们的空间意识和环境行为出发，探究城市环境问题的根源及其解决途径，辅以丰富、翔实的田野资料和抽样调查的数据，将城市环境悖论全面、深入地揭示出来，为环境社会学的发展提供了一个精彩的研究视角与范例。崔凤、唐国建老师（2010）在已有基础上较为清晰地勾勒出环境社会学的整体框架，尤其在环境社会学理论与研究范式整理方面成就显著。此外，一批国外学者的优秀作品被翻译引入，包括贝尔的《环境社会学的邀请》、汉尼根的《环境社会学》等，系统展示了西方环境社会学的新发展，对国内的相关研究极具启发。

国内著名社会学网站中，环境社会学专题赫然在列，专业的环境社会学网也相应建立，这些网络平台展示了大量环境社会学领域的学术研究，环境社会学的研究队伍日益壮大。学者们的贡献从整体上推动着环境社会学学科的发展，也为本教材的撰写工作提供了非常宝贵的借鉴。目前，国内可见的环境社会学教材已有多部，在学习和阅读这些教材时，一个明显的感受是，对环境社会学理论的介绍和梳理略显单薄、杂乱。一方面，传统社会学思想和主流社会学理论中包含的探讨环境与社会关系的诸多分散性观点尚未被完全挖掘，尤其是古典社会学代表人物（如马克思、涂尔干和韦伯等）的相关思想；另一方面，现当代以来发展起来的各种环境社会学理论多分散于各种学术论文和著作中，学者们各自梳理和介绍自身感兴趣的理论范式，而未见整体性的系统整理。

鉴于此，环境社会学亟待对其现有理论进行系统梳理和结构整合。本教材定名为《环境社会学的理论视野》正是基于前述考虑，希望能够整理出环境社会学理论的阶段性全貌，帮助社会学专业学生更好地理解和把握环境社会学的理论视角。本教材的整体结构分为上编和下编。上编主要挖掘和梳理从古典到现代，主流社会学理论中包含的环境社会学思想，包括孟德斯鸠、黑格尔、马克思和恩格斯、涂尔干、韦伯、帕克、卢曼、马尔库塞、吉登斯等学者。由于主流社会学理论总体忽视环境生态变量，因此其中所包含的环境社会学思想多分散见于个别学者的论述中，故上编以人物为线索，逐个介绍具体学者的环境社会学思想。下编主要系统整理介绍现当代以来，环境社会学逐步发展起来的相对成熟的理论观点。具体包括属于环境实体论的新生态学理论、生产跑步机理论、环境正义理论、生态现代化理论、日本环境社会学理论；属于环境建构论的环境建构理论、环境话语理论、行动者—网络理论、风险社会理论等；此外，还包括新近发展的理论。

本教材的编写历时两年，编者的很多研究生都承担了许多具体工作。他们是张石燕、李冉、李硕、王婕、梅琳、马睿、朱莹莹、杜燕凌、董梦雅等同学。他们不仅参与了资料收集，也承担了相关章节的前期写作任务。其中，张石燕——孟德斯鸠，李冉——黑格尔，马睿——马克思和恩格斯、涂尔干、韦伯，董梦雅——吉登斯，李硕——生产跑步机理论、环境建构理论、新生态学理论，王婕——生态现代化理论、环境正义理论、行动者网络理论，梅琳、杜燕凌——环境话语理论、风险社会理论，朱莹莹、杜燕凌、董梦雅三位同学承担了全书的统稿、校对工作。他们的付出，为本教材最终成稿打下了坚实的基础，在此向他们表示衷心的感谢。本教材所涉及内容广泛，部分章节由于无法找到原始资料而不得不参考借鉴其他学者的转介与论述，不当之处请各位专家学者谅解。

陈云

2020 年 7 月 8 日于南湖畔

CONTENTS

目 | 录

PART TWO

 编　环境社会学理论的现当代发展

导论：什么是环境社会学

与一些具体的传统分支学科相比，环境社会学的诞生无疑是社会学发展史上较为晚近的事情。1978 年，卡顿（Catton）和邓拉普（Dunlap）在《美国社会学家》杂志第 13 卷上发表的《环境社会学：一个新范式》一文宣告了环境社会学的正式诞生。然而，在此之前，社会学已经开始了对环境生态危机的关注和思考，在此之后，环境社会学的发展跌宕起伏，至今又进入一个长足发展时期。

一、环境社会学产生的背景

环境社会学的产生源于特定的时代背景。20 世纪前半期，随着资本主义现代经济体系的建立和工业生产对新技术的大量使用，环境问题日益突出，对人类的生活和生命健康产生了巨大影响。人们的环境保护意识在此刺激下发生了明显转变，环境保护运动在世界范围内风起云涌。与此同时，思想理论界也积极关注各种环境问题，对环境问题的现状及其影响展开了深刻探讨。

（一）世界范围内的环境问题日益严重

环境问题自古有之，在人类历史上，因严重的环境灾难而发生干旱、饥荒、流徙、疾患，甚至家国覆灭、文明中断的例子不胜枚举，这其中包括著名的复活节岛文明的消失、庞贝古城的覆没等。但是，历史上的环境问题，多是原生性环境问题，且发生在某一地区，影响范围有限。而 20 世纪以来的环境问题，无论是发生的频率，还是影响的范围和程度，都超越了历史上的任何时期。

第二次世界大战结束以后，西方主要资本主义国家迅速从战争中恢复过来，大规模工业生产不仅创造了经济增长的繁荣，也导致了生态环境的严重恶化。20 世纪 30—60 年代，发生了八起震惊世界的环境公害事件（见表 1）。这些事件主要发生在欧洲、美国和日本等先期步入现代工业化的国家，致害原因主要是大气污染和水污染。然而，它们只是潘多拉魔盒打开后最先出现的危害，此后生物多样性消失、资源短缺、气候变暖、沙漠化、酸雨、草场退化，乃至核污染，各种生态危机不断涌现，给自然生态系统和人类社会带来巨大危害。

20 世纪以来产生的环境问题具有三个明显特征：第一，环境问题主要由人类活动造成，具有人为性。马克思和恩格斯在《共产党宣言》中写道，资产阶级在它不到一百年的时间里所创造的生产力，比过去一切时代创造的全部生产力还要多。各种技术、机器设备的应用，爆发出以前从未料想到的生产力[1]，也打破了地球业已形成的生态系统的平衡。著名的"布伦特兰报告"《我们共同的未来》沉重指出，从太空中看，地球是一个小而脆弱的圆球，人类的活动正从根本上改变着地球系统。[2]美国生物学家卡逊（Carson）也直言不讳地指出，空气、土地、河流以及大海遭受了人类最危险的袭击，甚至致命物质的污染。[3]联合国政府间气候变化专门委员会（Intergovernmental Panel on Climate Change, IPCC）从 1990 年到 2014 年对全球气候变暖以及生态危机与人类活动的关系进行了持续评估，指出过去 50 年的气候变化有 95% 以上的概率可归因于人类活动。[4]另据不完全统计，截至 2015 年，全球每年野生动物走私交易利润达 100 亿美元，是仅次于毒品交易和武器贸易的全球第三大犯罪产业。世界自然基金会（World Wide Fund for Nature, WWF）的一份调查报告显示，1970 年以来的 40 年时间里，世界范围内哺乳动物、爬行动物、两栖动物、鸟类和鱼类的种群数量平均减少了 52%。淡水生物则减少了近 3/4，情况更加严重。森林采伐、

---

[1] 《马克思恩格斯选集》第 1 卷，人民出版社 1972 年版，第 228—286 页。

[2] 世界环境与发展委员会：《我们共同的未来》，王之佳、柯金良等译，吉林人民出版社 1997 年版，第 1 页。

[3] [美] 蕾切尔·卡逊：《寂静的春天》，吕瑞兰、李长生译，吉林人民出版社 1997 年版，第 4 页。

[4] 杨发庭：《生态危机：特征、根源及治理》，《理论与现代化》2016 年第 2 期，第 33 页。

气候变化、过度捕捞和猎杀等人类活动是造成动物数量下降的主要原因。[1]

表 1　20 世纪八大环境公害事件

公害事件	发生地与时间	发生原因	受害人数
马斯河谷烟雾事件	比利时（1930）	大气污染	近 60 人死亡，几千人发病
洛杉矶光化学烟雾事件	美国（1943）	汽车废气产生的光化学烟雾	65 岁以上老人死亡 400 多人，大多数居民不同程度患病
多诺拉镇烟雾事件	美国（1948）	大气污染	42% 的居民患病，17 人死亡
伦敦烟雾事件	英国（1952）	大气污染	4000 多人死亡
水俣病事件	日本（1953—1968）	汞污水污染	近万人中枢神经疾患，66 余人死亡
富山骨痛病事件	日本（1955—1968）	镉污染	死亡 207 人
四日市气喘病事件	日本（1955—1961）	大气污染	居民呼吸道疾患剧增
米糠油事件	日本（1963）	多氯联苯污染物混入米糠油	13000 多人中毒，数十万只鸡死亡

第二，环境问题是一个从量变到质变的过程，具有潜伏性。短期来看，人类就像温水中的青蛙，不易察觉生态环境的变化，或者不认为污染行为会造成什么影响，待到环境问题大规模爆发时再慌忙应对，往往为时已晚。卡逊在《寂静的春天》中指出："化学药品被撒向农田、森林和菜园后，会长期停留在土壤里，有时化学药品会随着地下水流悄悄转移，等到再次出现时，它们会在空气和阳光的作用下结合成为可以杀伤植物和家畜的新物质，这些新物质进入生物组织内部，进入生长的谷物、小麦里，进入人的体内，在很大程度上这一邪恶的环链不断传递且难以逆转。"[2] 近代以来关于气候变暖的说法，首次较正式的提出是在 1979 年的第一次世界气候大会，其间历经 38 年不断监测、评估，气候变暖问题才得以确立，受到世界各国的广泛关注。从长远来看，环境问题一旦大规模爆发，必将对人类文明的所有成果产生不同程度

---

[1]　"震惊数据揭灭绝真相 40 年间全球动物数量减半"，2014 年 9 月 30 日，http://www.chinanews.com/gj/2014/09-30/6646085.shtml.

[2]　[美]蕾切尔·卡逊：《寂静的春天》，吕瑞兰、李长生译，上海译文出版社 2008 年版，第 6 页。

的影响。

第三，环境问题不是局部时间、局部地点的事情，是全球共同面临的困境，具有全球性。"以往的生态危机是局部的，我们的祖先可以用迁移的办法摆脱；现代生态危机是全球性的，我们已无处可逃。"[1] 今天困扰全人类的全球气候变暖、极端天气频发、生物多样性减少、资源能源短缺、海平面上升、沙漠化等生态恶化现象，是全球多个国家和地区共同面临的生态危机，它们的影响溢出国门，对地球上的所有人和生物造成伤害。这些环境问题仅仅依靠一国或一地区的努力，是根本无法获得解决的，它需要通过合作和对话，发动国际社会广泛参与来共同应对挑战。

（二）环境问题引起思想界的积极关注

面对日益严重的环境问题，一些学者和研究机构率先展开了观察、监测和思考，并将研究的结果向社会大众公布，以期引发广大民众的关注和反思。早在 19 世纪中期，美国作家梭罗（Thoreau）就在其经典著作《瓦尔登湖》中严厉控告了人类掠夺开发大自然的恶劣行径，号召人们要谦卑恭敬地对待自然。20 世纪 30 年代，利奥波德（Leopold）在《沙乡年鉴》中提出了"大地伦理学说"，倡导用尊重和平等的态度对待大自然。到了 20 世纪 60 年代，环境问题受到普遍关注，相关著作大量问世。这其中具有代表性的著作有《寂静的春天》《人口爆炸》《增长的极限》等。

《寂静的春天》是美国海洋生物学家蕾切尔·卡逊的力作。卡逊开篇就提出了一个沉重的问题 —— 为什么美国的春天不再有鸟语花香？卡逊给出的答案是，对化学药品和肥料的过度使用污染了环境，破坏了生态，也祸害了人类自己。那些试图消灭害虫的农药，最终增强了害虫的抗药性，并意外造成了对其他相关动植物的严重伤害，人类的健康也因此受到威胁。她主张制止使用有毒化学品的私人和公共计划，利用自然界的生存斗争把害虫数量控制在较低水平。

该书在全世界都流行"向大自然宣战""征服自然"的时代，犹如当头棒喝，第一次对这一人类意识的正确性提出了质疑。它提醒人们要对"控制自然"保持警惕，引起了人们对环境问题的极大关注，引发了整个现代环境保护运动。这本书被评为影响世界历史进程的十部重要著作之一，是近 50 年来美国最具影响力的书。它就"像

---

[1] 尹希成：《全球问题与中国》，湖北教育出版社 1997 年版，第 11 页。

黑暗中的一声呐喊，唤醒了广大民众，为人类环境意识的启蒙点燃了一盏明亮的灯"。时任美国总统肯尼迪任命了一个特别委员会，调查并证实了书中的结论，国会立即召开听证会，美国第一个民间环境组织应运而生，美国环境保护局也在此背景上成立。[1]

《人口爆炸》和《增长的极限》是现代马尔萨斯主义的代表性著作。它们的观点都深受马尔萨斯理论的启发与影响。马尔萨斯（Malthus）在《人口学原理》中借助几何级数和算数级数来说明人口增长速度和物质资料的增长速度并不同步，生活资料的增加赶不上人口的增长是自然的、永恒的规律。美国学者伊尔里奇（Illich）在《人口爆炸》中，进一步将世界人口增长的速度比喻为"人口爆炸"，以此揭示工业革命以来，世界人口翻番的时间大为缩短、第三世界人口严重过剩以及发达国家人口增长缓慢甚至停滞的人口现实状态。米都斯（Meadows）等学者组成的"罗马俱乐部"应用现代科学知识和微电子技术研究预测了世界发展的趋势。他们在《增长的极限》中指出，人口、工业化、污染、粮食生产和资源消耗都以指数增长的方式持续增长着，但地球的承载力却是有限的。一旦增长达至这一极限，人口和工业生产力便会出现突然的和不可控制的衰退。为了避免这一可怕的结果，必须改变现有的增长方式，实现"全球均衡状态"[2]。他们都表达了对人口增长和生态破坏的担忧。人口危机必将导致资源危机、粮食危机、生态危机。如果不能自觉有效地控制人口，人类将面临"世界末日"。

此外，《封闭的循环——自然、人和技术》《只有一个地球——对一个小小行星的关怀和维护》《生存的蓝图》《世界末日》《世界的未来》等著作都产生了重要影响，对环境意识启蒙和环保运动产生都起到了积极的推动作用。

（三）环境保护运动风起云涌

美国最早期的环境保护运动以保护大自然和保护自然资源为目标。荒野保护运动和资源保护运动是这一时期环境保护运动的主要代表。

---

[1] [美]蕾切尔·卡逊：《寂静的春天》，吕瑞兰、李长生译，吉林人民出版社1997年版，译者序、前言。

[2] [美]丹尼斯·米都斯等：《增长的极限——罗马俱乐部关于人类困境的报告》，李宝恒译，吉林人民出版社1997年版。

从 18 世纪末期到 19 世纪末期,美国广袤的西部地区逐渐被工业文明征服,西部大片肥沃的土地变成了寸草不生的荒漠。"19 世纪美国开发利用森林、草原、野生动物和水资源的经历,是有史以来最狂热和最具有破坏性的历史。"[1] 在此背景下,以约翰·缪尔(Muir)为代表的超功利的自然保护主义者们发起了以浪漫主义哲学为基础,强调自然的审美与精神价值的统一的荒野保护运动。著名的民间自然保护组织"塞拉俱乐部"为建立约塞米蒂国家公园同政府展开了长达 10 年的斗争。其他的环保组织也为建立国家公园做了大量工作和努力。19 世纪末 20 世纪初,美国相继建立了许多国家公园:黄石国家公园(1872)、加州红杉国家公园(1890)、阿迪朗达克国家公园(1892)、雷尼尔山国家公园(1899)、火山湖国家公园(1902)、米塞弗德国家公园(1906)、冰川国家公园(1910)等。

另一方面,以吉福特·平肖(Pinchot)为代表的功利性资源保护主义者们推动政府颁布了一系列保护自然的法令,建立了许多新的自然保护区。针对当时美国西部森林、牧场、荒野遭到的毁灭性破坏,提出了把自然资源收归国有以防私人滥用的主张。时任美国总统罗斯福大力支持并实施了这些主张,由上至下掀起了一场资源保护运动,取得了显著成效:政府共收回了 1 亿英亩土地和 118 个森林自然保护区,国有森林数量增加到 158 个,面积达到 1.5 亿英亩;7000 万英亩土地被划为矿产保留地[2];建立了 4 个野生动物保护地和 50 多个野生鸟类保护地[3]。1908 年,罗斯福主持召开的全国资源保护会议通过了采用"Conversation"作为国家自然保护政策术语,以区别于缪尔式的自然保护主义"Preservation"。同年 6 月,全国自然资源保护委员会成立。

功利性的自然保护政策并没有从根本上解决美国的环境问题,20 世纪 30 年代肆掠整个南部平原的沙尘暴创造了美国历史上最为严重的自然灾难纪录。到了 20 世纪 60 年代,肮脏的空气、污染后的水源、化学成分或放射性物质含量过高的食物包围了人们的生活,各种公害事件频发,成千上万的人因此生病甚至死亡。人们的环保

---

[1] Fairfield Osborn. *Our Plundered Planet*. Boston: Little, Brown and Company, 1948, p.175.

[2] 万玉松:《美国历任总统传》,河南大学出版社 1989 年版,第 261 页。

[3] [美] 莫里森等:《美利坚共和国的成长》(下),南开大学历史系美国史研究室译,天津人民出版社 1991 年版,第 403 页。

意识空前提高，环境保护组织纷纷成立，环境保护运动组织化程度越来越高。在整个 20 世纪 60 年代，美国新成立了 3200 多个环保组织，全国性和地区性的环境保护组织有 200 个。[1] 荒野协会、野生动物联盟、环境保卫基金会、自然资源保卫委员会、绿色和平组织、地球之友等都是在这一时期成立的。它们在普及环境保护知识、提高公众环境意识、制造舆论压力、影响政府决策，利用公众舆论、监督政府行为等方面都发挥了巨大作用。

除美国之外，德国、英国、日本等发达国家也有无数民众不断走上街头，游行、示威、抗议，要求政府就治理和控制环境污染采取有力措施。乡村保护协会（Council for the Preservation of Rural England, CPRE）是英国最早的环保组织之一。英国各地保存至今的淳朴乡村风景、田园风光得益于乡村保护协会近百年的不懈努力。在原联邦德国，"环境保护 —— 全国自发组织联合会"1972 年成立时，拥有 1000 多个自发组织，30 万成员。到 1985 年时，其追随者已超过 150 万人。[2] 日本早在明治年间就开始了反矿毒毒害运动，直到 1974 年足尾铜矿才最终关闭，当地居民为此付出了一个世纪的污染代价和持续抗争。1945 年以后，日本经济飞速增长，日本人民先后开展了反产业公害运动、反开发公害运动（包括工业项目公害的斗争、反对交通项目公害的诉讼、反对汽车公害的斗争等）、反生活公害运动等环境保护运动。

1970 年 4 月 22 日，大约 2000 万人参加了声势浩大的地球日活动，同日美国各地举行各种各样的活动，要求政府保护地球；1972 年 6 月 5 日，联合国"人类环境会议"在瑞典斯德哥尔摩召开。会议提出了"只有一个地球"的口号，呼吁各国政府和人们共同努力，采取行动，维护和改善人类环境，以造福全人类和后代子孙。会议发表了《人类环境宣言》，并把每年的 6 月 5 日确定为"世界环境日"。[3]

二、环境社会学的发展

环境社会学诞生于 20 世纪 70 年代。克劳斯纳（Klausner）在其 1971 年出版的《论

---

[1]　Kline, Benjamin. *First along the River: A Brief History of the U.S. Environmental Movement.* Lanham, Md.: Rowman & Littlefield Publishers, c2011, pp.88-89.

[2]　洪大用：《社会变迁与环境问题 —— 当代中国环境问题的社会学阐释》，首都师范大学出版社 2001 年版，第 41 页。

[3]　刘传江、侯伟丽：《环境经济学》，武汉大学出版社 2006 年版，第 11 页。

环境中的人》一书中首次使用了"环境社会学"这个概念。1978 年，卡顿和邓拉普的文章《环境社会学：一个新范式》被视为环境社会学诞生的标志。但是，在此之前，环境社会学已经积累了一些研究基础。

（一）环境社会学初步兴起

20 世纪 70 年代以前，虽然没有使用"环境社会学"这一名称，但已有部分学者进行了相关研究。美国社会学先驱萨姆纳（Sumner）在其一篇杂感中，表达了对未来地球容量不足的担忧。印度学者穆克吉（Mukerjee）在 20 世纪 30 年代就撰文指出，人类若想长期保持其对生物界的稳定统治，就必须正确理解和应对生态系统的制约。索罗金（Sorokin）在 20 世纪 40 年代研究饥荒的社会影响时，提出了与当时的流行观点相对立的"人类深受生物环境制约"的新观点。蓝迪斯（Landis）在编写社会学教科书时，也把自然环境问题作为专门的一章加以探讨。20 世纪 50 年代，科特雷尔（Cottrell）在其出版的《能源与社会》一书中，提出了"高耗能的现代技术未必可取"的精辟见解。到了 60 年代，雷德（Reid）则直接采用"自然社会学"（The Sociology of Nature）作为书名，探讨物种之间的相互依赖关系。[1]

20 世纪 60—70 年代，是美国环境社会学快速发展时期。在 70 年代早期，美国的学者们就开始关注各种环境问题之间的相互关系，以及它们如何从局部性的水污染发展到区域性的空气污染再发展到诸如气候变迁、森林退化和海洋酸化等全球性环境问题。早期环境行动主义者还成功地使"环境质量"成为一个为人所知的主要社会问题。为数不多的社会学家也通过研究公众态度、环境行动主义者、环境组织、政府政策等对当时日益高涨的环境运动做出了积极回应。环境社会学的创始人之一邓拉普在 1972 年发表了相关论文，对学生反战行动主义者和学生生态行动主义者进行比较研究。他的博士论文是关于俄勒冈州立法机构环保措施的票选研究。[2]

1973 年，卡顿来到华盛顿州立大学，并在此遇到了同样对环境议题感兴趣的邓拉普。二人志同道合，开始探索环境社会学学科创立的相关问题。他们重新审视社

---

[1] 洪大用：《社会变迁与环境问题 —— 当代中国环境问题的社会学阐释》，首都师范大学出版社 2001 年版，第 42 页。

[2] 陈阿江：《环境社会学的由来与发展》，见陈阿江主编：《环境社会学是什么 —— 中外学者访谈录》，中国社会科学出版社 2017 年版，第 3—4 页。

会学传统，发现社会学家不仅严重忽视生物物理环境，而且仅仅视物理环境为社会生活的常量。社会学中所指的"环境"，通常是社会文化环境，很少涉及生物物理环境。当代主流社会学更是视资源丰富、技术先进、经济增长和一切的进步为理所当然，人类社会可以无限增长和繁荣下去。他们把这一视角称为"人类豁免主义范式"（Human-exceptionalism-paradigm, HEP）。他们指出，在一个资源短缺和污染严重的时代，HEP 已经过时，需要用新生态范式（New-ecological-paradigm, NEP）取而代之。

美国环境社会学的发展在 1974—1976 年的三年里取得了实质性进步。1974 年，社会问题研究学会（Society for the Study of Social Problems, SSSP）正式成立了环境问题研究分会；1976 年，美国社会学学会（American Sociological Association, ASA）成立了环境社会学部，吸引了一大批相关领域的学者。这是一个令人振奋的时期，学者们广泛关注了环境态度和观念、环境运动、环境政治、环境问题的建构、能源消耗与短缺及其对社会的影响、灾害的社会影响等与环境相关的议题。环境社会学部充满了蓬勃的朝气和研究兴致，一个崭新且重要的专业领域 —— 环境社会学 —— 在酝酿中逐渐诞生了。[1]

（二）环境社会学艰难前行

20 世纪 80 年代初期开始，美国环境社会学丧失了发展动力，其中最明显的表现就是美国社会学学会环境社会学分会的成员逐渐减少，1983 年减少到最低会员人数 274 人。1988 年美国环境社会学分会改名为"环境与技术分会"，这也表明环境社会学在美国社会学中的学科地位开始下降。此一时期，美国环境社会学面临着研究经费不足、论文发表数量下降、相关核心期刊轻视环境社会学方面的研究论文、学科课程被削减、教材建设滞后、专业生源流失、学生就业困难、学科凝聚力严重衰退等一系列问题，发展举步维艰。[2]造成这种局面的原因主要有三个：

第一，美国社会的政治大环境发生了巨大变化。里根当选总统后，美国的政治风向标开始转向保守。他主张开放市场、放任自由、推动新自由主义经济的快速发展，

---

[1]　陈阿江：《环境社会学的由来与发展》，见陈阿江主编：《环境社会学是什么 —— 中外学者访谈录》，中国社会科学出版社 2017 年版，第 8—9 页。

[2]　孔德新：《环境社会学》，合肥工业大学出版社 2009 年版，第 39 页。

科学技术也在"星球大战"计划的带动下取得巨大飞跃。整个美国社会沉浸在经济繁荣的兴奋中，经济贪婪主义文化甚嚣尘上，反环境主义情绪高涨，对生态限制的观念不屑一顾。在这种社会氛围下，工商管理、计算机科学等专业风靡一时，环境科学的发展举步维艰，环境社会学不但难以吸引优秀人才，后继力量匮乏，而且还流失了一部分研究力量。

第二，作为一个全新的专业领域，环境社会学不仅受到社会学圈外一些学者的攻击，更可悲的是它的理论立场为主流社会学所排斥而未能得到社会学学科的支持。20 世纪 70 年代末开始，贝尔、李普塞特、奈斯比特等著名社会学家就撰文直接批评所谓生态限制。贝尔直言不讳地指出，从生物物理的角度看，不存在增长的极限，即使有，那也是社会的。显然，当时的主流社会学并不接受环境社会学。

第三，环境社会学研究本身不够完善，存在明显缺陷。这些缺陷主要表现在三个方面：其一，卡顿和邓拉普所提出的"新生态范式"除了几条宽泛空洞抽象的假设外，并未发展出具体而系统的理论思想，无法从根本上推动环境社会学的经验研究；其二，美国环境社会学在产生之初，对研究主题、学科体系、学科方向等基本问题缺乏系统深入的思考，学科定位非常不清晰；其三，美国环境社会学的研究队伍非常庞杂，人员来自多个学科，没有共同的学科取向，缺乏足够的凝聚力，一旦学科发展遇到困难或挫折，研究队伍容易分崩离析。

尽管整个 20 世纪 80 年代，美国环境社会学的发展陷入最为困难的状态，但是仍有部分学者坚守环境社会学阵地，低调务实地坚持研究，推动这门新兴学科的发展。1983 年，邓拉普和卡顿发文总结归纳了环境社会学家们的共识，并修正了邓肯提出的环境社会学分析框架，进一步凸显了该框架的分析价值。1986 年，巴特尔（Buttel）在其发表于《国际社会科学杂志》第 38 卷上的文章中，对环境社会学的发展状况进行了评述，并肯定了环境社会学的未来。一年后，他又在《社会学年评》上发文讨论环境社会学的新方向，认为环境社会学可以从新人类生态学、环境态度、环境价值和环境行为、环境运动、技术风险和风险评估、环境政治经济学和环境政治等主题入手展开相关研究。同年，瑞恩（Rhyne）在《社会学视野》第 7 期撰文指出，环境社会学应当突显社会学特色，把社会变造过程中人类居住和工作形式的变化作为影响环境的因素加以考虑。此外，还有一些学者经验性地考察分析了污染对居民和社区的影响。[1] 这些努力为当时处于低谷的美国环境社会学注入了希望，为 90 年代以后美国环境社会学的重新崛起奠定了基础。

相比之下，同一时期的欧洲和日本，环境社会学的发展相对较好，大规模的反核抗议和绿党的发展壮大使欧洲社会学获得了广阔的研究领域。英国在此一时期涌现出大量针对环境议题的实证研究。英国经济与社会研究理事会（Economic and Social Research Council, ESRC）设立了全球环境变化研究部，主持召开了一系列研讨会、研究团体活动和座谈会。[2] 日本的环境社会学尽管起步晚，但发展极为迅速。日本是东亚地区最先实现工业化的国家，从 1945 年到 1985 年，区域发展导致的环境和污染问题使日本遭遇了四大公害。日本环境社会学最初的发展就是从受害人角度反思工业发展带来的环境公害。此一时期，日本学者先后提出了受益圈和受害圈理论、受害结构论理论、生活环境主义理论等。[3]

日本社会学家对环境问题的相关调查和理论钻研，逐步形成了三个研究团队。[4]第一个团队是饭岛伸子团队，该团队受福武直的影响，最早着手水俣病等公害问题的研究；第二个团队由舩桥晴俊、长谷川公等学者组成，学术兴趣集中于基于社会运动理论开展的反公害运动；第三个团队则是在批判地域开发所带来的自然环境破坏的基础上发展起来的，主要成员包括鸟越皓之、嘉田由纪子等人。1988 年，日本社会学会建立了环境部，四年后改为环境社会学学会。

（三）环境社会学迎来转机

进入 20 世纪 90 年代后，环境问题随着全球化扩展突破了地域限制，成为一个日益严重的国际问题。环境运动进一步高涨，各国政府和国际组织也愈益关注环境问题。1992 年 6 月，183 个国家的代表团、102 位国家元首相聚巴西里约热内卢，参加了联合国环境与发展大会。此次会议深刻反思了工业革命以来"高生产、高消费、

[1] 洪大用：《社会变迁与环境问题——当代中国环境问题的社会学阐释》，首都师范大学出版社 2001 年版，第 46—47 页。

[2] [加]汉尼根：《环境社会学》，洪大用等译，中国人民大学出版社 2009 年版，第 12 页。

[3] 卢春天、马溯川：《中日环境社会学理论综述及其比较》，《南京工业大学学报（社会科学版）》2017 年第 3 期，第 72 页。

[4] [日]鸟越皓之：《日本的环境社会学与生活环境主义》，见陈阿江主编：《环境社会学是什么——中外学者访谈录》，中国社会科学出版社 2017 年版，第 70 页。

高污染"的传统发展模式的弊端,提出人类社会需要建立"新的全球伙伴关系"来保护地球生态环境、实现可持续发展,形成了《里约热内卢环境与发展宣言》和《21世纪议程》两个纲领性文件,通过了《关于森林问题的原则声明》《生物多样性公约》《联合国气候变化框架公约》等重要文件。[1] 本次会议是一次里程碑式的会议,宣告了人类社会发展模式的重大转向,即改变传统发展模式和生活方式,走可持续发展道路。

在全球范围内环境社会学发展面临的整体局势发生了重大改变,美国国内亦是如此。在"讨厌"环保的里根政府和"忽视"环保的布什政府结束之后,美国迎来了一位积极主张环境保护的副总统戈尔,美国政府对环境问题的态度发生了明显转变,更加重视和应对环境问题,推出了积极的环境政策。在此背景下,美国环境社会学获得了更多研究资助,研究信心大增。它一改之前的颓势,呈现出蓬勃向上的态势,主要表现在四个方面。[2] 第一,研究队伍不断壮大。美国社会学学会环境社会学分会会员人数从1988年开始迅速增加。第二,研究成果的数量和质量不断提升。以环境为主题的专题讨论频繁出现在《社会问题》《社会问题杂志》《定性社会学》《加拿大社会学和人类学评论》等一系列社会学杂志上。科罗格曼(Krogman)和达灵顿(Darlington)的研究结果显示,各个主流的有同行评测的社会学期刊刊载环境社会学论文的数量在1990—1994年间有显著增长。[3] 第三,研究领域不断扩展。在环境态度、环境政策制定、环境问题的政治经济学分析等传统领域不断加强的同时,学者们开展了对草根阶层环境团体、环境种族主义和环境正义等问题的研究,进一步体现了环境社会学的学科关怀和实际应用价值。第四,学科建设不断加强。学者们就环境社会学的基本概念、方法和理论进行了深入探讨,并发展出两条路径。以英国学者为主体的欧陆一脉侧重从人类社会与环境关系的角度出发,在从符号互动论到马克思主义的广阔领域中深入挖掘传统社会学理论中的相关思想,构建环境社会学理论框架;而以美国学者为主体的北美一脉则侧重厘清环境与社会关系的概念和方法论问题。两条路径殊途同归,增进了人们对于环境与社会关系的认识与理解,

---

[1] 高中华:《环境问题抉择论——生态文明时代的理性思考》,社会科学文献出版社2004年版,第182—183页。

[2] 洪大用:《社会变迁与环境问题——当代中国环境问题的社会学阐释》,首都师范大学出版社2001年版,第46—47页。

[3] [加]汉尼根:《环境社会学》,洪大用等译,中国人民大学出版社2009年版,第13页。

促进了环境社会学学科的发展。[1]

环境社会学在世界各地的发展也进入高潮。1990 年日本学者正式创立环境社会学研究会，1992 年正式成立了环境社会学学会，并且在前期三种理论的基础之上，又发展出了"社会两难论"。综合而言，"受害构造论"适合于类似水俣病等导致大量受害者出现的公害研究；"受害圈、受苦圈论"对于伴随工业化、城市化发展而产生的公害问题（例如铁路震动、噪声等）具有较好的解释力；"生活环境主义"比较适合从生活者视角分析考察环境破坏问题；"社会两难论"有助于解释日常生活领域中垃圾、洗涤剂污染等现象的内在矛盾。[2]

韩国环境社会学起步较晚，但也取得了长足发展，形成了自身特色。1995 年，李时载教授领导组建了环境研究小组。2000 年，在这个研究小组的基础上，韩国环境社会学学会成立。韩国的环境社会学研究从环境问题和环境运动开始，许多环境社会学者身体力行地参与环境运动。韩国社会学经过 20 多年的发展，形成了四大研究主题。第一类主题是工业污染问题，韩国学者调查了许多受污染的河流、海洋，还有空气污染等。第二类主题是垃圾问题。学者们着重探讨解决问题的对策，为政府部门提供相关政策建议。第三类主题是大型人工项目问题，这些大型项目都直接或间接由政府资助，与政府进行斗争就成为此类主题的研究对象。第四类主题是气候变化。总体而言，韩国环境社会学者们研究社会运动、环境运动，关心工业污染、核电项目和垃圾处理问题。他们不受雇于政府，始终与民众站在一起。[3]

进入 21 世纪以来，发展中国家在发展过程中造成的国内、国际层面的生态环境影响受到了广泛关注。全球范围内环境治理的一体化进程日益加速。信息技术的飞速发展极大提升了环境信息的传播速度，也深刻影响着各个国家环境治理的条件和模式选择。在此背景下，人类社会合作解决环境问题变得更迫切、也更艰难，环境社会学的学科探索也不断扩大和深化。西方环境社会学者积极参与新兴工业化国家的环境问题和环境治理研究，中国、巴西、南非、印度、越南等发展中国家的环境社会学也迅

---

[1] 崔凤、唐建国：《环境社会学》，北京师范大学出版社 2010 年版，第 9—10 页。

[2] ［日］鸟越皓之：《日本的环境社会学与生活环境主义》，见陈阿江主编：《环境社会学是什么——中外学者访谈录》，中国社会科学出版社 2017 年版，第 70—71 页。

[3] 《韩国环境社会学的起源与发展——李时载教授访谈录》，见陈阿江主编：《环境社会学是什么——中外学者访谈录》，中国社会科学出版社 2017 年版，第 144 页。

速发展。其中，快速成长的中国环境社会学便是本阶段世界环境社会学发展的重要组成部分，在未来很可能成为一个继北美、西欧、日本之外的新的研究中心。[1]

环境社会学从初创至今，经过各国学者持续不断的努力，目前已进入了发展的黄金时期。环境社会学的学科地位在不断提升，学科规模在不断扩大，学术研究的领域持续扩张，学术研究的成果被认可和尊重。不断拓展的生态数据资源、逐步完善的数据分析工具和领域中重要理论的争论将确保环境社会学在整个社会学领域中的学科地位和学科生命力。

三、环境社会学的研究对象和理论发展

经过30多年的探索与发展，环境社会学的学科轮廓日渐清晰，理论体系逐步完善，研究特征愈益突出，尽管环境社会学领域内的争论依然激烈。

（一）环境社会学的研究对象

用研究对象来划分学科边界，是确立学科地位的传统做法。"对环境社会学学科定位的讨论，尤其是对其研究对象领域的讨论，将直接涉及环境社会学实证研究的分析框架的建构问题。"[2] 关于环境社会学是什么这一问题，从研究对象出发，目前已经形成了相对成熟的四种观点。

1. 环境与社会之间的相互关系

把环境与社会之间的相互关系作为环境社会学的研究对象，这是环境社会学界的主流取向。施耐伯格（Schnaiberg）、邓拉普、巴特尔（Buttel）、摩尔（Mol）、约克（York）等学者都持有这种观点。"环境—社会"关系可具体演绎为环境与社会是如何互动的？互动的结果是什么？时间和空间上的互动有什么不同？哪一种互动导致了环境退化或环境改善？等等[3]。

---

[1] 《中国环境社会学学科发展的重大议题》，见陈阿江主编：《环境社会学是什么—— 中外学者访谈录》，中国社会科学出版社 2017 年版，第 173—174 页。

[2] 吕涛：《环境社会学研究综述——对环境社会学学科定位问题的讨论》，《社会学研究》2004 年第 4 期，第 16 页。

[3] 《生态现代化：可持续发展之路的探索——阿瑟·摩尔教授访谈录》，见陈阿江主编：《环境社会学是什么—— 中外学者访谈录》，中国社会科学出版社 2017 年版，第 43 页。

（1）研究取向的来源：

这种取向源于对传统社会学前提预设的批判。卡顿和邓拉普明确指出，传统社会学研究范式体现了"人类中心主义"或"人本主义"的前提预设，他们称为"人类豁免主义范式"。该范式可以追溯到涂尔干，他确立了"社会事实只能用社会事实来解释"的实证社会学研究原则，把环境现象排斥在社会事实之外，忽视环境因素对社会事实的影响，反对社会学理论研究中的任何生物学化倾向，在一定程度上把自然环境排斥到社会学的理论关切之外。卡顿和邓拉普主张用新生态范式代替人类豁免主义范式，把生态学法则作为指导环境社会学乃至社会学研究的新方法论原则。他们的观点受到传统社会学维护者的反驳，环境社会学界的其他学者也对此展开了积极反思和批判。

传统社会学的维护者认为，传统社会学中存在对环境问题的关注，只是这些观点在社会学发展的过程中被忽视了，没有引起足够重视。例如托克维尔在《论美国的民主》中指出，美国式民主的基础之一便是其得天独厚的地理位置。孟德斯鸠在《论法的精神》中特别讨论了法律与气候、土壤的关系。涂尔干在《社会分工论》中也指出，工业社会分工复杂化的重要前提包括日益增加的人口密度和逐渐强化的对稀有资源的争夺。此外，他对图腾崇拜的研究也从侧面体现了自然现象的社会影响和文化价值。马克思的"代谢断层"理论更是环境社会学的奠基性理论之一。因此，卡顿和邓拉普对传统社会学的批评是较为偏颇的。

环境社会学内部则继承性批判了新生态范式，因为他们总体上认可了生态学方法论原则的理论意义。它有利于反思人类中心主义的强势地位，在现代性的学术视野中重新审视人类社会与自然环境的关系性质，为重新定位人类在生态系统中的位置奠定了方法论基础。当然，环境社会学对生态学法则的认同，更强调人类的经济、政治、社会及文化等各种实践互动方式对自然环境的干预和影响。政治权力、市场竞争对自然资源的持续性压力，生存需求、消费欲望对自然资源的过度索取，以及生产活动、生活方式对自然环境的破坏性干预等，这些影响伴随全球化进程愈加呈现为整合性作用力[1]，使得环境与社会的关系呈现出前所未有的复杂局面，为理解和

---

[1] 林兵：《中国环境社会学的理论建设——借鉴与反思》，《江海学刊》2008 年第 2 期，第 120 页。

把握人类行为对自然环境的影响设下重重迷雾。

今天，环境社会学所发展起来的诸多理论范式，从本质上说，都没有完全坚持卡顿和邓拉普提出的生态中心主义，而是选择了与人类中心主义折中。因为环境社会学作为一个知识领域，始终是人类思考和研究的产物，是由人类发出的关于人与自然关系的再追问。理论家们不约而同地选择了弱式人类中心主义的立场。

（2）"环境"与"社会"的含义：

从环境与社会的关系角度来理解环境社会学，需要明确环境与社会的含义。对于"社会"这一概念的理解，传统社会学的实证主义范式、建构主义范式和批判结构主义范式选择了不同的本体论立场，彼此间差异很大。但是这些差异在环境社会学的诸多理论范式中未见明显体现。为了形成与环境对应的分析概念，以便更好讨论环境问题产生的根源，"社会"通常被理解为直接或间接指涉自然环境的社会制度、社会结构、社会行动等。就当下的环境问题而言，既有宏观社会安排方面的因素（包括发展理念和目标、经济指标、法律法规、政绩考核等），也有文化心理、行为方式等方面的影响因素（例如社区环境、社会习俗、生活方式等）。

相比之下，"环境"概念的分歧更甚，主要有两种意见。一种观点认为，环境是指自在的、物理的、化学的自然环境。日本学者饭岛伸子就主张把环境理解为"自然的、物理的、化学的环境"，认为它对于人类的生存与生活是一种自然性的限定。[1]这种思路强调环境的生态学意义，实质是把自然环境作为外在的客观对象来对待，把社会与环境的关系看作主体与客体的关系。问题在于，主客观关系在传统社会学内部尚且受到批评，环境社会学虽然注重关系性研究，却不是主客观的关系性质。把自然环境置于客体地位，容易在关系分析中滑向强调自然环境的被动性、从属性的方向，这本身不符合环境社会学学科创建的初衷。

另一种观点主张非自在的、已经社会化的环境。美国学者巴特尔认为，应当把环境理解为非自在的环境，或者已经社会化的环境。这种思路实质是把环境作为一种问题化的对象，它并不是要直接面对现实环境与社会的关系性质，而是让现实的

---

[1] ［日］饭岛伸子：《环境社会学》，包智明译，社会科学文献出版社 1999 年版，第 4 页。

环境问题转化为学理式的表述，凸显为问题意识而进入学者和公众的视线。[1] 这种观点似乎更受欢迎。当然，关于何为"环境"的争论在环境社会学界尚未完结，有待进一步深化。

（3）相关质疑：

把"环境与社会的相互关系"作为环境社会学的研究对象，面临以下三个方面的问题 [2]：

第一，环境社会学是否要研究环境与社会之间的全部关系？从目前多学科、多范式广泛涉足环境问题研究的整体态势来看，环境社会学只是负责揭示环境与社会之间的一部分关系，而非全部。物理学、化学、生物学、生态学、经济学、政治学、伦理学等学科，都立足自身学科基础和理论视角，在环境—社会的广阔关系域中施展拳脚。例如环境伦理学对环境问题产生的人性根源的揭示、对环境价值的重新评判；环境经济学把环境视为可计算投入成本和收益回报的一种资本，提出了很多具有较强实效性的对策；环境政治学既关注国家政策和国际关系对环境问题的影响，也探讨生态环境的变化给国际政治结构和国家安全带来的影响和变化；环境史学则研究历史上人类社会和自然环境之间的互动关系，探讨自然在人类生活中的地位和作用。虽然它们关注的焦点各不相同，但其研究的主题都是环境与社会之间的相互关系。环境与社会关系的全面揭示，需要多学科、多维度的协作，环境社会学无法以一己之力独担重任。只有从不同层次和不同维度阐明环境与社会的关系，才能确定环境社会学的研究领域和研究任务。

第二，环境社会学如何证明因果关系存在于环境与社会之间以及如何揭示这种因果关系的内涵？传统社会学，尤其是实证主义社会学，特别强调社会现象分析中因果关系的建立问题。环境与社会之间存在相关关系，这是一个获得普遍认可的结论，但是这种相关关系是否就是因果关系，谁是因、谁是果，显著程度如何，如何进行阐释等问题如果无法得到解决，环境社会学就无法回应传统社会学的质疑，其学科

---

[1] 林兵：《中国环境社会学的理论建设——借鉴与反思》，《江海学刊》2008 年第 2 期，第 121 页。

[2] 崔凤、唐国建：《环境社会学：关于环境行为的社会学阐释》，《社会科学辑刊》2010 年第 3 期，第 46 页。

基础将会被动摇。

从目前环境社会学的研究进展来看，证明环境问题的社会因素并确定它们之间的因果关系是环境社会学面临的一个严峻挑战。立足方法论的整体主义，直接论证宏观社会结构、社会转型、价值观念转变导致环境状况恶化的路径并不充分，必须重视社会行动在社会变量与环境变量之间的桥梁作用。社会行动与其客观后果之间存在必然的因果关系，其客观后果与自然环境之间也可以经由生态学研究而证明存在必然的因果关系，但是社会变量与社会行动之间的因果关系却是或然性的，要论证社会对环境的必然影响就必须分析社会变量与社会行动的因果关系。[1]

第三，环境社会学如何体现社会人的地位？如何展开经验研究？"社会人"是传统社会学研究的前提假设，也是社会学方法论的重要基础。如果把环境与社会的关系作为环境社会学的研究对象，那么，社会人在这个关系中处于何种位置，它又是如何参与环境与社会的互动等，就是必须解答的核心问题。另外，环境社会学作为社会学的分支学科，也必须以经验研究为基础。那么，环境与社会的相互关系可以借由什么样的经验研究来把握？是通过层次划分进行研究还是通过具体问题来揭示？这些问题都是环境社会学无可回避的难题。[2]

综上所述，"环境与社会的相互关系"在内涵上过于宽泛、模糊，如果把它作为环境社会学的研究对象，会产生本体论和方法论的诸多争议，不利于环境社会学经验研究的展开和理论体系的发展。

2. 环境问题

把环境问题作为环境社会学的研究对象，并以此为基础定义环境社会学是最实际的做法。环境社会学是用社会学的理论和方法来研究环境问题的社会学分支学科。采用这种路径进行的环境社会学研究具有三个特点：其一，依托于传统社会学母学科，从传统社会学理论中寻找和挖掘研究的可行视角和理论依据；其二，把环境问题作为社会问题的一种加以对待，从事相关研究的学者可以随时转向其他问题的研究；

---

[1] 吕涛：《环境社会学研究综述——对环境社会学学科定位问题的讨论》，《社会学研究》2004年第4期，第16页。

[2] 吕涛：《环境社会学研究综述——对环境社会学学科定位问题的讨论》，《社会学研究》2004年第4期，第9—10页。

其三，重视环境资源因素对社会运行和发展的影响，积极助益社会学知识体系的发展。从这个角度出发，可以把环境社会学理解为环境问题社会学。提出并讨论"环境问题"，实际上意味着承认环境承载力是有限的，技术进步和发展是有限的，生命的价值值得尊重和保护，人类有能力采取行动改善环境、创造希望。[1]

（1）环境问题的类型和特征：

环境问题包括生态环境问题和社会环境问题两大类。生态环境问题可分为原生环境问题（主要由环境自身变化引起，如地震、海啸、洪水、旱灾、火山爆发等）和次生环境问题（主要由人类活动引起）。社会环境问题也可分为两类：生态破坏问题（由不合理开发利用自然资源引起，包括物种灭绝、草场退化、耕地减少、水土流失、沙漠化等）和环境污染问题（由工农业发展和生活排放引起，包括各类污染及其衍生的环境效应，如温室效应、臭氧层破坏、酸雨等）。其中，社会环境问题尤其体现了"环境问题作为人类环境行为的一个结果"这个内涵。只有与人的生产生活建立起紧密联系，环境问题才会成为日常生活中人们所关注的对象。

有学者综合了环境问题的分类方法，提出四种分类系统：①按照生态环境的基本构成要素，分为水、土壤和空气；②按照环境问题的严重程度，分为污染、过度应用或受损；③按照环境问题的后果，分为酸雨、受扰乱和分裂化等；④按照环境问题的范围，分为全球性、洲际性和区域性（包括地区性和地方性的）环境问题。[2]

这种环境问题分类法一定程度上体现了环境问题的特征。环境问题与一般社会问题既具有相同特征，也存在具体差异。环境问题独特的内在规定性主要表现为以下几个方面：

第一，从产生过程看，环境问题是事实性与建构性的统一。一方面，环境问题作为客观现象容易被人们所观察、理解和阐释。它们在一定程度上能够被科学考证，具有现实存在的科学依据。另一方面，人类社会是由多民族、多国家、多制度、多文化组成的有机系统，不均衡性普遍存在。不仅不同国家和地区的社会经济发展不

---

[1] 洪大用：《试论环境问题及其社会学的阐释模式》，《中国人民大学学报》2002年第5期，第59页。

[2] 谈世中主编，《世界经济年鉴》编辑部编：《世界经济年鉴2005/2006》，《世界经济年鉴》编辑委员会2006年，第369页。

均衡，而且在单一国家或地区内部，人们也隶属于不同的社会阶层和利益集团。他们分布在不同的地域空间、面对不同的环境生态问题，对环境问题的体验、认识及优先解决的主张都大相径庭。在此意义上，环境问题的呈现也是一种社会建构的结果。一言蔽之，环境问题既有现实性、客观性、严峻性，也是社会建构的产物。社会学更关注在什么地区什么人以什么方式讨论什么样的环境话题，这种讨论又有何影响。[1]

第二，从存在状态看，环境问题是历史性与现实性的统一。环境问题自古有之。古代人类所面临的环境问题主要是原生环境问题和少数次生环境问题。火山爆发、洪水泛滥、干旱、暴雨、泥石流等自然灾害对古人的生产生活造成了极大危害。繁华一时的庞贝古城就是被火山熔岩所淹没而消失在人类历史长河中。人类文明也会因人口增长、过度砍伐、资源滥用而遭遇重大损失，如复活节岛、楼兰古国等。但总体而言，前工业化时代的环境问题以原生环境问题居多，且是地区性、地方性问题，影响范围小，破坏力有限。人类进入到工业化社会以后，对自然的掌控力、改造力极大增强，社会环境问题逐渐突显。在全球范围内，环境问题多点爆发、影响广泛、破坏力强，人类所面临的环境风险比以往任何时期都要大。环境问题的变化与特定历史条件和社会经济背景联系紧密。

第三，从产生原因看，环境问题是局部性与整体性的统一。一方面，任何区域性环境问题的产生都是区域内部诸多因素共同作用的结果。另一方面，全球性环境问题的大量出现，体现了现代社会的整体性危机。它不仅是自然面的环境问题，也是社会问题、发展问题。其形成原因更复杂，需要国际社会的广泛合作和人类整体发展战略的重大调整。

第四，从影响来看，环境问题是地区性与全球性、当前性与长远性的统一。一部分环境问题源于某些特定地区，但是无论在自然面相还是社会面相上，它们的影响都具有明显的溢出性。另一部分环境问题本身就是全球性危机，如温室效应、全球变暖、物种灭绝等，在全球范围内对所有国家和地区产生影响。日益严重的环境问题，不仅威胁当代人的福祉，更会为子孙后代的幸福埋下隐患。

第五，从应对来看，环境问题是紧迫性与滞后性的统一。环境问题目前面临着

---

[1] 洪大用：《环境社会学的研究与反思》，《思想战线》2014 年第 4 期，第 84 页。

多数社会成员并未注意到这个问题，只有少数人觉醒；或者尽管有许多人认识到这个问题，却缺乏切实有效的行动指南。环境问题从潜在转变成显在，需要经过科学论证、媒介宣传、政治支持、法律认可等阶段。当一个环境问题真正凸现时，它的现实状况已经非常严峻，迫切需要人类采取措施。但是，对环境问题的解决，不仅要考虑环境问题本身，还要从社会运行、社会发展的角度通盘规划，因此，人类应对环境问题的切实举措往往滞后于环境问题自身的演化速度。

（2）环境问题的定义：

学者们对环境问题的定义，基于理论渊源的差异可以划分为两种类型。[1] 第一种界定的思路建立在"环境与社会之间互动关系"的基础之上，强调环境问题的现实性、客观性、严峻性，把它视为既定的社会事实。例如饭岛伸子认为，能够成为环境社会学研究对象的环境问题必须具备两个要素，其一是指"自然的、物理的、化学的环境"，其二是它的变化或恶化等会对人类群体或人类社会造成积极或消极的影响；[2] 洪大用则强调环境问题的消极后果，认为环境问题"就是环境系统的失调，环境状况非其所是，难以正常运转，最终影响到人们的生产与生活，威胁到人的生存"[3]。这一思路主张把探讨环境问题的社会成因、社会影响和社会反应作为环境社会学的核心议题。

20 世纪 60 年代末到 70 年代初，学术界的核心关切是解释环境问题产生的原因，从人口增长、技术进步到生活方式、消费行为，从阶层偏好、群体冲突到社会结构、制度文化，从区域发展、社会转型到全球秩序、世界体系，都试图解释环境问题产生的复杂的社会动力机制。20 世纪 80 年代，研究的重心转向环境问题的社会影响，产生了两个主要的理论问题，一个是环境危害或风险的社会分配问题，另一个是环境问题是否会直接激起社会系统真实反应的问题。由此发展出了环境正义理论和环境建构理论来解释相应的社会机制与过程。21 世纪以来，人类社会对环境问题的应对和治理成为环境社会学的新议题，并出现了一些影响广泛的理论模式，例如生态

[1] 崔凤、唐国建：《环境社会学》，北京师范大学出版社 2010 年版，第 15—16 页。

[2] 崔凤、唐国建：《环境社会学》，北京师范大学出版社 2010 年版，第 5 页。

[3] 洪大用：《社会变迁与环境问题——当代中国环境问题的社会学阐释》，首都师范大学出版社 2001 年版，第 62 页。

现代化理论、风险社会理论等。

另一个界定环境问题的路径是基于建构主义的视角。这是巴特尔、泰勒、汉尼根等学者开创的传统。建构主义的分析集中于"如何才能成功地建构环境问题"，即环境问题的社会建构过程。[1] 环境问题研究中的建构主义视角注重从认知、态度、价值观等方面挖掘人与环境的关系，强调主观因素对环境问题的选择与形构，即"环境问题在意识上的根本原因"[2]。建构主义的优势也是它的劣势，它被批评为回避了环境问题的客观性，转移了公众视线，降低了公众对环境问题本身的关注度。

（3）简要评价：

把环境问题作为环境社会学的研究对象，沿袭了传统社会学的两大理论视角。实证主义和建构主义在这个全新的学术领域中继续着各自的路线。环境问题的社会学研究更容易找到传统社会学的学科依据，获得传统社会学的认可和支持。围绕具体环境问题所展开的经验研究，具有明确的研究目标和理论指向，能够从宏观和微观、客观和主观等维度全面把握环境问题的产生、影响及社会反应。

大部分关于具体环境问题的研究往往侧重从社会结构、社会制度、社会政策等宏观层面进行归因分析。而宏观层面的归因分析容易使讨论上升到"环境与社会之间的相互关系"这一主题上，有的甚至会上升到"人类中心主义""生态中心主义"的本体论高度。[3]

此外，立足环境问题的社会学研究极易陷入理论分化和知识零散的险境。每一个环境问题都能够形成一个相对独立、自成一体的知识体系，由于环境问题涉及的具体现象、发生的地域、影响的地区和人群、人们的感知和体验、紧迫性等存在明显差异，这些知识体系会因过度聚焦而分散，不利于环境社会学理论的整体发展。

3. 环境行为

前述两种关于环境社会学研究对象的观点虽然各有洞见，但都是一种"结构—

---

[1] 洪大用：《社会变迁与环境问题 —— 当代中国环境问题的社会学阐释》，首都师范大学出版社 2001 年版，第 55 页。

[2] ［美］贝尔：《环境社会学的邀请》，昌敦虎译，北京大学出版社 2010 年版，第 4 页。

[3] 崔凤、唐国建：《环境社会学：关于环境行为的社会学阐释》，《社会科学辑刊》2010年第 3 期，第 47 页。

过程"视角，偏向于在宏观层面上对环境问题做出整体性把握，缺少中观、微观层面的透视角度。更重要的是，无法建立起有效的因果关系链条。社会结构、社会制度、社会过程都无法直接作用于自然，唯有借助人类的环境行为才能对自然环境产生影响并对之产生反应。因此，从研究行动者的环境行为入手，揭示环境行为与环境问题的相关性，是环境社会学的一个独特的新对象。

（1）环境行为的内涵：

对环境行为的理解有广义和狭义之分。广义的环境行为泛指人的一切行为。作为一种生物性存在，人的生产生活一定会和自然界发生能量和物质的交换。例如呼吸，呼吸是一种和自然界发生的能量交换。当人们呼吸的是被污染的空气时，呼吸这种行为就会带来一系列问题，最典型的就是疾病或死亡。以此类推，人类的衣食住行都可称为环境行为，但是，这种理解过于宽泛，在经验研究层面上难以操作化。现在多数基于此种理解的经验研究会聚焦于分析环境行为的结果，或者探寻环境行为选择的影响因素。

对环境行为的狭义理解，一种指向个体层面的行为，如践踏草地、乱扔垃圾等，另一种是特指环境保护行为。后者对环境保护行为有不同称谓，例如积极的环境行为（proenvironmental behavior）、具有环境意义的行为（environmentally significant behavior）、负责任的环境行为（responsible environmental behavior）、生态行为（ecological behavior）[1] 等。它们都强调个人主动参与、付诸行动来解决或防范生态环境问题。这两种理解都有局限性。前一种理解强调从个体角度而非企业、政府等法人角度把握环境行为。事实上，企业和政府都是重要的环境行为主体，生产排污、出台和推行环保措施、环境政策等都是显而易见的环境行为。后一种理解则忽视了环境保护行为与环境破坏行为之间的逻辑关系。环境保护行为主要建立在环境破坏行为之结果的基础上。

我国学者在借鉴国外学者定义的基础上，对"环境行为"做出如下界定：作用于环境并对环境产生影响的人类社会行为和各社会行为主体间的互动行为。它既包括行为主体自身行为对环境造成的影响，也包括主体之间的直接或间接作用后产生

---

[1] 武春友、孙岩：《环境态度与环境行为及其关系研究的进展》，《预测》2006年第4期，第62页。

行为的环境影响。[1] 环境行为作为一种特定的社会行为，包含以下几个方面的含义：首先，人是环境行为的主体，无论是自然人还是法人。环境行为既具有个体性又具有群体性。其次，刺激环境行为产生的社会客体非常广泛，社会情境、社会文化环境等都可以对人产生直接或间接作用。再次，环境行为是人在社会客体的刺激下所做出的反应，是主动性、受动性和互动性的统一。最后，环境行为会直接或间接作用于环境，并对环境产生积极或消极的影响，且影响到相应的社会关系。

（2）环境行为的类型：

结合大量经验研究的成果和社会学的学科性质，可以基于行为主体、行为的意识状态和结果、行为的实施方式三个标准对环境行为进行分类。[2]

第一，基于行为主体的存在形态，可以把环境行为划分为个体型环境行为、群体型环境行为和组织型环境行为。

个体型环境行为（Individual Environmental Behavior）是指独立个体遵从自身意愿所做出的环境行为。种花养草、关爱动物、乱扔果皮纸屑、捡拾垃圾等都是日常生活中典型的个体型环境行为。

群体型环境行为（Group Environmental Behavior）是指群体成员相互作用、相互适应而整体性呈现出来的环境行为。这里的群体，包含正式群体和非正式群体两种类型。家庭、社区、企业、行业协会、社会机构等正式组织所内含的正式群体是环境行为的主要承担者。他们培养环境意识、塑造环境文化、组织环境行动、影响环境政策，其环境行为的生态影响和社会影响广泛而强烈。

非正式群体的环境行为较为特殊。或者可以把它理解为偶遇人群的环境行为。其最典型的例子是"大家不约而同地拿走公园里参展的盆花"，这也是所谓"公地悲剧"（The Tragedy of the Commons）的一种体现。在这一情境中，环境行为虽然是由不相识的多个个体实施，但他们是在某种共享价值观念的作用下，相互效仿，不约而同地做出了某种行为，并产生了一个整体性效果。把它理解为一种群体型环

---

[1] 王芳：《行动者及其环境行为博弈：城市环境问题形成机制的探讨》，《上海大学学报（社会科学版）》2006年第6期，第108页。

[2] 关于环境行为的类型划分，重点参考了崔凤、唐国建：《环境社会学：关于环境行为的社会学阐释》，《社会科学辑刊》2010年第3期，第48—50页。本书对有些观点进行了调整。

境行为也是合理的。

组织型环境行为（Organization Environmental Behavior）是指社会组织在实现自身目标的过程中所采取的与环境相关的行为。组织对特定的共同目标的追求会对环境产生影响。组织类型不同，环境行为也大相径庭。经济组织、政治组织、文化组织、社会组织等的环境意愿、环境行为的实施过程和目标等存在明显差异，在不同类型组织的内部也会由于与环境关联机制的不同而出现不同的环境行为。

第二，基于行为的意识状态和结果的差异，可以把环境行为划分为环境影响行为、环境破坏行为和环境保护行为。

环境影响行为（The Behavior of Environmental Influence）是指在现实生产生活中，人们出于无意识动机而做出的对环境具有某种程度影响的行为，或者有意做出的某些行为产生了意外的影响环境的效果。比如人们习惯在草坪上散步而无意践踏草坪、众多登山爱好者攀登雪山而意外影响了雪山的环境等。环境影响行为是人们在认可"环境承载力"观念的基础上进行的，其产生的后果也在可控范围内。

环境破坏行为（The Behavior of Environmental Destruction）是指人们明知会引起生态环境恶化，但为了实现某种目的而放纵或积极实施的行为。环境破坏行为主要有三种类型。第一种是过度开发利用可再生资源，导致其再生能力遭受严重破坏，人类自身生存和发展的生态基础受到损害。此类行为包括过度垦殖、砍伐、放牧和捕捞等。第二种是大规模开发利用自然，致使地质、地貌发生异常改变进而产生重大灾害。大量抽取地下水、大规模开采挖掘等均属于此种类型的环境破坏行为。第三种是向周围环境排放大量人类在生产和生活中制造的有毒有害物质，这些有毒有害物质的聚积使得环境自净系统不堪重负，严重的环境污染由此产生。上述环境质量破坏都是人类不当行为造成的恶果。环境破坏行为是学界重点关注的内容，尤其着重探寻其产生的根源，寻求改变的对策。

环境保护行为（The Behavior of Environmental Protection）是指人们基于对生态环境恶化及其后果的觉醒而采取的保护环境、改善环境之行动，以造福人类劳动、生活和自然界万物生存。国内外对环境保护行为的研究成果颇多，学者们的研究方法和观点不尽相同，但是都认同增强环境意识、强化环境规范能够促成更多的环境保护行为。

第三，基于行为的实施方式，可以划分出生产型环境行为和生活型环境行为。

生产型环境行为（The Environmental Behavior of Production）是指在生产领域中发生的、与人们的生产活动相关的环境行为。生产关系或生产行为视角是学者们用以分析环境问题的普遍选择。他们比较关注资本支配下的生产行为会对环境产生怎样的影响，其中代表性的观点包括马克思的"代谢断层"、施耐伯格等的"生产跑步机"、哈丁的"公地的悲剧"等。

生活型环境行为（The Environmental Behavior of Living）是指在生活领域中发生的、与人们的生活活动相关的环境行为。伴随人类生活方式和思想观念的转变，生活型环境行为对环境的影响越来越大，也越来越难以规范控制。它更多地与人们的欲望、习惯、价值观等紧密联系，难以通过外在强制力来加以限制，只能借助教育和生活经验等软性渠道逐步转变。

（3）简要评价：

把环境行为作为环境社会学的研究对象实质是把"环境—社会"关系转变为"环境—人—社会"关系。在环境与社会之间，导入人的因素，把抽象的环境与社会的关系落脚到人与环境的关系上，使得环境社会学的研究能够更明确、更具体。人是同时具有社会属性和自然属性的存在，尽管社会属性更甚，但是人类的活动仍然无法摆脱生态环境的制约。人类的环境行为不仅体现出人与环境的关系，也包含着人与人之间的矛盾。环境社会学研究环境行为，是希望寻找到现实中包含于环境行为之中的人与人之间的矛盾根源，通过解决人际矛盾来调和人与环境的矛盾，进而使人与环境回归于和谐状态。

环境行为相对于前两种研究对象而言，确实更易于观察和把握。但是它也会遭到同样的诘难，即环境行为也可以是多个学科共同研究的对象。经济学、法学、伦理学、政治学、生态学等都可以基于自身理论视角和方法对人类的环境行为进行探究。这正是从研究对象角度划分学科界限的困难所在。无论是环境与社会的关系、环境问题还是环境行为，都需要多学科、多视角的全方位审视。对于环境社会学而言，或许它最核心的特点是在人与人的关系中寻找环境问题产生的根源和解决的对策。

4. 非人类中心主义的环境社会学

非人类中心主义的环境社会学是卡顿和邓拉普创立环境社会学的初衷，也被理解为"环境学的环境社会学"，其具体特征主要包括四个方面：其一，把环境与社会的关系作为研究主题，但是更侧重环境因素对社会系统的影响。其二，主要采用自然科学的一些方法和分析框架，例如生态学和系统科学的分析方法等。其三，研究取向偏宏观，试图发展关于理解环境与社会关系的普适性的一般理论。其四，站在传统社会学的对立面，对其持批判态度。[1]

这种环境社会学由于强调非人类中心主义而易于失去其立足点。但是它仍然具有明显的积极意义。一方面，它挑明了传统社会学研究以社会为本位的潜在危害。坚持社会本位，会使社会学研究无视自然环境的内在价值和审美意义，仅把自然作为社会发展的手段或工具，陷入自然工具论的误区，在社会与自然的关系问题上抬高社会、贬低自然。另一方面，它把生态论思维范式引入社会学研究，关注人类和自然的命运。坚持构建社会与自然的和谐关系，坚持社会发展的终极目标是人和自然的全面健康发展，这是一种真正的实事求是的原则。[2]

（二）环境社会学的研究主题

国内外学者在讨论研究对象的基础上，提出了围绕特定研究对象而形成的研究主题。卡顿和邓拉普认为，环境社会学的研究主题应当包括人工环境，组织、行业及政府对于生态环境问题的反应，人类对自然危险与灾害的反应，技术风险与风险评估，社会不平等与环境风险、环境主义、公众态度和环境运动以及人口增长、富裕与温室气体的产生等领域。巴特尔把工业资本主义社会的性质与服务经济、经济危机与国家问题的政治经济学、人生过程分析与新家庭经济学等内容也纳入到环境社会学的研究主题之列。随着环境社会学的发展，其研究主题的拓展愈益广泛。从ENGO（Environmental non-government organization）和环境意识、环境政策与环境问题的社会影响评价、公害问题，到后工业社会、风险社会与环境问题以及全球环境变迁等领域，研究主要围绕环境问题产生的原因、社会影响因素以及解决对策等展开，既有纯学术的理论探讨，也有综合性的经验研究及实证调查。

---

[1] 洪大用：《西方环境社会学研究》，《社会学研究》1999 年第 2 期，第 89 页。

[2] 赵晓歌：《环境社会学研究的生态论思维范式》，《吉首大学学报（社会科学版）》2009年第 3 期，第 71 页。

中国环境社会学的研究主题则与中国社会经济发展及环境问题的现实状况结合紧密，具有较为鲜明的中国特色。中国环境社会学应当聚焦于三个研究主题。其一是借助文献研究、实地考察和制度分析等方法展开对"社会—环境"关系史的历时性考察。环境社会学从社会变迁的视角研究社会与环境的关系有其自身特点，即注重分析环境与社会的相互关系如何对人类社会产生作用以及产生了怎样的作用。因此，该主题的具体研究内容可聚焦于特定历史时期地域性生产方式、生活习俗、制度规范、人口流动等因素对自然环境变迁的影响。其二是围绕环境政策的制定和执行过程、环境政策的运作效果及其社会影响、环境政策的社会影响评估及环境公平等方面展开系统研究。其三是环保组织作用的研究。近年来，民间环保组织日益发展壮大，其社会影响和作用逐渐凸显，也为环境社会学提供了新的学术阵地。环境社会学既要研究环保组织如何表达和践行环境正义的问题，也要研究如何启迪、教化和动员社会大众维护自身环境利益的观念与行动。[1]

洪大用教授认为，中国环境社会学发展的当务之急是中国环境社会学理论的本土化发展，必须结合中国社会转型的特殊性和复杂性推动环境社会学的理论研究和建设。中国环境社会学的发展亟待理论自觉，既要对西方环境社会学理论进行系统梳理、学习、领悟，更要对这些理论诞生的历史、社会文化背景及理论自身的逻辑保持自觉，在借鉴与创新中贯彻中国本土的理论自觉。[2]

（三）环境社会学的理论范式

环境社会学发展至今，形成了多个理论范式。范式是指某些重大科学成就形成发展中的某种模式，具备一定观点和方法的分析框架，是一套严格的研究程序。范式确立了明确清晰的概念、假设及命题，提供了简练、准确和规范化的语言，能够为它所支配的科学领域内的研究活动规定标准，指导并协调范式内部的研究者从事"解决难题"的活动。环境社会学本身就是社会学的一种新范式，在其发展过程中，环境社会学研究者从不同角度探讨环境与社会学的关系、环境问题的社会根源与影

---

[1] 林兵：《中国环境社会学的理论建设 —— 借鉴与反思》，《江海学刊》2008 年第 2 期，第 122—123 页。

[2] 洪大用：《理论自觉与中国环境社会学的发展》，《吉林大学社会科学学报》2010 年第 3 期，第 111—116 页。

响、环境行为等，也形成了一些具有一定解释力的理论范式，诸如：人类生态学、政治经济学、环境建构论、生态现代化理论、风险社会理论、环境正义理论、行动者—网络理论、政治生态学、生活环境主义、社会转型理论、生态女权主义等。

环境社会学理论范式的基本发展路径是在社会学传统中挖掘环境社会学的理论基础，并由此发展出相应的环境社会学理论。这其中既有与涂尔干、韦伯、马克思这三位传统社会学三大范式奠基人的理论对话，也有沿着结构功能主义、建构主义、女权主义等理论思维的视角而展开的环境社会学理论创造。换言之，环境社会学相关理论的发展无不借鉴着传统社会学的理论立场、方法，并将之与环境—社会关系、环境问题、环境意识和行动、环保组织、环境正义等特殊领域的研究对象、研究主题相结合。当然，这其中也需要与其他学科理论体系进行广泛而深入的对话、交流和借鉴。

环境社会学理论发展至今，学者们都倾向朝着"中层理论"（theory of middle range）的方向努力。墨顿（R. K. Merton）将其定义为"介于日常研究中低层次的而又必需的操作假设与无所不包的系统化的统一理论之间的那类理论，而统一性的理论试图解释社会行为、社会组织和社会变迁中的一切观察到的一致性"[1]。中层理论抽象程度适中，与经验世界的距离较近，概括的现象有限，有利于保持概念的清晰和操作性。它是目前建构环境社会学理论最有益的方式。当然，从长远来看，环境社会学的发展目的绝不止于此。它要从社会学视角出发研究环境问题，进而完善对这个时代的社会结构的解释和优化。最终，环境社会学将在大力发展并积累各种中层理论的基础上，建构起自身独特而完整的综合性宏观理论。环境社会学理论建构的阶梯如图 1[2] 所示。

---

[1]　Merton R. "The Position of Sociological Theory". *American Sociological Review*. 1948, Vol.13, p.166.

[2]　董小林、严鹏程：《建立中国环境社会学体系的研究》，《长安大学学报（社会科学版）》2005 年第 2 期，第 49 页。

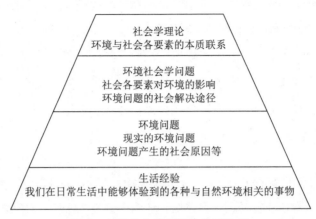

图 1　环境社会学理论建构的阶梯

　　环境社会学完整的理论体系应当包含微观理论、中观理论和宏观理论。微观理论是一些具体而现实的关系模式，是对人们在生产生活中经历的各种与自然环境相关的事物所进行的观察、分析和阐释。中观理论是对社会现象和环境问题相互作用关系的分析，以及人类社会解决环境问题的对策与路径研究。宏观理论则是对人类社会与自然环境的关系进行抽象分析阐释。环境社会学整体理论体系的发展须从两条路径向前推进。一方面，从具体的经验研究出发，不断发展微观理论，积累至中观理论，并为宏观层面的纯理论分析提供佐证；另一方面，在抽象理论层面直接展开元理论的对话和思考，阐释社会与环境的相互关系。

　　中国环境社会学发展至今，引入了大量欧美、日本的环境社会学理论，本土学者们在借鉴的基础上，积极探索，践行着中国环境社会学的理论自觉，也发展出了一些雏形初现的中国环境社会学理论。综观目前国内可见的环境社会学教材，系统挖掘传统社会学理论中的环境社会学思想、探究两者之间关系、全面介绍国内外环境社会学新兴理论的专业教材尚未可见。本书将系统梳理介绍中外环境社会学理论体系，循着社会学理论与环境的关系这一主线，重新挖掘审视经典社会学理论为环境社会学奠定的基础和局限，探讨 20 世纪社会学理论为环境社会学提供的理论营养和思想启发，阐释后现代以来环境社会学自身理论体系的丰富发展。这一工作的最终目标是帮助越来越多的、关注环境问题、关注后代福祉、关注地球未来的人们能够获得宽广博大的思想视界和强而有力的理论武器。

主流社会学的环境关注

西方一些环境社会学家声称，经典社会学理论在关于社会和自然环境之间的关系方面没有留给社会学一个条理清楚的说明和评价。[1] 然而，事实却是，20 世纪晚期发展起来的环境社会学理论都不同程度地继承了传统社会学理论家们开辟的学术思路和研究脉络。换言之，社会学理论惯用的传统中必定包含着环境社会学的思想基础。

卡顿和邓拉普认为传统社会学各流派的共同特点是都接受了"人类例外范式"，忽视环境因素对人类社会的影响和制约。实际上，他们所批评的主要是 19 世纪以后学科化的社会学思想，即孔德以后的社会学各范式。客观而言，他们对社会学的评价并不完全正确。"自然环境"在社会学思想中的地位经历了"核心—边缘—重要变量"的变化。

孔德之前，许多对社会学有重要启蒙意义的思想家们不但没有忽视环境因素，反而把环境因素置于非常重要的分析地位，甚至认为自然条件（即地理环境）是人类社会发展的决定性因素。这就是著名的"地理环境决定论"。对于很多早期文明，尤其是定居文明，地理环境和气候因素的影响非常明显。古希腊时代，医生希波克拉底（Hippocrates）指出，对疾病的诊断必须考察病患生活地区的气候、土壤、水源、风向等自然条件。柏拉图（Plato）认为人类精神生活深受海洋的影响。亚里士多德（Aristotle）继承并发展了柏拉图的思想，认为地理位置、气候、土壤等因素与民族特性及其社会性质密切相关。这些思想虽无法解释当时希腊半岛各民族的历史进程，

---

[1]　Catton W R Jr. and Dunlap R E. "Environmental sociology: A New Paradigm". *The American Sociologist*, 1978 (13), pp. 41-49.

却包含着朴素的唯物主义思想，相对于神话式的认识论而言，是一个巨大的历史进步，对后世学者产生了深远影响。

及至近代，西方资本主义世界仍涌现出许多学者强调地理环境与人类历史发展的密切关联，包括孟德斯鸠、黑格尔、巴特尔、李特尔、拉采尔、魏格纳、辛普尔等。尤其在欧美地理学界，环境控制论在相当长的时期内占据着主导地位。这也是后来的"地缘政治"学说的思想基石。[1]

古典社会学的代表人物马克思、涂尔干、韦伯等，都不同程度地谈及了环境资源与人类生产生活之间的关系，虽然这并不是他们研究的目标和重点。这一时期自然环境已经退出了社会学思想家们理论构建的核心位置，社会学理论中鲜少存在自然话语系统，结构、行动、制度、文化等是社会学家观察和思考人类社会运行的主要视角。自然环境在社会学理论体系中沦入边缘地位。

尽管芝加哥学派的人类生态学在一定程度上借鉴了生态学的概念和方法来研究人类社会，强调生物性因素在社会中的重要作用，但是它也被批评为忽视文化、情感、象征等社会性因素而在社会学理论体系中影响有限。直到现当代以来，伴随环境问题的恶化和环境保护运动的蓬勃兴起，社会理论家们才开始重新审视环境的理论价值，把环境视为不可或缺的分析变量。

---

[1] 严格来说，孟德斯鸠和黑格尔都不是社会学家，但是他们的思想对社会学多有助益。基于本教材体例的限定，我们暂时将他们归入社会学学者阵营。

孟德斯鸠

《论法的精神》是孟德斯鸠（Montesquieu）影响最大的代表作，全书论述了法律与政体、贸易、人口、宗教、地理环境、货币等要素之间的关系，提出了追求自由、主张法治、实行分权的思想，奠定了宪政理论的基本框架，对世界范围的资产阶级革命产生了巨大影响。

在该书的第 14—19 章，孟德斯鸠集中论述了法律与气候、土壤的关系。他指出，由于各地在气候上有寒冷和炎热之分，在土壤上有肥沃和贫瘠之分，在地势上有平原和山地之分，气候的不同导致了生活方式的差异，进而产生了法律体系的差异。他以此为武器对封建专制主义进行了严厉的抨击和深刻的批判。[1]

一、地理环境决定人的气质性格

孟德斯鸠认为"地理环境"对人的"气质性格"有影响。首先，气候差异导致了人们在气质性格上的差异。他指出：生活在寒冷地区的人们，精力充沛，有着较强的自信和勇气，能更多地陶醉于自身优点，而不是想方设法谋害他人。他们因为安全感较强，无须遮遮掩掩，所以往往性格直爽，较少猜疑和阴谋。生活在炎热地区的人们则相反，往往懦弱而又胆怯。其次，气候差异导致了人们在感知敏锐程度上的差异。在南方，气候湿润，人的器官娇嫩，对疼痛十分敏感；而在北方，天气

---

[1] 孟德斯鸠关于地理环境的相关思想可详细参见孟德斯鸠：《论法的精神》，许明龙译，商务印书馆 2012 年版相关章节。

干燥，人们皮粗肉厚，对疼痛感知迟钝。相比较而言，人们对快乐和痛苦的感受在寒冷地区比较迟钝，在温暖地区较为敏感，在炎热地区则十分敏感。再次，气候差异引发了生活方式和风俗习惯的不同。比如：炎热国家中的人们易渴，故乐饮水以解渴，而寒冷国家中的人们易寒，故乐饮酒以驱寒。另外，土壤差异对人的气质性格也有影响。土地肥沃地区的人民享受自然的恩赐，不需要付出太多辛劳与灾难做斗争，逐渐变得懒惰和怯懦。而土地贫瘠地区的人们，因为资源有限，需要付出更多辛劳才能战胜灾难，故而变得勤劳和勇敢。

二、地理环境决定各种社会制度

（一）政治制度

孟德斯鸠认为"地理环境"决定政治制度。第一，气候差异决定国家政体。炎热地区的人们因胆怯更容易受奴役，被置于专制统治之下，所以热带民族更容易出现奴隶制。而寒冷地区的人们则因勇敢能够维护自己的自由，统治者不能随便摧残人性。因此，君主国中不应该有奴隶，更别提建立奴隶制；在民主国家中，人们之间都是平等的，所以不会有奴隶；在贵族制国家中，法律应该在不违背政体宗旨的前提下，尽可能保证人人平等。在民主制国家和贵族制国家中，奴隶的存在是与政体的宗旨相违的。寒冷民族更倾向于民主制。

第二，气候差异影响国家的自由稳定。在亚洲，生活在寒带的强国与生活在热带的弱国相邻，一强一弱，经常会发生一个民族征服另一个民族的事情。而在欧洲，大多数国家都生活在温带，相邻国家的人们势均力敌，谁也征服不了谁，各国彼此保持自由。历史记载的小亚细亚共被征服过十三次，而欧洲国家只发生过四次大的征服就是很好的证明。由此可见，气候差异对国家的自由稳定存在很大影响。另外，在专制国家，政治奴役使人们忘掉了民事奴役，习惯了被操纵，有众多奴隶构不成一种负担。但是，在政治温和的国家中，人们对自由更加珍视，奴隶因为没有政治自由的保障，一旦聚集到一定数量，很有可能造反，这种危险在共和制国家中比在专制国家中更突出。而在君主制国家中，人们好战勇猛，因而能够轻易平定奴隶造反。但在共和国中，人民丧失了好战精神，一旦奴隶武装起来造反，人民很可能会束手无策。所以，武装的奴隶对于共和国的危险远远大于其对君主国的危险。

第三，气候差异决定国家都城选址。孟德斯鸠发现都城定在寒冷的地区比定在炎热的地区要好。因为定都在寒冷的北方，人们更加勤劳与勇敢，使国家能够保持更加昂扬的斗志；并且定都北方，使得北方地区能够得到更多的关照，丢失的危险会大大降低。而定都在南方，人们精神萎靡，更加懒惰，容易使国家萎靡不振；并且定都在炎热的南方会致使北部地区受到的关照较少，一旦强大的北方国家入侵，它就有失去的危险。当然孟德斯鸠也提到这是就一般情况而论的，可能会有例外。不过历史证明，在绝大多数情况下，都是北方国家征服南方国家，北方地区征服南方地区。

第四，土壤肥沃程度影响政治制度。一个国家的土壤肥沃程度对政治制度也有影响。土壤肥沃的国家通常建立君主政体，由单人实施统治；土壤贫瘠的国家通常选择共和政体，由数人进行统治。例如，拉栖代孟土地肥沃，因而建立的是贵族政体；阿提加土地贫瘠，因而建立的是贫民政体。一般而言，平原地区土地肥沃，生活在那里的人们较易过上舒适富裕的生活。这种生活方式使得他们缺乏保卫自身财产的强烈愿望，长期安逸而逐步丧失与强者对抗的勇气，只能选择服从强者的统治，供奉多余财务。但是处于多山地区的人们，因为生活资源有限，他们对自身所占有并不多的所有物品的保护意识非常强烈，经常为能享有的自由奋起抗争，而山区特有的地形又为他们便于防御免受袭击提供了有利条件，所以这些地区一般保存着宽和的政体。故而出现了山区的人们坚决主张贫民政治，平原民族要求一些上层人物领导的政体，而近海的人则希望是由二者混合的政体。

第五，民族地域范围影响政治制度。一个民族居住的地域范围跟国家的政治制度有密切关系。共和体制适合于地域范围小的国家，君主政体更适合于中等疆域范围的国家，而专制君主政体是疆域广大之帝国的最佳选择。孟德斯鸠还提到地域的缩小或扩展都会变更国家的精神，所以要维持原有政体的原则，就应该保持相应的疆域。另外，地貌对各国的政治制度也有影响。山地民族因为地域偏远往往不易被统治，一般只能施行民主政体。而岛屿国家地域狭小，处于海洋的包围中，与陆上大国相距遥远，大海帮他们阻止了征服者的侵略。他们比大陆人更爱好自由，也更懂得保护自己的法律和利益，故而暴政很难存在。孟德斯鸠还就此对亚洲和欧洲进行比较。亚洲拥有较大的平原、山地和海洋，位置偏南，积雪较少，如果对人们奴役的统治不是极端严酷便会迅速形成割据的局面，因此权力一般是专制的。而在欧洲，山地较多，山地的阻隔形成了许多国家，大家都爱好自由，每个国家都难以征服和屈服外力，所以更倾向于民主法治。

（二）经济制度

孟德斯鸠认为"地理环境"对经济制度的决定性作用主要表现在两个方面。其一，"地理环境"决定农业生产。首先是温度差异带来的影响。在极度炎热的气候下，人体纤维松弛无力，精神萎靡，身体乏力，而对外界的感受力又非常强，耽于娱乐消遣，不愿意从事农业劳动。而寒冷地区的人们则相反，所以寒冷地区的农业生产更为发达。其次，土壤环境不同也存在明显差异。土地贫瘠的地区，因为资源有限，人们勤奋、耐劳，必须通过人力去获取土地给予不了的东西，在贫瘠的土地上进行最大限度的开垦；而土地肥沃的地方则相反，往往在土地最肥沃的地方大多数时候几乎都是荒芜的。为此，孟德斯鸠通过美洲与欧洲的土壤特点说明了这两个不同地域人民的不同命运。美洲的土壤肥沃，猎物丰富，无论是蔬果还是肉类都毫不匮乏，那里的先民们不思进取，安于现状，长期处于野蛮状态，经济发展迟滞不前。而欧洲资源相对匮乏，他们的先民必须在土地上辛勤耕作，才能获得除橡树和贫瘠的森林之外的其他物资。正因为如此，他们为了生存和发展，积极开动脑筋，大力提高科学技术水平，工业化进程遥遥领先。

其二，"地理环境"决定商业贸易。孟德斯鸠认为"地理环境"会影响各地区商业发展的程度和模式的差异。他以马赛为例进行说明。马赛土地贫瘠，农作物的生长缓慢且产量有限，不能完全依靠土壤生产来提供生活所需产品，只能多靠外界的货物买卖和运输来维持生计，这就决定了当地人们只能抓住近海的地理位置优势积极发展港口贸易。而在埃及，由于土地肥沃，物产丰饶，能够自给自足，甚至也能满足对外输出，所以他们并不艳羡对外贸易，听任有个港口的小国经营红海的贸易。

（三）家庭制度

孟德斯鸠认为"地理环境"对家庭制度的影响很大。"地理环境"决定家庭中妇女的地位。在炎热的国家，妇女容易衰老，其美貌仅限于童年，一般八九岁就可以成婚，二十多岁就没色相了，她们的理智与容貌是不能同时存在的。当她们的美貌倾国倾城时，缺乏理智；而当她们具有理智的时候，美貌已经逝去。因此，妇女一般在人老珠黄时被人取代，无法管理家务，也只能处于附庸的地位。而在气候温暖的地方，妇女容颜保持相对较久，发育时间也相对较晚，一般在大龄时方有子女，能够与丈夫一起变老。所以她们在结婚之时已充满理智，拥有更多的知识和经验，在生活中男女地位较为平等。而在气候寒冷的地方，男子们纵酒无度，妇女出于自我防卫的需要节制饮酒。所以，这些地方的妇女不仅男女平等，而且妇女比男人更理智。

"地理环境"还决定婚姻制度。"地理环境"决定了一个国家是实行多偶制还是一夫一妻制。在气候炎热的地方，人们欲求较少，养活妻子儿女的费用花费不多，一个男子即使娶多个妻子也不致成为负担。加之炎热地区的妇女容易衰老，而男子对情欲的要求多，如果没有宗教禁止，男人可以抛弃旧妻，另寻新欢，所以产生了多妻制。而在温暖地区，妇女的容颜保持较久，机智与美貌并存，与丈夫一起变老，故而，这些地区产生的是一夫一妻制。

（四）法律制度

孟德斯鸠之所以一一描述"地理环境"带来的影响，最终目的是为了给立法者提供立法建议，诸如：①气候差异在不同的气质性格中对法律的要求不一样。在气候炎热的国家，人们懒散怠惰，胆怯少勇，需要通过严酷的惩罚才能迫使人们行动起来，并且他们越是敏感越容易受情欲支配，越需要理性的领导。所以处在炎热地区的印度人比温暖地区的英国人更需要有好的立法者。②气候差异在不同政治制度国家中对法律的要求不一样。在奴隶制国家中，残酷的法律加大了执行的成本。一旦成本超过政府的承受能力，国家将会出现动乱和灾难。因此，不管何种形式的奴隶制，法律都应该努力减轻它的弊病，极力消除它的危险。比如：法律应保护奴隶们的基本生存权利，使他们饿不死，也不被主人打死，要特别关照患病和年老的奴隶，不应该允许主人剥夺奴隶的生命，也不应该允许主人虐待奴隶。当主人虐待奴隶的时候，奴隶可以控告主人，等等。③气候差异在不同经济制度国家中对法律的要求不一样。从事狩猎的民族、从事畜牧的民族、从事农业的民族和从事商业和航海的民族，他们对法律内容的广泛性要求一个比一个更高。④气候差异在不同的家庭制度中对法律的要求不一样。他认为一个国家男女的数量不能成为婚姻制度的绝对标准，不能因为一个国家男孩多就实行一夫一妻，女孩多就实行一夫多妻，而要根据男女比例的程度来决定。另外，在多偶制国家，不仅需要有平等的法律来保障妻子的权利，还要把休婚权利交给妻子。⑤气候差异在不同的宗教制度中对法律的要求不一样。法律要尊重宗教制度中的一些习俗，不应该用法律去改变习俗。如在炎热的国家，人们不喜欢喝酒，节酒的法令就要宽松些；在寒冷的国家，人们常常酗酒，节酒的法令就要严格些。而且强调立法者要在自己的国家中进行重大改革的话，就要用法律去变革建立在原有法律基础之上的事物，用新习俗去改变旧习俗。如果用法律去改变本来应该由习俗去改变的东西，将会带来很大的麻烦，等等。

三、思想简评

孟德斯鸠的《论法的精神》出版后，学术界、政界、宗教界对它褒贬不一，轰动一时。有赞不绝口者，也有猛烈抨击者。詹森教徒德·拉罗什神父写了一篇文章，对《论法的精神》一书进行恶毒攻击。"他指责孟德斯鸠自始至终力图使宗教名声扫地，认为他对气候、多妻制、离婚、高利贷、独身主义等一系列问题的见解，都表现出其反宗教主义的观点。"[1]《论法的精神》还被列入禁书。但孟德斯鸠的声誉并未因此受到影响，反而成为更多人崇拜的偶像。

后世对《论法的精神》的研究与评价贬多于褒，孟德斯鸠所遭受的最猛烈的指责就是他是一个地理环境决定论者。法国著名作家和思想家伏尔泰最早对孟德斯鸠的观点提出异议。他认为孟德斯鸠的观点无法解释，为什么在气候条件不变的情况下，同一个国家在不同的历史时期会出现不同的政治制度。他以意大利为例，指出从古罗马时期到现在，意大利的气候没有发生什么变化，但是它的经济和政治演变却相当频繁复杂，这充分说明气候对人类社会的政治制度和日常生活根本没有什么影响。

在中国，关于孟德斯鸠《论法的精神》的研究在不同时期也存在着不同的认识。孟德斯鸠在被引入中国后，一直被定性为"地理环境决定论"的代表人物，历经几度沉浮，遭到学界诸多责难。尤其自斯大林对地理环境决定论进行了激烈的批判后，中国对地理环境决定论一度持全盘否定和长期批判的态度，使其有一段时间几乎销声匿迹。十一届三中全会以后，地理环境决定论才不再被视为资产阶级的地理思想

---

[1] 侯鸿勋：《孟德斯鸠及其启蒙思想》，人民出版社 1997 年版，第 32—33 页。

而重新获得重视。但是，直到现在，学术界仍存在将其作为形而上学的观点予以否定的情况。

在当今大力推进生态文明建设的背景下，有学者开始对孟德斯鸠的思想进行重新评价与反思，认为孟德斯鸠的思想并非"地理环境决定论"，而是以国家为着眼点，从整体上探讨生态、社会、政治的统一和互动，力求实现社会协调、和谐发展。他们基于四点理由认为只能说孟德斯鸠是气候影响论者，而不是气候决定论者。第一，孟德斯鸠并没有说气候对法律的类型起直接决定作用，气候首先是影响人们的内心感情和精神气质，而感情差别、气质差别和法律类型之间是存在一定关系的。第二，他只是强调，面对不利气候可能带来的民众的懒惰、骄傲等性格，优秀的立法者应当借助法律制度予以抗争和克服。第三，支配和影响人类生产生活的因素很多，包括气候、政治准则、法律、宗教、先例、风俗习惯等，气候只是诸多影响因素中的一个，各因素的影响在历史不同阶段此消彼长。第四，随着社会的进步和文明程度的提高，影响一个国家法律制度的因素会越来越多，上层建筑中的其他部分对法律的影响作用会越来越大，气候因素作为物质条件中的一部分，其影响力会逐渐减弱。由此可见，孟德斯鸠对法律和气候的关系是持宽和适中态度的。[1]

无论如何，孟德斯鸠这本耗费二十年心血的著作，对人类社会的影响是深远的。他的理论与学说被后世诸多研究者所崇尚，如英格兰的巴克尔、苏格兰的亚当·弗格森、法国的泰纳都被看作是他的追随者。可以说《论法的精神》给后世研究者提供了更加开阔的视角，为探究人类社会与自然环境的关系做出了重要的思想准备。

---

[1] 王雷：《〈论法的精神〉一书中的两条线索》，《东吴学术》2011年第4期，第97—100页。

黑 格 尔

　　黑格尔（1770—1831年），德国古典哲学家，客观唯心主义者，著有《精神现象学》《逻辑学》《哲学全书》等巨作。黑格尔同孟德斯鸠一样，也被视为"地理环境决定论"者。黑格尔的有关论点在地理环境学说的发展历程中起到了承前启后的关键作用。虽然黑格尔有关地理环境的学说是在前人研究的基础上发展起来的，但又与前人有所不同，黑格尔既反对孟德斯鸠也反对伏尔泰的观点，正是他这种批判和钻研的学术精神使他形成了自己独特的观点，同时也使地理环境作用论学说有了突破性进展，并为后来马克思主义理论的形成奠定了重要基础。

　　作为一名客观唯心主义者，黑格尔认为世界的本原是"绝对精神"（"理念"），自然、人类社会和人的精神现象都是它在不同发展阶段的表现形式。可见，黑格尔的地理环境说具有唯心、辩证两大特点。按正常逻辑，"精神主宰世界"的唯心主义前提一般要引出否认地理环境作用的结论，可是黑格尔却反其道而行之，其根源就在于他强调唯心主义的客观形式。尽管黑格尔认为是"精神"主宰世界，但唯心主义的出发点却并没有使他忽视地理环境的作用，相反，他充分肯定了地理环境是人类社会历史发展进程中不可或缺的重要因素。[1]

---

　　[1]　后文中，黑格尔关于地理环境对世界历史的重大影响的相关论述可详细参考《黑格尔历史哲学》的相关章节，见 [德] 黑格尔：《黑格尔历史哲学》，潘高峰译，九州出版社 2011 年版，第196—213 页。

一、自然与精神的辩证关系

黑格尔认为自然在本质上是一种观念性的东西，是理念自身的否定，使它自身存在于对方之中。他在具体论述人类社会历史发展的时候，认为地理环境对世界历史的发展具有很大影响。他认为绝对精神把个人、民族和国家作为实现自身的工具或手段，把自然界作为活动的舞台。世界历史是绝对精神的自我体现，它的地理基础就是大自然。黑格尔说："助成民族精神的产生的那种自然的联系，就是地理的基础；……我们不得不把它看作是'精神'所从而表演的场地，它也就是一种主要的、而且必要的基础。"[1] 显而易见，黑格尔强调地理环境对人类社会发展的重要性，看到了地理环境的基础性作用，同时又做出适度评判。黑格尔曾说："我们不应该把自然界估量得太高或太低：爱奥尼亚的明媚的天空固然大大地有助于荷马诗的优美，但是这个明媚的天空绝不能单独产生荷马……；在土耳其统治下，就没有出过诗人了。"[2] 显然，黑格尔看到，尽管自然界对人类社会的发展很重要，但却不是唯一决定性因素。

人类社会历史在黑格尔看来就是一场戏剧，这场戏剧把自然界作为舞台，把人作为演员，绝对精神则是幕后的编剧和导演。这种贴切的说法反映了他把绝对精神作为世界一切起源的客观唯心主义观点，但又认识到人类社会和自然环境之间的紧密联系，而且形象生动地表明了地理环境的基础性作用。由此可见，他把自然环境视为"精神"表演的场地，这种思想包含有一定的合理成分。

绝对精神只有借助一系列外部形态，诸如实际生存的各个民族和国家，才能够认识和实现自身本质，获得现实性。而任何民族和国家的生存发展都必须依赖特定的自然环境，自然环境也因此成为"精神"表演的场地。在黑格尔看来，地理环境之所以是"民族精神"赖以产生的必要条件，是因为历史中的所有民族都是在特定自然条件下形成的特定生存方式以及以此为基础的政治制度、法律道德和风俗习惯。在这里，黑格尔一方面强调了人类对自然界的依赖性，另一方面也指出人类具有改

---

[1] [德]黑格尔：《黑格尔历史哲学》，潘高峰译，九州出版社 2011 年版，第 196 页。
[2] [德]黑格尔：《黑格尔历史哲学》，潘高峰译，九州出版社 2011 年版，第 197 页。

造自然的积极性、能动性。这些观点具有鲜明的辩证性，体现了黑格尔在解决人类社会和自然环境相互关系时的独特立场。

二、地理环境对世界历史的发展影响巨大

地理条件和地理基础是形成民族精神的自然基础。在世界历史中，精神具有外在的现实性和具体性，民族正是它一系列外在表现形态的具象。各个民族都具有自己的实际生存状态，具有时间性和空间性特征。每个世界历史民族的精神原则就体现在具体的自然地理条件中。这些自然地理条件的范围为精神的实现划定了界限，民族精神正是在这种界限中生长起来的。

（一）历史的真正舞台是温带

黑格尔认为，不是所有的自然环境都能够进入世界历史运动。在寒带和热带地区，就没有世界历史民族。这两个地区，极寒和酷热都无法让人类自由活动，人们时常要面对自然的压迫，持久地为生存操心，不能将意识转到普遍、更高的追求上去，精神也就无法为自己建筑一个世界。只有温带，尤其是北温带，那里有大量类似地球胸膛的陆地，人们依赖这些土地繁衍生息，多种动植物都具有共同的属性。

世界历史基本都是由温带地区的民族创造的。亚洲处于地球的东部，是创始之地。相对于旧世界的中心欧洲而言，它是绝对的东方。亚洲的地理差别非常巨大，有高原区、山脉区、平原区，这些地理差别形成了人们生活方式的差别，以及不同的社会制度和民族精神。尤其是由黄河和长江所形成的大江平原，以及远东地区高原，帮助中国人把家长制作为原则，建立了神权专制政体，成为了世界历史的发端。

黑格尔把地中海视为旧世界的中心，旧世界的三大洲都环布在它周围，它们依靠地中海建立起一种本质上的联系，形成一个总体。这就是为什么说地中海是世界历史的中心、旧世界的心脏，因为它把地球上四分之三的面积联结在一起。希腊、雅典、麦加、罗马、迦太基等历史上最具光芒的文明都环绕在地中海周边。在他看来，如果没有地中海，世界历史恐怕都要重新书写了，那将是一个我们无法想象的场景，就像罗马或雅典没有了"广场"一样。

美洲是"明日的国土"。作为一个新世界，它在物理上和心理上都具有未成熟性，十分孱弱。因此，那里的土著人性格柔和、缺乏激情、趋向顺从，更没有独立精神

和自由精神。这使得他们缺乏发展文明的必要工具，他们很容易被征服甚至被消灭。因此，当北美土著人遇到欧洲人，他们很快便被驱逐、凌虐和奴役。来到北美洲的欧洲人，把北美大陆的广阔土地和丰饶资源作为展示本民族精神的舞台，把它变为实现共和政体的最佳之地。黑格尔认为，未来的时代将在美洲实现，世界历史也将会在美洲实现，前提是美洲的广阔空间被开发殆尽，人们陷入资源的竞争之中。到那时，美利坚合众国才能够比肩欧洲各国。

尽管黑格尔阐释了气候特征对于人类精神觉醒的重要性，但是他也强调自然仅仅是人类获得自由意识的一个起点，绝不能夸大它的地位和作用。欧洲人的迁徙对美洲文明的影响就是一个很好的例子。一方面，美洲的自然地理条件和未开发状态为移民们创造了各种有利条件，提供了一个施展拳脚的广阔天地；另一方面，来自旧大陆的移民带着不同的宗教信仰和政治抱负，造就了南美洲和北美洲截然不同的局面。然而当进一步追溯移民的精神差异时，他们母邦的地理位置和自然环境又不可避免地发挥了重要影响。

（二）地理环境影响民族性格和社会风俗

黑格尔强调："我们所注重的，并不是要把各民族所占据的土地当作是一种外界的土地，而是要知道这地方的自然类型和生长在这土地上的人民的类型和性格有着密切的联系。" [1] 他从总体性、综合性角度出发，把整个世界的地理环境划分为三种类型：第一种是干燥的高地、广阔的草原和平原；第二种是巨川、大江所流过的平原流域；第三种是毗邻大海的海岸区域，它表现和维持世界的联系。[2] 在此划分之后，为了具体阐释地理环境是如何影响各民族的生存发展和形成特定的民族性格和社会风俗的，黑格尔做出了如下叙述 [3]：

生活在"干燥的高地、广阔的草原和平原"上的民族过着游牧生活，他们逐水草而居，没有固定居所，"居民的特色是家长制的生活"；这些人中"没有法律关系的存在，因此，在他们当中就显示出了好客和劫掠的两个极端；……他们时常集

---

[1] [德]黑格尔：《黑格尔历史哲学》，潘高峰译，九州出版社 2011 年版，第 196—197 页。

[2] [德]黑格尔：《黑格尔历史哲学》，潘高峰译，九州出版社 2011 年版，第 208 页。

[3] 关于三种地理环境的划分及其对文明发展的影响分析，详细可参见 [德]黑格尔：《黑格尔历史哲学》，潘高峰译，九州出版社 2011 年版，第 208—211 页。

合为大群人马，在任何一种冲动之下，便激发为对外活动"，如洪水猛兽一般，所到之处满目疮痍、遍地瓦砾、一片焦土，"他们毁灭了当前的一切，又像一道暴发的山洪那样猛退得无影无踪，——绝对没有什么固有的生存原则"。黑格尔有关高原和平原地区民族特性的论述带有明显的偏见，认为由于封闭的地形和不便的交通，该地区的人民野蛮且落后，没有制定明确的法律法规，全靠不成文的风俗习惯等对人们进行约束。他对该地区的了解并不科学和全面，而且将特定民族习俗的决定性因素简单归结为地理环境。

"平原流域"既有大河灌溉的肥沃土地，又有四季更替的适宜气候，生活在这里的民族从事着农业生产。"土地所有权和各种法律关系便跟着发生了——换句话说，国家的根据和基础，从这些法律关系开始有了成立的可能"，"在这些区域里发生了伟大的王国"；"平凡的土地、平凡的平原流域把人类束缚在土壤上，把他卷入无穷的依赖性里边"。[1] 在黑格尔看来，生活在平原流域的民族，社会制度相对健全，建立了稳定的封建集权制度。但由于有利的自然环境，人民长期遵循固定的生产、生活方式，他们又形成了封建保守、不思进取的思想，阻碍了民族历史的继续发展和前进的步伐。

对于生活在"海岸区域"的民族，大海给他们以"茫茫无定、浩浩无际和渺渺无际的观念；人类在大海的无限里感到他自己的无限的时候，他们就被激起了勇气，要去超越那有限的一切。大海邀请人类从事征服，从事掠夺，但是同时也鼓励人类追求利润，从事商业……从事贸易必须要有勇气，智慧必须和勇敢结合在一起。因为勇敢的人们到了海上，就不得不应付那奸诈的、最不可靠的、最诡谲的元素，所以他们同时必须具有权谋——机警"[2]。黑格尔最赞赏的民族正是这些生活在海岸区域的民族，是大海的开放包容性鼓舞了人民的开拓进取，造就了他们勇敢坚毅的民族性格，刺激了他们追寻和掠夺财富的野心。

以上三种不同类型的地域民族划分，是黑格尔地理环境说具体论述和分析的主要内容。在黑格尔划分地理环境的优劣时，他只分析了相对的好与坏，而把极端恶劣的地理环境和生存于该区域内的人民排除在世界范围之外，认为在这种自然环境

[1] [德]黑格尔：《历史哲学》，王造时译，上海书店出版社2006年版，第83页。
[2] [德]黑格尔：《历史哲学》，王造时译，上海书店出版社2006年版，第84页。

下民族根本不能生存和发展。这个观点显然低估了人类征服自然和改造自然的能力，过分夸大了自然环境的作用和影响。

（三）自然环境和世界历史发展

黑格尔从哲学维度剖析世界历史时，继续强调地理环境在处于历史不同阶段的不同社会的民族精神和社会哲学的形成上所发挥的重要作用。他把世界历史划分为处于历史儿童期的东方社会、处于历史青年期的古希腊城邦、处于历史成年期的罗马帝国和处于历史成熟期的欧洲世界四个阶段，每个阶段都具有自身的精神特征，这些精神特征的形成离不开特定地理环境的形塑。

处于历史儿童期的东方社会可分成四个部分：一是由黄河和长江所形成的大江平原，以及远东地区的高原，包括中国和蒙古国；二是恒河流域和印度河流域；三是由乌浒河和西浑河冲积成的平原、波斯高原和两河流域；四是尼罗河冲积而成的大江平原。虽然第四部分地处非洲，但是由于它的精神气质比较接近亚洲，也被黑格尔视为亚洲世界的组成部分。地处平原地区的中国，人们主要从事农业生产，生活稳定。农业要求对将来有先见和远虑，因此人们的意识开始觉醒，在这里，所有权问题和其他标志人类意识觉醒的东西都开始显现出来。中国人把家长制作为原则，而且把皇帝视为大家长，国家的法律由民事方面的律法和道德规定组成。皇帝为了从整体上关照和保护全体臣民的健康、财富和福利，必须建立和制定法律作为强大的手段。蒙古人虽然也把家长制作为原则，但它的国家元首是喇嘛，具有政治上和精神上的双重权威。在这样一个精神帝国中，任何世俗的国家生活都不太可能实现。印度的阶层区隔由宗教教义规定，宗教的统一保证了阶层之间的统一，由此而产生了神权贵族政体。从精神层面看来，印度人很容易进入精神狂想。波斯帝国作为亚洲的第三个重要形态，其神权以一种君主政体表现出来，各个社会成员，包括元首都要受法律原则的束缚。波斯即统一于这种普遍、温和的权力之下。

处于历史青年期的古希腊城邦坐落于一片海上的土地，主要由一群岛屿和一个具有海岛特征的陆地组成，这里有无数的山岭、狭窄的平原、小山谷和小河流。希腊到处都支离破碎，呈现出分裂的特征，而这与希腊各民族生活特征的多元性和希腊精神的善变性不谋而合。这就使得他们每一个人都会保持自己的地位和独立性，通过法律和习俗结合在一起。海洋在希腊民族的生活中扮演了重要角色。希腊人过着穿梭于海洋和陆地的两栖类生活，与不同民族进行频繁的文化接触和交流，逐步形成了保持差异性、多元性、开放性，崇尚精神独立、人格自由的希腊精神。这种自由精神不仅生产了希腊自由的政治制度，也孕育了思想自由，最终哲学也在这片自由的土地上诞生了。

处于历史成年期的罗马帝国，其宗旨是让个人为国家牺牲，牺牲个人的道德生活。在罗马时期，自由具有了普遍性，它一方面成为了凌驾在个人之上的抽象的国家、政治和权力，另一方面也创造出了与个体不同的、与这种普遍性相对应的人格。罗马政治生活的基本条件是严格的贵族政体，整个社会完全处于分裂和斗争之中。罗马的特性就是个人和国家、法律、命令的统一，这种统一遵循的严格秩序森严无比、不可逾越。罗马世界身处一种悲惨的境遇中，人们普遍渴望精神世界能够得到满足，于是一个内蕴痛苦的高等精神——基督教——从中诞生了。世界历史在这一节点上旋转，并从这里再次起航。

处于历史成熟期的欧洲世界是由日耳曼民族承担建设并最终完成的。日耳曼人最纯粹的文化是依托特定地理环境得以保存的。莱茵河流域和易北河流域始终是日耳曼人的地盘。日耳曼人热爱自由，他们能够结成社会是因为普遍遵循自由原则。社会的自由原则也带来了成员们自动的团结和服从军事领袖，这样就诞生了日耳曼社会第二个维系原则"忠诚"。自由和忠诚为个人和社会的关系奠定了基础，也密切影响着国家的形成。最终国家成为全体人民的灵魂，是许多私权的集合，一种合理的政治生活最终得以实现。

关于人类社会和自然环境的矛盾统一关系，黑格尔的观点是地理环境对人类社会的作用大于人类社会改造自然环境的能力。至于自然环境是如何影响人类社会的发展进程，黑格尔主张地理环境间接影响社会发展，人们的物质生产活动或经济生活是两者之间的中介。在这里，地理环境被用来说明物质生产，地理环境的差异会影响人们的谋生方式，而不同的经济生活决定了不同的社会制度。这其中透射出可贵的唯物史观的萌芽。[1]

---

[1] 周泽之：《黑格尔地理环境学说简论》，《安徽大学学报（哲学社会科学版）》1987年第2期，第29—30页。

三、思想简评

黑格尔不是第一个承认地理环境对人类社会起作用的学者，他不同于前人之处在于他是以客观唯心主义立场来阐释这一问题。可贵之处在于，这一立场并没有影响他对地理环境的重视，他从"精神主宰世界"的基本命题出发，明确指出在人类历史进程中，地理环境是一个不可或缺的重要因素。地理环境的重要作用就在于为精神提供了表演的场地，也为民族精神的产生提供了一种可能性。他一方面强调人类对自然界的依赖性，另一方面也指出人类具有改造自然的积极性、能动性。这其中就包含了黑格尔关于地理环境对人类社会的发展究竟起多大作用的独到见解。他明确表示，不能把地理环境的作用估量得太高或太低，自然和社会对立统一、相互作用，二者对立统一的基础是人类有目的的和借助一定工具的实践活动。列宁对黑格尔的这些卓越思想给予了高度评价，称其"已经有历史唯物主义的萌芽"。

黑格尔主张，地理环境对社会发展起着间接作用，其中的中介不是人们的生理心理特性，而是人们的物质生产活动或经济生活。他指出，人们为了适应地理环境的差异而采取不同的谋生方式，开展不同的经济生活，这为社会制度奠定了基础。普列汉诺夫就此评论：在黑格尔之前和之后都有很多人探讨过地理环境对人类历史发展的意义，但这些研究者都仅仅局限于探究人们周围的自然界在心理方面或生理方面对人的影响，而完全忽视了自然界对社会生产力并通过生产力对全部社会关系及整个思想上层建筑的影响。黑格尔就大不一样，他不是在个别方面，而是在问题的整个提法上，都完全避免了这种严重错误。[1] 地理环境通过生产力对人类社会发生作用，这是黑格尔的功绩所在，是马克思主义基本原理的最初发端。

对于黑格尔把地理环境视为"精神"发展所需要的场地的唯心主义观点，马克思和恩格斯也进行了深刻的批判，他们指出："在黑格尔的历史哲学中……也是儿子生出母亲，精神产生自然界，基督教产生非基督教，结果产生起源。"[2] "他不仅

---

[1] 《普列汉诺夫哲学著作选集》第 1 卷，第 485 页；第 2 卷，第 171—172 页。
[2] 《马克思恩格斯全集》第 2 卷，第 21 页。

把整个物质世界变成了思想世界，而且把整个历史也变成了思想的历史。"[1] 黑格尔对自然和社会相互关系的认识是在丢掉历史的真实前提、否认物质资料生产是社会发展的决定力量的唯心主义基础上进行的，无法对地理环境的作用问题做出正确判断。此外，黑格尔认为欧洲世界处于历史成熟期，日耳曼代表完成的世界，这种典型的欧洲中心论使他也不可避免地陷入一种政治偏见。

---

[1]　《马克思恩格斯全集》第 3 卷，第 16 页。

马克思与恩格斯

在经典社会学领域，马克思、恩格斯对环境和社会之关系的思考是丰富而深刻的。他们的思想是环境社会学赖以发展的坚实基础。他们在本体论维度对人与自然关系的思考、在价值论维度对自然价值的肯定和阐释、在方法论维度对环境问题的产生与解决的讨论都为环境社会学的发展提供了重要参考。

一、人与自然的关系

日本学者岛崎隆认为，马克思主义含有丰富的生态学观点，它阐述了人与自然的三种关系，即主体与主体的关系（自然和人一样是平等的主体）、主体与客体的关系（人是自然的改造者和呵护者）、客体与主体的关系（自然是人的缘起者和养育者）。这三种关系亦可称为"自然在人面前呈现的三种面孔"，体现了马克思主义与环境生态思想的内在关联，对当代环境问题同样适用。[1]

马克思主义认为，人是对象性的存在物，体现为对象性的"自然的存在物"。

（一）人是对象性的"自然的存在物"

人是自然界自我进化、自我发展的结果，是自然的存在物。恩格斯在《自然辩证法》中指出，人的进化经历了没有定型的蛋白质 — 由核与膜构成的细胞 — 原生生物 —

---

[1]　参见冯雷：《日本学者岛崎隆对马克思自然观的解读》，《马克思主义与现实》2007年第3期，第97页。

动植物（古猿）— 人类的漫长过程。人类生命的由来说明了人与其他自然物同根同源，人与自然在本质上是同一的。在马克思看来，人与动植物都是自然的构成部分，本质上没有差别，是"能动的自然存在物"或"有生命的自然存在物"，是"肉体的、感性的、对象性的存在物"。[1] 人与自然的关系就是自然与自然本身的关系，男女之间自然的、本能的关系就是这一观念的最感性直观的证明。

人不仅是自然的存在物，而且是对象性的自然存在物。人的对象性承载了人的自然性和生物性，只有借助对象性的活动，人类才能够实现和表现出自身的自然性和生物性。原因在于，人的自然性决定了他必须为了维持自身肉体的存在而把自然界作为实现自身欲望的对象，通过作用于大自然来证明自己的存在。人作为自然的存在物而活动的过程，就是人将自然对象化进而塑造自身的过程。[2]

（二）自然的对象性与对象性的自然

与把人理解为对象性的存在物相对应，马克思主义认为，不能把自然看作是僵死的、原生态的或"荒野"的，自然有其自在性，是作为人类认识或改造的对象而存在的。任何自然物只有进入人的视野，才能激发人的认识兴趣或改造兴趣。马克思主义承认自然的异在性、客观性特征，即自然是先在的、系统的、自己发展自己的。自然的进化，生成了人，造就了人的意识和理性，造就了人的群居性和社会性。是先有自然界，而后才有人和人类社会。自然界是人类最原始的塑造者。

自然也是一个有机的整体，自然界中的任何事物都不是孤立发生的。自然是自己运动自己、自己发展自己的，换言之自然具有自组织性。在马克思、恩格斯看来，自然界不是孤立、僵死、不变的集合体，而是一个自我生成和自我消逝的过程，是一个经过对自身的否定之否定而逐步上升的辩证运动。

自然不仅具有客观性和自在性，而且具有属人性和社会性。马克思在《资本论》第一卷里，以动物和植物为例，说明自然是人以人的眼光和人的方式与之交往的物质对象。"动物和植物通常被看作自然的产物，实际上它们不仅可能是上年度劳动的产品，而且它们现在的形式也是经过许多世代、在人的控制下、借助人的劳动不

---

[1]　马克思：《1844 年经济学哲学手稿》，人民出版社 2000 年版，第 105 页。

[2]　参见孙道进：《马克思主义环境哲学研究》，人民出版社 2008 年版，第 17 页。

断发生变化的产物。"[1] 时至今日，人类身处其中的大自然是那么具体且与人类密切相关，大自然作为人类活动的对象，是"现实的自然界"、"通过工业 —— 尽管以异化的形式 —— 形成的自然界"[2]，是赋予人类价值向度于其中的自然，被人的对象性活动所染指过的自然才能构成人们生活于其中的感性世界。

（三）自然是自在性与属人性的统一

总体而言，通过人的对象性活动，马克思既看到了自然的异在性、先在性、客观性、有机性和自组织性，又看到了自然的属人性特征，强调人的主体性、能动性和否定性。在人与自然之间，对象性活动是重要的中转器。作为自在自然与属人自然分化与统一的基础，人的对象性活动 —— 实践 —— 使得自在的自然和属人的自然彼此密切关联，使自然成为社会的自然，社会成为自然的社会，由此"自然的历史"和"历史的自然"才达到高度统一与融通。[3]

二、环境问题产生的根源

（一）自然的对象性价值

马克思认为，自然具有重要的对象性价值，它不仅是人和社会存在的基础，也是对象性劳动的对象和物质前提。自然的直接对象性价值体现为它直接是劳动的对象，它为人类提供生存空间和衣食原料，以维持自身自然的存在，以及直接以自然作为对象的农业生产中。甚至自然条件和自然状况的优劣在很大程度上决定着一个身处其中的民族和社会的文明与富裕的程度。这多少触及马克思、恩格斯的地理环境观。地理环境虽然是人与社会存在与发展的前提和基础，但是只有基于自然和社会、地理环境和生产方式相互影响的视角才能正确了解地理环境在社会发展中的作用。

自然的间接对象性价值表现为它是人类劳动的前提和条件。劳动作为人类创造价值的活动，作为人与自然物质交换的过程，本身就离不开自然。自然是人类劳动

---

[1] 《马克思恩格斯全集》第 23 卷，人民出版社 1972 年版，第 206 页。

[2] 马克思：《1844 年经济学哲学手稿》，人民出版社 2000 年版，第 89 页。

[3] 关于马克思、恩格斯探讨人与自然关系的相关论述，重点参考了孙道进：《马克思主义环境哲学研究》，人民出版社 2008 年版，第 15—45 页。

最初、最基本的简单要素。马克思反复强调自然条件对劳动的影响和制约作用。马克思以人类最初的生产活动为例，说明劳动者所掌握的首要因素是劳动资料，而不是劳动对象，这些劳动资料为自然界中所存在的各类物质，比如土地、木头、石头、矿物质等。在诸多自然资源中，马克思最为强调土地。"土地是他的原始的食物仓，也是他的原始的劳动资料库……土地本身是劳动资料，但是它在农业上要起劳动资料的作用，还要以一系列其他劳动资料和劳动力的较高的发展为前提。一般说来，劳动过程只要稍有一点发展，就一定需要经过加工的劳动资料……劳动资料的使用和创造，虽然就其萌芽状态来说已为某几种动物所固有，但是这毕竟是人类劳动过程独有的特征。"[1]

自然界所提供的这些原始资料，作为人类劳动的最初工具，并不是都参与到了劳动过程，但是没有这些原始资料，劳动过程就没办法进行下去。土地给劳动者提供报酬，给生产过程本身提供劳动场所。自然的间接对象性价值在农业生产上表现得最为明显，地租就是最好例证。土地资源的总量是有限的，这使得土地产生了价值，并以地租的价格形式存在。

（二）人类与自然之间的代谢断层

1. 社会—生态的代谢

马克思关于自然价值的分析，实际上指出了自然价值的生成与人类的对象性活动，即劳动之间的关系。在讨论环境问题产生的根源时，马克思的"社会—生态的代谢"至关重要。

这个概念根植于他对劳动过程的理解。马克思对劳动过程的定义是从广义角度进行的，劳动是人通过自己的行动，传递、管理和控制他自身与自然界的代谢，用适合于自己需要的形式占用自然物质的过程。在这个过程中，他面对的是作为自然力量的自然存在，他动用胳膊、腿、头和手等属于他自己的那部分自然力量，他作用并改变外部自然，同时也以这种方式改变着他自身的自然。人与自然界通过劳动结成的关系即为"代谢"，劳动过程是人与自然之间代谢交互作用的普遍条件，是

---

[1] 《马克思恩格斯全集》第 23 卷，人民出版社 1972 年版，第 203—204 页。

人类存在的永恒的"自然—强制"。

Hayward 就此指出，"社会—生态的代谢"这一概念抓住了人类存在的基本方面，人类的存在是自然的存在与物质的存在的统一，体现在人类与其所处自然环境之间的能量与物质交换之中。代谢，从自然界的角度看，是由支配各种物质过程的自然法则所调节；从社会的角度看，是由控制劳动分工和财富分配的制度化规范所调节。[1]

马克思基于自然的对象性价值，要求人们注意对自然的选择和对自然的保护。"绝对必须满足的自然需要越少，土壤自然肥力越大，气候越好，维持和再生产生产者所必需的劳动时间就越少。因而，生产者在为自己从事的劳动之外来为别人提供的剩余劳动就可以越多。"[2] 他专门以农业生产为例，探讨了自然的品质对农业生产率的影响。

2. 难以弥补的断层

资本主义制度下大工业和大农业的发展必然导致代谢断层的产生，大工业为大农业提供了更大规模的剥削土地的手段。早在 19 世纪中期，马克思、恩格斯就意识到科学技术一旦与资本主义生产结合在一起，就会导致生态恶化和环境破坏，它们之间存在着某种逻辑性和因果性关联。虽然资本主义推动了科学的发展并取得了一系列技术成就，但是这些有益于土壤管理的新科学却无法真正地合理化应用于资本主义大农业，资本主义不可能保持使土壤构成要素再循环的必要条件。

马克思、恩格斯认为，近代自然科学的蓬勃发展把机械化、集约化生产变成了现实，同时也为资产阶级榨取自然资源、提高劳动生产率、剥削工人的相对剩余价值提供了支撑。"大土地所有制使农业人口减少到不断下降的最低限度，而在他们的对面，则造成不断增长的拥挤在大城市中的工业人口。由此产生了各种条件，这些条件在社会的以及由生活的自然规律决定的物质变换的过程中造成了一个无法弥补的断层，于是就造成了地力的浪费，并且这种浪费通过贸易而远及国外。"[3] 农业不断缩小，工业不断壮大，人口不断向大城市聚集，自然环境不断恶化，工人身心

[1] 李友梅、翁定军编译：《马克思关于"代谢断层"的理论——环境社会学的经典基础》，《思想战线》2001 年第 2 期，第 107 页。

[2] 《马克思恩格斯全集》第 23 卷，人民出版社 1972 年版，第 560 页。

[3] 《马克思恩格斯全集》第 25 卷，人民出版社 1974 年版，第 916 页。

受到严重摧残。对于科学技术与资本主义结合导致人与自然的破坏的事实，马克思、恩格斯做过非常翔实的考察。尤其是恩格斯对英国工人阶级的生存环境和生活状况的描述最为详尽且有实证。

马克思、恩格斯发现，立足于强大的现代科学技术基础上的资本主义生产不仅导致了生态环境和自然资源的日渐贫乏，也导致了人自身自然的贫乏，即科学技术在资产阶级的推动下转化为一种新的统治形式或新的意识形态，对象性活动的"雇佣劳动"色彩日趋明显。基于此，他们认为，资本主义的唯利是图、资产阶级工厂的利润至上只是自然被破坏、工人身心被摧残的表面原因，科学技术起到了潜在的"坏"作用。在科学技术的帮助下，大工业起初是滥用和破坏人类的自然力，大农业是更直接的滥用和破坏土地的自然力，但是在随后的发展进程中，由于农村产业制度造成劳动者精力衰竭，以及工业和商业所提供的诸种手段带来的土地贫瘠，大工业、大农业和科学技术三者合作勾结，共同促就了一部资本主义取代封建主义、农业工业化、农村城市化的历史，其本质上也是一部自然破坏、生态恶化和生产者为之殉难的历史。[1] 需要注意的是，马克思并没有因此而把技术本身视为罪恶之源，他认为科学技术的异化，根源不在技术自身，资本家应用科学技术作为攫取巨额利润和稳固其霸权地位的工具，资本主义发展过程中形成的劳动关系才是科学技术异化的社会历史根源。

福斯特就此指出，代谢断层理论的重要性不仅在于因此可以把马克思还原为有机农业的倡导者，同时也在于马克思成功地把社会学思维运用在生态范畴里，这可谓是"古典社会学分析中的一个伟大的胜利"，同时证明了"缺少社会学见解的生态学分析面对当代地球上的生态危机是无能为力的"。这一理论为当代环境分析者们提供了一个更好的理解人类与自然间代谢关系的门户。[2]

三、自然和人类的解放

在马克思、恩格斯看来，自然是与人类相互联系的整体，自然是人类生存的根本。自然环境被大肆破坏，人类的生活必将受到强烈影响，保护自然就是保护人自身。

---

[1] 孙道进：《马克思主义环境哲学研究》，人民出版社 2008 年版，第 142—149 页。

[2] [加] 汉尼根：《环境社会学》，洪大用等译，中国人民大学出版社 2009 年版，第 10 页。

在生态系统中，人类依赖于自然界的各种因素，即使是自然界某个极小的变化，都会对人类造成无法预估的长远影响。马克思强调人的主观能动性，但这并不意味着人类可以肆无忌惮地征服自然。人的主观能动性受身体的制约，并且人类的主观能动性受自然规律本身不可抗性的客观规律制约。人类需要通过系统的思考方式来看待自然环境中各要素所具有的真正价值，破坏自然也就是破坏自身，只有将人类自身的活动限定在自然界能够承受的范围之内，才能达到共同发展的目标。

人的解放以自然的解放为前提。马克思主义认为，人与自然的最原始关系完全是共存的关系，土地、山石、水产等资源在人们看来是一种客观存在的要素，并不依赖于人类的存在而存在，人的劳动也只是与特定自然要素结合在一起的特定存在。劳动所带来的商品其本质来源于自然界，在这种状态下，人们对于自然资源并未进行私人的占有，人与人之间的合作平等。但是随着对自然的占有，资产阶级升级为对人自身的控制。资本家对自然资源的暴力占有，使得大多数人只能通过依靠依附资本家来获得自己的生活需要，于是产生了奴隶与奴隶主的关系。

在马克思看来，对自然的控制演变成对人身的控制，资本主义使得自然环境急剧恶化并对人的身体造成损害。在《资本论》中，马克思揭露了资本主义对工人的压榨："我们只提一下进行工厂劳动的物质条件。人为的高温，充满原料碎屑的空气，震耳欲聋的喧嚣等等，都同样地损害人的一切感官，更不用说在密集的机器中间所冒的生命危险了。这些机器像四季更迭那样规则地发布自己的工业伤亡公报。社会生产资料的节约只是在工厂制度的温和适宜的气候下才成熟起来的，这种节约在资本手中却同时变成了对工人在劳动时的生活条件系统的掠夺，也就是对空间、空气、阳光以及对保护工人在生产过程中人身安全和健康的设备系统的掠夺，至于工人的福利设施就根本谈不上了。傅立叶称工厂为'温和的监狱'难道不对吗？"[1]

资本主义对人和自然的控制属于同一过程，通过控制自然资源达到控制人的目的，控制人又可以对自然控制起到反向强化的作用。资本主义控制了大自然，就等于控制了全部的自然，包括人自身的自然，把一切自然都当作满足其自身欲望和利益的对象与工具。伴随着科学的进步发展，统治阶级控制人的需求，扭曲人的本性，

---

[1] 《马克思恩格斯全集》第 23 卷，人民出版社 1972 年版，第 466—468 页。

刺激对自然的控制和掠夺。为了恢复人的自由，使人类获得真正的解放，对于自然的控制应该被理解为对人类与自然之间关系的控制。

马克思认为，劳动的异化实质是人的异化。资本主义的异化劳动是片面的、抽象的，从事这种异化劳动的人也因此而成为片面的和抽象的人。这种人实质上是只会劳动的动物，是"最必要的肉体需要的牲畜"。对工人而言，资本对自然的占有是"致命"的，它是自然被破坏、人性遭摧残和社会矛盾加剧的根本原因。这种"破坏""摧残"与"加剧"会一直持续到土地、劳动力等自然要素不再被作为商品而存在的那一天。由于自然和人是被对象性活动即劳动联系在一起的，因此，自然的解放、人的解放，归根到底就是对象性活动的解放。社会主义、共产主义的真正到来是建立在劳动的解放即异化劳动的扬弃之上。自然的和谐与社会的和谐都要依靠资本主义的消亡或共产主义的实现来实现。[1]

四、环境问题的解决

人类通过实践对自然产生了破坏，要想解决环境问题，还是需要通过实践来实现。马克思主义主张，人类要在社会实践、生产实践和科学实验这三大实践活动中追求与自然的和谐统一。尊重自然、保护环境是人类实践活动的必要原则。

人与自然的关系和人与人的关系是相互依存、相互制约的。要最终解决人与自然之间的矛盾，就必须首先取决好人与人之间的矛盾。资本主义过分追逐自然资源所带来的利益，造成了人与自然关系的恶化。要想改变这种状况，必须进行社会变革，用理想的社会取代资本主义社会，以达到自然资源合理利用及分配，才能实现人与自然之间合理的物质转换。

马克思主张哲学思想应该关注社会实践层面的自然界，他指出："社会是人同自然界的完成了的本质的统一。"[2] 马克思指出，要实现人类社会和自然界的和谐统一，就必须改变人类生产实践的方式。生态问题的解决，需要改善人与自然的关系，更需要从资本主义社会的现实矛盾出发，从社会关系层面来认识人与自然的关系。资本主义社会的生态问题在马克思看来就是社会问题，是自然界对不合理的社会制

---

[1] 孙道进：《马克思主义环境哲学研究》，人民出版社 2008 年版，第 327—348 页。

[2] 《马克思恩格斯全集》第 42 卷，人民出版社 1979 年版，第 122 页。

度及其生产方式的反映。因此，解决生态问题的基本思路是从解决社会问题入手，把制度变革和生态变革结合起来，方能实现人与自然、人与人的和谐发展。

马克思明确指出生产废料的循环利用是减少环境污染的有效方式。他说："化学工业提供了废物利用的最显著的例子。它不仅发现新的方法来利用本工业废料，而且还利用其他工业的各种各样的废料，例如，把以前几乎毫无用处的煤焦油，变成苯胺染料，茜红染料（茜素），近来甚至把它变成药品。"[1] 科学技术的进步在不断更新着生产原料的利用途径和方式，生产中的各种边角废料在原有形式上原本是不能被利用的，但是新技术可以发现或揭示那些废料的新的有用性质，新工艺可以把不同行业的废料综合利用起来。随着生产途径和方式的变化，生产废料在新的生产中获得了再利用的形式，这样有效的循环利用就出现了。当然这只是减少环境污染的下策，马克思认为减少废料的产生是减少废物污染最根本的办法。人类利用科学技术手段，发明并采用新的绿色生产工具，改进革新工艺方法，就可以有效减少废弃物，进而降低环境污染。

马克思强调，对科学技术成果的利用必须综合考虑它所产生的最近的经济效益与长期的自然影响和社会后果，把科学技术应用所产生的经济、社会和环境效益统一起来。当代科学技术的发展是人类真正从自然物质进程中获得自身解放的重要条件。人类所创造的物质生产力和科学技术是人类智慧的成果和证明。

五、思想简评

马克思、恩格斯为把环境问题与社会学（尤其是经典社会学）联系起来提供了一个多层次、多价值的基础。马克思、恩格斯在这个领域中的贡献主要表现在以下几个方面：

（1）在本体论层面，人是对象性的存在物，自然是对象性的自然，劳动或实践作为对象性活动是自然、人与社会的中介。这种关于人与自然的对象性关系，既克服了非人类中心主义以自然统摄人的"客观自然主义"，又克服了人类中心主义以人统摄自然的"科学的唯物主义"。

---

[1]　《马克思恩格斯全集》第25卷，人民出版社1979年版，第118页。

（2）在价值论层面，自然具有对象性价值的"最高普遍性"，也具有虚拟价格。自然的对象性价值既具有内在性，也具有工具性。衡量自然价值大小的内在尺度便是对象性劳动。

（3）在方法论层面，人的对象性本质以及对象性劳动"永恒的自然必然性"决定了人类对自然要"有所作为"；人与自然的对象性关系及人自身可持续发展的需要又要求人对自然要"有所不为"。发展并善用科学技术，促进废物再利用，是实现人类与自然和解的重要路径。

（4）在历史观层面，自然的历史、人的历史和对象性活动的历史是同一个运动过程。人与自然之间关系的和谐、人与人之间社会关系的和谐，与对象性活动的解放、资本主义的消亡以及共产主义的实现走的是同一条道路。[1]

马克思、恩格斯的环境思想作为"完成了的"人道主义和自然主义，是对人类中心主义和生态中心主义的积极扬弃和辩证吸收。它与人类中心主义有某些相似之处，都把人看作哲学的出发点和归属点，但它又超越了人类中心主义，认为人不是整个价值世界的绝对中心，也不能绝对主宰大自然，人类不能恣意妄为地对待自然。在这个方面，它与生态中心主义产生了某种共鸣，即人类要尊重自然界的固有规律，要悉心呵护自然，要把自己的生命融入自然的生命，做到有所不为。但是，它又克服了生态中心主义的自然浪漫主义以及自然观和历史观相脱节的现象，强调人的主动性、能动性，主张人类对自然的积极改造，有所作为。

马克思、恩格斯的环境思想为中国社会跨越工业文明、迈向生态文明、建设和谐社会提供了重要的哲学基础。人与自然的和谐是和谐社会与科学发展观的共同诉求。它为我们指明了科学的实现路径：在正确理解人与自然关系以及正确认识自然价值的基础上，把对自然的改造、对人自身的改造以及对社会的改造有机统一起来，对工业文明及其生态效应加以时代性扬弃，构建有利于人与自然、人与人、人与社会的关系全面和谐与综合协调的理念、态度和生活方式，将人类文明推向深层的、可持续发展的道路。

---

[1] 孙道进：《马克思主义环境哲学研究》，人民出版社 2008 年版，第 7—9 页。

涂 尔 干

作为社会学奠基人之一，涂尔干毕生都致力于把社会学建设成为一门完整又严密的社会科学。他把"社会事实"确立为社会学的研究对象，并主张"社会事实只能用社会事实来解释"的基本原则。他看到了功能分析在社会学研究中的独特作用，并把社会秩序、社会整合作为自己的核心学术关切。在关于涂尔干社会学思想的传统研究中，鲜少从环境社会学角度进行解读。尽管如此，也不能否认涂尔干在某种程度上对环境因素的考虑。

一、关于环境要素的功能分析

（一）资源竞争是社会变迁的隐性动因

《社会分工论》一书包含了一些涂尔干关于社会和资源基础之间关系的宏观分析。在这本书的导言中，涂尔干指出分工是自然界的普遍现象，"因为自从地球有了生命，分工就几乎同时出现了。分工已经不再仅仅是植根于人类理智和意志的社会制度，而是生物学意义上的普遍现象，是我们在有机体本质要素中必需有所把握的条件"[1]。他把分工视为一种自然规律，并且强调分工是人类社会的构成条件，是社会秩序最重要的基础。当然，人类社会的分工具有不同于自然界的分工的特殊性，涂尔干从社会分工的功能、原因和条件以及反常现象三个方面对其特殊性进行了详

---

[1]　[法]涂尔干：《社会分工论》，渠敬东译，生活·读书·新知三联书店2000年版，第4页。

尽深入的分析。

在探寻社会分工产生的原因时，他首先引入了斯宾塞的观点："随着共同体人口逐渐增多，它会分散到更大的范围中去，共同体成员在相应的区域里生老病死，从而使共同体能够在不同的物质环境中把它的各个部分保存下来；这些部分也不再会产生非常相似的作用。这些人分散而居，有的继续从事着狩猎和耕种；有的则迁移到了海边，开始出海捕鱼；而有些居民却选择了中心地带，定期举行集会，后来这些人就变成了商人，而这个地区则变成了城镇……由于土壤条件和气候条件不同，不同地区的农村居民开始有了一部分专门职业；养牛、养羊以及种植小麦等主要职业之间的区别已经越来越明显了。"[1] 涂尔干吸收了斯宾塞的观点，指出如果各种外界条件已经在个人身上留下了印记，而且这些条件本身也互有差别的话，那么它势必会产生分化作用。同时，他也进一步指出，尽管这些差别与分工之间存在着某种联系，但还是要弄清楚它是不是产生分工制度的充分条件。"根据土壤条件和气候条件，我们可以解释某个地区的居民为什么会从事种植或养牛、养羊等职业……即使外界条件在很大程度上促使个人向非常明确的专业化方可发展，它们也不足以决定专业本身的性质。"[2] 在这一部分的论述中，涂尔干承认外部环境在一定条件下会产生社会分工，但它却不是社会分工产生的充分条件，还需要其他因素的协同作用，即伴随社会容量和社会密度的增加，人类日益残酷的生存竞争。

涂尔干与达尔文一样，认为有机体相似度越高，产生激烈竞争的可能性就越大。因为它们的需要相同，追求的目标相同，所以它们时时刻刻都处于一种相互敌对的状态。如果资源丰富，能够充分满足个体的需要，双方就会相安无事；一旦资源紧张、供不应求，个人的需要和欲望无法得到充分满足，它们之间就会爆发冲突乃至战争。简言之，战争的激烈程度取决于参与竞争的人数和对稀缺资源的欲望的强烈程度。当然，如果共同生活在一起的人们分属于不同的种族，产生了不同的变化，他们所面临的情况也会完全不同。生存方式或者生活方式的不同会减少相互竞争或妨碍。对于某些人非常重要的资源，在另一些人那里却一文不值。这样一来，相互遭遇的

---

[1]　[英]斯宾塞：《第一原理》，伦敦 1862 年版，第 382 页，转引自[法]涂尔干：《社会分工论》，渠敬东译，生活·读书·新知三联书店 2000 年版，第 220—221 页。

[2]　[法]涂尔干：《社会分工论》，渠敬东译，生活·读书·新知三联书店 2000 年版，第 221 页。

机会越少，相互冲突的机会也就越少，人们越是属于不同的种族，产生不同的变化，这种冲突也就越容易避免。[1] 他引用达尔文关于稻田杂草和海克尔关于橡树昆虫的论述来说明，在有机体内，因为不同组织依靠不同物质来维持生存，所以它们之间的竞争就比较弱这一基本事实。

由此可见，在人口规模增长、密度增加的过程中，资源（包括自然资源）的占有和分配是一个无法回避的现实问题。劳动分工以一种平心静气的方式减缓了人类社会的资源争夺和生存竞争，让人们能够共同生存发展下去。尽管劳动分工是社会前进的动力，但却不是唯一的动力，至少在它背后还有资源的制约。此外，涂尔干在该书中关于社会容量、人口密度、资源争夺、工业化和社会分工复杂化之前提条件的各种社会形态学的论述，为后来美国芝加哥学派的"人类生态学"理论的发展也提供了重要的思想启蒙。

（二）自然符号具有社会层面的作用

在《宗教生活的基本形式》中，涂尔干开门见山地写道："本书呈现给读者的总的结论是：宗教明显是社会性的。宗教表现是表达集体实在的集体表现；仪式是在集合群体之中产生的行为方式，它们必定要激发、维持或重塑群体中的某些心理状态。所以说，如果范畴起源于宗教，那么它就应该分有一切宗教事实所共有的本性；此外，它们还应该是社会事务，以及集体思想的产物。"[2] 作为社会唯实论的代表，涂尔干主张社会是真实性的实在，社会独立于个人、塑造个人。在个人与社会的联系之中，宗教起到了很关键的作用。涂尔干对宗教本质和功能的考察，建立在图腾制度这种宗教原始形式的基础之上。

涂尔干的图腾制度研究从对泰勒、弗雷泽、兰等人的图腾学说的批判开始，由图腾的氏族标志功能出发，在图腾与氏族社会的相互关系中理解图腾制度的成因、实质和功能。经过一系列系统深入的分析，涂尔干最终的结论是：社会是神性的本原所在，图腾作为氏族象征，自然就是神性的圣物。从这一观点出发，涂尔干对一系列有关的信仰和仪式进行了解释。他认为，诸如灵魂和精灵观念、图腾神话、神

---

[1] [法] 涂尔干：《社会分工论》，渠敬东译，生活・读书・新知三联书店 2000 年版，第 224 页。

[2] [法] 涂尔干：《宗教生活的基本形式》，渠敬东译，上海人民出版社 1999 年版，第 11 页。

的观念一类的信仰和包括图腾禁忌、苦行修炼、圣餐祭祀、图腾模仿、表演仪式、解禳仪式等在内的仪式都是现代宗教信仰和仪式的来源。

实事求是地说，涂尔干在这部著作中并没有直接、正面地阐述以自然元素为表现形式的图腾在自然与人及社会的关系上发挥着怎样的作用。换言之，在"自然元素—图腾—社会"的三角关系中，他可以说是心无旁骛地关注着图腾与社会的关系，而对自然元素如何经由图腾这一媒介与人类社会发生关系的问题并未重视。尽管如此，我们仍然可以借由他的分析，窥见在人类的文化心理特质、族群边界与社会整合、知识的起源等形成过程中自然元素的价值，以及图腾信仰在生态保护中的贡献。

1. 自然为图腾信仰提供了素材

涂尔干指出，在绝大多数情况下，图腾的对象源自动物界和植物界，尤以前者居多，还有部分天体、天象成为图腾的对象，诸如日、月、星辰、风、霜、雨、雹、雷、云等。图腾通常不是一个个体，而是一个物种或变种，它不是某一只袋鼠或某一只乌鸦，而是所有的袋鼠或所有的乌鸦。也有少量图腾取自不规则的地形、低地，或者一个特定的蚁冢等。[1] 从他的描述中可以看到，用来标志氏族的图腾，无论基于什么原因或原则确定的对象，其灵感皆来自于人类与自然打交道的过程与经验，正是自然的千变万化、多姿多彩，启发了人类的自我意识，提供给我们用来命名和标识自身、划分氏族界限的工具和手段。可以设想，如果换作今天，人类一定会用枯燥乏味的数字、字母、文字等高度抽象的符号来区分彼此。但是，在原始宗教起源时期，大自然的丰富多彩足以超越人类所有的想象，为人类有组织的生产生活提供最直接、最生动的自然素材。

2. 自然元素符号化具有积极意义

以自然元素为对象的图腾具有非常广泛的用途。第一，决定着氏族成员名字的由来，确定着每个人的血缘关系。氏族图腾也是每一个氏族成员的图腾，氏族独有的图腾是不能共用的，同一个部落内的两个不同氏族都有各自的图腾。图腾可以用来表示出生和血统，在绝大多数社会中，氏族子女是生而采用母亲的图腾，也有一

---

[1] 参见 [法] 涂尔干：《宗教生活的基本形式》，渠敬东译，上海人民出版社 1999 年版，第 133 页。

些社会，子女图腾传自父系或神话祖先的图腾。在氏族图腾以外又高于氏族图腾的是胞族的图腾。可以把胞族比喻为一个物种，氏族则是它的不同变种。[1] 第二，它是一种标记和纹章。涂尔干认为图腾在原始人的社会生活中占有举足轻重的地位。图腾不只是反映在外部事物上的一种表现，而且还出现在人的身体上面。每个氏族成员都会设法使自己具有图腾的外貌，甚至用刀伤害身体以形成一种类似于图腾的纹路，图腾被他们印在自己的肉体上，就变成了他们的一部分。[2] 第三，图腾被用于宗教仪典中，是一种典型的圣物，具有宗教性。图腾的神性不是来自于图腾物本身，而是外加的，人们所崇拜的只是图腾作为标志所象征的神性内涵，它被视为能够决定氏族和氏族成员安全和生死的强大能量。第四，图腾不仅被想象为物质力，还具有强大的道德力。为氏族成员规定了一系列禁忌和义务，对待这些神圣对象，要既敬又畏，图腾就是氏族的道德生活之源。第五，图腾膜拜会产生一种强烈的集体情感和集体意识，有助于确定社会对于个人的至高无上的优先性并促进社会的团结。第六，图腾内含着宇宙论体系和类的信息，它帮助人类形成了种类或类别的观念。基于此，涂尔干认为认识的基本观念和思维的基本范畴乃是社会因素的产物，甚至科学也是从宗教中产生而后分离并逐渐成熟的。

涂尔干对图腾信仰的社会起源和社会功能的分析，从另一个角度看，又何尝不是一个精彩的人类利用自然、服务自身的过程。图腾制度是依照自然事物（相关的图腾物种）把人们分成氏族群体的，其基本路径就是借助对应、继承、标记、类比、膜拜等路径把形象生动的自然元素引入群体生活，将之抽象化、符号化、神圣化、道德化，成为社会文化的重要构成。这从一定程度上说明，人类的宗教文化、社会秩序、知识体系、道德观念、心理特质的生成都与大自然的孕育和启发密切相关，可以说人类利用自然成就了秩序。

另一方面，图腾制度也是按照社会群体而对自然事物的分类。涂尔干相信自然层面的分类也具有社会起源。这恰是人类改造自然的一个过程。自然元素本无高低贵贱之分，大自然中的所有存在本质上都是平等的。但是，涂尔干借助图腾制度的

---

[1] ［法］涂尔干：《宗教生活的基本形式》，渠敬东译，上海人民出版社 1999 年版，第135—138 页。

[2] ［法］涂尔干：《宗教生活的基本形式》，渠敬东译，上海人民出版社 1999 年版，第 143 页。

等级体系的发展反向说明了大自然如何被人类的价值观念所改造扭曲的过程。"社会等级体系是社会规模在不断扩大过程中不断分化而形成的，这就意味着拥有婚姻关系的不同社会组织的图腾之间也具有了与其所表征的社会组织如氏族或胞族之间的关系一样的关系，这种关系就是逻辑关系。另外，由于原始社会的社会组织之间关系的严密，也就决定了相应的逻辑秩序的严格性。"[1] 最终，人类改造自然成就了科学。

3. 图腾信仰包含生态伦理观

图腾信仰中最重要的是整个氏族成员所共同拥有的氏族图腾。大部分的图腾对象是动物或植物，被认为氏族图腾的动植物具有神圣性，氏族成员对它怀有敬畏和崇敬之情，产生图腾禁忌：图腾动植物只能在某些特殊情况下被制作成圣餐，但不能被用作日常食品；即使在禁忌削弱的情况下，对图腾生物的食用也不能随意造次，有严格的量的限制，某些重要部位的禁忌仍然十分严格；饮食禁忌往往附有宰杀禁忌或采摘禁忌，当在某些特殊情况下为了保存自身而不得不伤害图腾生物时，要尽可能减少它们的痛苦。一旦有氏族成员触犯这些禁忌，就会招来灾难，触犯者会受到氏族严厉的惩罚。部族对犯禁行为严惩不贷，是因为人们从灵魂深处对亵渎图腾动植物会自动招来死亡深信不疑。图腾信仰具有道德力量的制约效能，图腾信仰对生态环境的保护功能正是借由图腾禁忌来实现的。[2]

在氏族、胞族的共同图腾之外，还有一类个体图腾，这类图腾是个体人格的表达，个体完全以私人方式对其进行膜拜。在澳洲部落中，每个部落成员都有自己的图腾，这些特定的事物以动物居多。个体与这种动物的联系很密切，动物的一些特点在人身上也得到同样的反映，这个人拥有与图腾动物一样的长处和缺陷。"一个以鹰为标记的人会具有高瞻远瞩的天赋；要是用熊来命名的话，据说就会在战斗中很容易受伤，因为熊举止笨重迟缓，很容易被捕捉；如果作为标记的动物受到了蔑视，那么这个人也就成了被轻视的对象。"[3] 他们认为，一旦图腾动物死亡，相应的，人的

---

[1] [法] 涂尔干：《原始分类》，汲喆译，上海人民出版社 2000 年版，第 50 页。

[2] [法] 涂尔干：《宗教生活的基本形式》，渠敬东译，上海人民出版社 1999 年版，第 169—172 页。

[3] [法] 涂尔干：《宗教生活的基本形式》，渠敬东译，上海人民出版社 1999 年版，第 210 页。

生命也会受到威胁，因此形成了一个禁杀和禁食同名动物的普遍法则。他们不仅自己不杀害和食用图腾动物，还要防止他人对其进行杀害和食用。每个人都必须保护好个人的同名动物，因为个体图腾被认为是人的庇护者和朋友。个体图腾能够在个体陷入困境中时，把神奇的力量传递给人以抵挡危险。个体图腾不具强制性，但它具有的强大力量有时会超越氏族图腾。个体图腾来源于集体图腾，图腾把个体与社会紧密联系起来。

性别图腾制度居于集体图腾制度和个体图腾制度之间，兼具二者的特色。在具有这一制度的各个民族中，无论男人和女人属于哪一个氏族，部落中的所有男人构成一个性别团体，所有女人构成另一个性别团体。这两个性别团体都相信他们或她们与某种特定的动植物具有神秘的联系。每一性别团体都把与他/她们有密切关系的这种动植物视为他/她们的保护神，不仅禁止捕杀和食用，而且加倍小心地对待和保护它们。

二、社会学研究方法的启示

作为实证主义社会学大师，涂尔干为社会学确定了独特的研究对象——社会事实。他对"社会事实"的界定是"一切行为方式，不论它是固定的还是不固定的，凡是能从外部给予个人以约束的，或者换一句话说，普遍存在于该社会各处并具有其固有存在的，不管其在个人身上的表现如何，都叫作社会事实"[1]。社会事实具有客观外在性、普遍性和约束性等基本特征。在此基础上，涂尔干继续探索了研究社会事实的技术路线。他认为，社会学研究方法的第一条规则是把社会事实当作物来考察；解释社会事实的基本原则是"社会事实只能用社会事实来解释"，对社会事实的完整解释包括因果分析和功能分析，功能分析不能替代因果分析，社会事实产生的原因必须到先于它存在的社会事实中去寻找。此外，涂尔干还规定了研究社会事实的基本程序：第一步是给所要研究的社会事实下定义；第二步是根据定义收集资料，并依据收集到的资料分析批驳各种与所研究的现象有关的假设和解释；第三步是使用共变法对所研究的社会事实进行社会学意义上的解释。总体而言，涂尔干

---

[1] [法]涂尔干：《社会学方法的准则》，狄玉明译，商务印书馆1995年版，第34页。

的实证主义社会学方法具有鲜明的科学性、整体性、实用性特征，为环境社会学的方法论、基本方法和具体技术的发展奠定了极为重要的基础。

第一，实证社会学的本体论立场是把社会事实视为客观外在的、可感知的"物"。社会现象与自然现象并无本质区别，因此可以采用自然科学的方法来研究社会现象。尽管涂尔干是从社会、文化、心理角度限定了社会事实的范围和类型，但是他明确的社会事实的基本特点——客观性和制约性——却极具延展性，在人、社会与环境的关系越来越交织的情况下，在环境污染、生态危机不断恶化的背景下，环境问题毫无疑问也是一种社会问题，也具有明显的外在性、普遍性、制约性特征。实证社会学传统让人类可以非常容易地把多种环境污染、生态恶化现象作为客观事实加以对待，用自然科学的方法去研究环境问题产生的原因、环境恶化的影响以及缓解环境问题的具体措施。在此基础上，环境社会学能够发展成为一门应用科学，可以把自然发展规律和社会发展规律有机结合起来，在自然环境与人类社会组成的"生态复合体"中，探讨环境问题的解决并促进人类社会与自然环境的协调发展。

第二，实证主义社会学视角的整体性、综合性能够助力环境社会学发展的需要。环境社会学具有鲜明的整体性。它的整体性由环境—社会系统的整体性决定。环境—社会系统内部包含诸多子系统和次级系统，各个部分既相对独立、自成体系，又相互关联、相互依存。环境社会学必须从环境与社会关系的全局出发，才能揭示环境社会问题的本质，并发现解决问题的有效途径。环境社会学的综合性主要体现在环境问题的形成和发展是多种自然环境因素和社会因素共同作用的结果，需要在各个侧面、各个层次形成的综合关系中去探寻解决路径。实证社会学的整体性、综合性视野，以及对系统的关注都可以为环境社会学所借鉴。

第三，实证主义社会学能够为环境社会学提供结构分析、功能分析、制度分析、角色分析等极为有效的分析模式。结构分析是通过对社会要素的框架分析来把握它们的整体功能。结构分析可以对社会整体结构进行分析，通过分析人类与自然环境的特定关系来把握人与人之间的社会关系及其互动模式，并借此说明特定社会关系是制约环境问题之解决的重要因素。结构分析也可以对组织结构进行分析，把环境问题视为一个综合性的自然——社会运动系统，着重于从环境问题本身出发分析具体环境问题内部各要素之间的关系及其互动效果。

制度分析往往与功能分析密切结合。它既可以通过某一类社会群体来认识与环境保护及环境问题相关的社会制度，也可以通过分析某类社会制度来透视人们在环境保护和环境问题中的角色关系。既要从显功能与潜功能角度出发，分析制度化行动对环境产生的可预见的和不可预见的后果；也要从正功能与负功能的角度，分析某项制度的实施对构建和谐的环境 — 社会关系所发挥的积极功能，改革并消除可能产生的消极影响。

角色分析是对环境保护和环境问题相关主题的社会行为的具体分析。各社会群体都会根据自身在相关环境问题中的地位、利益差别而采取不同的社会行为。环境社会学的角色分析要对环境问题中的角色结构、角色关系、角色冲突、角色能力培养、行为动员等内容进行系统分析，以便于制定各种有利于环境保护的社会规范，鼓励引导大众参与环境保护，控制减少因环境问题而产生的矛盾、纠纷和冲突，保证社会—自然系统的良性运行。

第四，实证社会学也为环境社会学的研究提供了具体而实用的技术。在了解公众环境保护意识和行为时，可以采用普查、抽样调查和个案调查等调查研究方法来获取相关资料；可以从档案、报刊、官方统计资料、历史记录等文献中获取环境变迁的过程、原因、影响、反应等方面的资料，展开积极有益的环境史研究；可以深入到存在明显环境污染、生态危害的地区，通过参与观察和访谈的方式来解释这些现象及其不良后果；可以用统计分析法，进行大数据的汇集、整理和分析，以数学建模来推导环境变迁的可能走向及其影响。[1]

三、思想简评

实事求是地说，涂尔干从未直接、正面、明确地把环境或资源要素单独提炼出来，更没有把它们作为变量置于其关于社会分工、社会团结、宗教之社会功能的分析中。他有限的涉及环境、资源的笔墨，要么是把它们作为一个不变的常量，分析人口数量和密度增加引发的资源紧张和竞争，要么是不断转引其他学者关于图腾信仰的描述，作为其分析图腾的社会功能的基础。在其对社会学研究对象和研究方法的设计中，

---

[1] 关于"社会学研究方法的启示"部分，详细参考了董小林、严鹏程：《建立中国环境社会学体系的研究》，《长安大学学报（社会科学版）》2005 年第 2 期，第 51—52 页。

也未见把自然事实纳入社会事实的范畴。从这个意义上讲，卡顿和邓拉普对涂尔干社会学思想的批评——涂尔干一向认为自然环境应该被忽略——也是情有可原的。涂尔干因此被视为社会学人类中心主义的代表。

但是，涂尔干在某种程度上被误读了。如前文所述，他对自然环境与社会的关系有过含蓄的关注，但由于他偏好用社会结构来解释环境问题，所以其有关环境与社会之关系的思想被人们所忽略了。卡顿曾指出，涂尔干的理论很大程度上是在尝试给出一个解决方案，针对的是一个人口上升和资源稀缺带来的在根本上是生态的危机。[1] 把涂尔干划入人类中心主义的阵营是不恰当的，因为虽然他没有用自然事实来解释社会事实，但是他也从未发表任何社会事实可以支配自然事实的观点。相反，他的有关论述含蓄地表达了人类要调节自身，适应自然并合理地利用自然，才能实现社会的有效整合的观点。

此外，涂尔干所开创的实证社会学范式也为环境实在论提供了基础立场和视角。环境实在论拓展了实证社会学的本体论立场，承认非社会性变量、环境事实和自然实在的客观性，承认自然环境在理解人类行为和社会组织时的相关性，使用物理学、化学、生物学、生态学变量来分析环境问题。环境实在论者相信社会学在了解和回应真实、客观、外在的环境问题时能对社会有所影响。他们主张，必须看到物质、自然或非社会现象是有因果功效的；对环境问题的实在性做出客观主张应该是可能的；主张环境问题的实在性需要一种批判性视角。[2] 可见，环境实在论在本体论、认识论和方法论等方面都深受实证社会学的启发。一言蔽之，涂尔干社会学思想对环境社会学的影响更多是间接、含蓄的，尽管如此，也需要我们从环境—社会关系的角度重新审视。

---

[1] [加] 汉尼根：《环境社会学》，洪大用等译，中国人民大学出版社 2009 年版，第 7 页。

[2] 赵万里、蔡萍：《建构论视角下的环境与社会——西方环境社会学的发展走向评析》，《山西大学学报（哲学社会科学版）》2009 年第 1 期，第 10 页。

韦　伯

与涂尔干相似，几乎很少有人将韦伯与环境社会学联系起来。但是如果深入挖掘韦伯社会学思想，就会发现他不仅直接探讨过气候条件、自然资源与人类生产生活的关系，而且他提出的工具理性（形式理性）、祛魅等概念更是为后来的环境社会学分析提供了重要的概念工具。

一、自然资源、生态环境对人类生产生活的影响

（一）气候条件影响人类的生产方式和社会结构

韦伯在《古犹太教》一书中开篇即提出一个深刻的问题，即犹太人是如何成为一个具有如此高度殊异性特质的民族？他首先分析了叙利亚—巴勒斯坦山地周边的地缘关系，指出该地区历史上轮番遭受美索不达米亚和埃及的影响。与埃及的对立终归是由于自然和社会的差异，巴勒斯坦内部的生活条件和社会关系也是相当多样的。在"一般历史条件与气候条件"一章中，他生动描述了自然环境对当地社会生产生活的影响。

首先，巴勒斯坦地形多变，气候复杂，农业和游牧业在这里同时并存。"在经济的可能上，巴勒斯坦涵盖着诸多明显受到气候所制约的对立形态。特别是在中部与北部的平地上，早于历史时代初期起就有谷类的种植与牛畜的饲养，还有瓜果、无花果、葡萄和橄榄等植物的栽种。与这些地区接壤的沙漠地带的绿洲里和棕榈城市耶利哥地区则有枣椰树的栽植。泉水的灌溉与平地的降雨，使得耕作成为可能。

东部与南部的不毛沙漠，不只对农民而言，对牧人来说也一样，是个恐怖之地与恶魔的居所，至今仍是如此。这个地方无论今昔只有在季节雨扫过的周边地带，也就是草原地上，才被利用为骆驼或小型家畜的牧场，而且只有在多雨的好年头里才能成为游牧民随机耕作谷物之处。从这种一时性的到定期长住的各式各样的耕作方式，在这里都可以找到。"[1]

　　韦伯尤其关注了当地牧业的发展形态与面临的制约，指出巴勒斯坦地区牧场种类多样，情况复杂，牧民生活有多种组合。之所以会呈现如此状态，主要是受水资源状况的影响。该地区无论是农业还是牧业，都要靠天吃饭。"尤其是牧场的种类，不论古今都多样纷呈。常见的是从居住所在延伸到有着明确边界的放牧区域，有时只牧养小家畜，有时则大小兼畜。不过牧场通常必须随着冬季降雨期和夏季干旱期的轮转而择地更换。其中一种方式是，畜牧者来回于夏村与冬村（位于山坡上），轮流利用一处而闲置另一处。此外，不仅畜牧者如此，当农民的各种耕作地相隔遥远时，他们也会随着各田地蔬果收获期的不同而迁移。另一种方式是，由于随四季而更换的放牧地相隔如此遥远或者收益变化如此之大，以至于定期长住根本就不可能。于此，我们所针对的是小型畜饲养者，他们就像沙漠的骆驼牧养人那样住在帐篷里，在季节性的牧场更换时驱赶着他们的牲畜长程远行，有的是从东到西，更有的是从北到南，正如我们在南意大利、西班牙、巴尔干半岛和北非可以见到的情形一样。牧场的更替，可能的话，通常是结合了自然的放牧地、闲置牧地和田地收割后的落穗草地，不然的话，就是采取村落居住季节、游牧生活季节和外出寻找工作的季节相交替的方式。事实上居住在犹大山地村落里的农民，有些人一年里倒有半年是住在帐篷里的。换言之，在完全定住于家屋和依赖帐篷的游牧生活之间，我们可以找到所能想见的各种比重的组合，而且常见变化重组。现今，也像古代一样，有时随着人口的增加和因此而对粮食的需求，所以从游牧生活转变成农耕庄稼，或者反过来，由于耕地的沙漠化而从沙地农作转变成游牧生活。除了引泉水灌溉的极为有限且狭小的土地之外，一整年的命运简直就光凭雨量的多寡和分布的情形来决定。"

　　"降雨有两种类型。其一是带来南方的非洲热风并且往往雷声大作的豪骤雨。对

---

[1]　[德]韦伯：《韦伯作品集·古犹太教》，康乐、简惠美译，广西师范大学出版社 2007 年版，第 22—23 页。

沙漠农民和贝都因人而言，雷电交加意味着一场豪雨。若无降雨，那么无论古今都被解释成'神在远方'，而这在今日，犹如从前，意指罪恶的结果，而且特别是酋长的罪过。对于特别是东约旦地区的田土表层而言，这样的一场暴雨不啻个致命的大灾难，但是草原上的蓄水池却因此而注满了水，所以特别受到沙漠的骆驼饲育者欢迎，对他们而言，赐雨的神是而且一直都是易怒的雷电之神。对枣椰树和一般的树木来说，这种暴雨并不坏，只要别下得太大的话。相反的，大面积的温和降雨却能使田野和山间的牧草地欣欣向荣，这就是以利亚在迦密山上期待着从海上吹来西风与西南风所带来的雨水。因此，农民所最渴望的就是这种雨，而赐雨的神并不是在雷电交加中降临——尽管雷电往往先雨神而行——而是'轻声细语似的'到临。"[1]

"在原本的巴勒斯坦地区，'犹大荒野'亦即死神的山地斜坡面，自古以来鲜少有人定居。相反的，以色列中部与北部山地里，冬季（11月到次年的3月份）会降下相当于中欧年平均雨量的充沛雨水。所以在好年头时，亦即大雨从前期一直下到后期，山谷间就可以预期五谷丰收，而山坡面则会繁花盛开，草木滋长；万一前后期雨都不来，那么夏季的彻底干旱可能延续三分之二年之久，而一切草木也全都枯死，牧羊人只好从国外购入谷物，或者干脆迁徙他方。在这样的天候下，牧民的生活可谓朝不保夕。对他们而言，只有在好年头时，巴勒斯坦才是个'流奶与蜜'的地方。"[2]

后续分析中，韦伯进一步指出："经济条件里，受大自然所制约的种种对比，向来都会在经济与社会结构的差异上表现出来。"沙漠的贝都因人一直都位于该地区阶梯的最底层。他们过着游牧生活，仰赖骆驼奶与枣椰果维生。他们瞧不起农耕，鄙弃家屋与防卫处所，不需要也不能忍受任何一种城市组织。他们维持着一种松散而不稳定的部族共同体，用以宣称与保护牧草地，以及防备彼此间的复仇。泉井作为最重要的资源，其争战结果在很大程度上决定着部族的权势状况。[3]

---

[1] ［德］韦伯：《韦伯作品集·古犹太教》，康乐、简惠美译，广西师范大学出版社2007年版，第24—25页。

[2] ［德］韦伯：《韦伯作品集·古犹太教》，康乐、简惠美译，广西师范大学出版社2007年版，第24页。

[3] ［德］韦伯：《韦伯作品集·古犹太教》，康乐、简惠美译，广西师范大学出版社2007年版，第27—29页。

在这一部分中，韦伯通过分析当地的气候条件，来揭示巴勒斯坦地区的贝都因人生产生活的状况与不易，并指出他们的经济生产条件与其在社会阶级结构中的位置是一致的。虽然这只是研究的开始，但足以说明犹太民族的特质与其生产生活的自然环境是存在一定关联的。叙利亚—巴勒斯坦地区的一般历史条件和气候条件对于当地人的经济与社会结构的差异产生了影响。

（二）资源条件影响人类的组织生活方式

在《经济与社会》的第三章"共同体化和社会化的类型及其同经济的关系"中，韦伯讨论了家族共同体、邻里共同体。他指出，家族团体是满足平日正常的货物或劳动需求的共同体，"家族共同体不是很原始的形态，它并不以今天意义上的家为前提，但是也许要以一定程度上的有计划的农业耕地收获为前提。在采用单纯占领的方式寻觅食物的条件下，家族共同体似乎并不存在"[1]。把有计划的农业耕地收获作为家族共同体的前提，是因为这种直接面向自然的生产方式推动了家族共同体行为，包括分工协作、虔敬权威、共产共用、休戚与共。

在农业自给自足的情况下，邻里共同体主要在一些特别的事务、紧迫的危机情况和危险时提供帮助，满足特别需求。韦伯指出，邻里共同体可能是一个无定形的、在有关参加者中界限模糊的、因而是开放性的和间歇性的共同体。邻里共同体只有成为经济共同体，才会具有固定的界限。它转变成经济共同体的路径一般是经过社会化而获得调节相关参与者利益关系的能力。邻里共同体从无界限到有界限，其背后的推动力量是经济原因，即按照"生产合作社"的形式，采用垄断的办法调节邻里共同体的行为。在这里，韦伯特别以草地和森林开发为例，因为草地和森林资源的紧张，需要用生产合作的方式来维持邻里共同体。

韦伯进一步指出，邻里共同体也并非必然是经济共同体或经济调节共同体。"邻居的共同行为，可以通过社会化，确立它的制度，调节有关参加者的举止，或者从邻里们本身与之在经济上、政治上进行了社会化的局外人、个人或者公团，得到强加的制度"[2] 而发展成为政治共同体。但是，这一切都不是必然属于它的本质。在早

---

[1]　[德] 韦伯：《经济与社会》，林荣远译，商务印书馆 1997 年版，第 400 页。

[2]　[德] 韦伯：《经济与社会》，林荣远译，商务印书馆 1997 年版，第 405 页。

期纯粹家族经济的条件下，邻里共同体、经济的区域联合体和政治的团体也不是必然会相吻合的，它们之间的行为可能是极为不同的。

经济区域联合体的规模可能差别很大，主要是源于其所包括的对象的差异。农田、牧场、森林、猎场往往隶属于差别甚大的共同体。它们相互间以及它们与政治团体之间又相互交错着。凡是食物获得的重点建立在和平劳动基础之上的地方，家族共同体便是共同劳动的体现者。凡是建立在靠枪、矛获得财富的地方，政治团体将是支配权力的体现者。这种区别，无论是对于草场和耕地，还是对于粗放利用的地产即较大的共同体的猎场和森林都是如此。

此外，在极为不同的发展阶段上，各种地产同需求相比是短缺的，因而它是某一种制订章程利用地产的社会化对象。如果草场和可耕地已经是"经济的"财物，并且按其利用的方式加以调节和"占有"的话，森林可能还是"自由的"地产。因此，不同的区域联合体都可能是对这些土地的任何一种占有的体现者。[1]

韦伯在这里明确指出，农田、牧场、森林、猎场等不同地产不仅会影响经济区域联合体的规模，还会因食物获得方式的差异而与共同体的支配权力发生联系。同时，不同类型地产同需求相比的短缺情况，会迫使共同体制度化地利用这些地产。这些观点多少体现了他关于自然资源与人类经济生产、共同体生活和权力支配之间存在关联的主张。

二、祛魅、理性化与环境问题的产生

韦伯曾在他的著名演讲《以学术为业》中提到了"祛魅"这一概念，并对"祛魅"进行了说明："只要人们想知道，他任何时候都能够知道；从原则上说，再也没有什么神秘莫测、无法计算的力量在起作用，人们可以通过计算掌握一切。而这就意味着为世界除魅。"[2] 虽然韦伯生活的年代为19世纪后半叶到20世纪初，当时的生态问题并没有表现得十分严重，但这一概念的提出对于以后的环境思想发展具有指导意义。

中世纪，人们认为在自己生活的世界里人和神共同存在，自然是神秘的，很难

---

[1] [德]韦伯：《经济与社会》，林荣远译，商务印书馆1997年版，第406页。

[2] [德]韦伯：《学术与政治》，冯克利译，生活·读书·新知三联书店1998年版，第29页。

对其进行把握。随着时代的发展，人本主义逐渐扭转了这一态度，人在生活世界中占据了主导地位，不再盲目遵从于神，转而更加相信自身的经验和计算。人与世界的关系完全翻转过来，人成为了独立主体，可以去计算和度量，世界变成了客体，等待被征服、被驾驭。"人们普遍认为，'现代'是与'传统'决裂而形成的。因此，现代的精神特质不同于传统的精神气象。传统是一个魅惑的时代，要么政治与宗教合一、要么政治与教化合一，人们无法根据理性的法则建构公共行动的规则。而现代则是一个祛除魅惑的时代，它将一切神圣的东西驱入私人生活的隐秘幕后，而以理性来筹划人类的公共生活。因此，现代是一个祛魅的时代。"[1] "祛魅"不仅是神的"祛魅"，也是自然的"祛魅"，人类不再认为自然世界是由神秘力量控制的，人们可以通过更加理性的方法去了解我们所生活的环境到底是什么。

　　韦伯认为随着对自然的"祛魅"，人们越来越多地用自身的理解从自身利益出发去干涉原始的自然，使其无法依靠自身的有机系统运作下去。在《以学术为业》演讲的结尾，韦伯提道："我们这个时代，因为它所独有的理性化和理智化，最主要的是因为世界已被祛魅，它的命运便是，那些终极的、最高贵的价值，已从公共生活中销声匿迹，它们或者遁入神秘生活的超验世界领域，或者走进了个人之间直接的私人交往的友爱之中。"[2]韦伯强调世界的运行规律已经被人类改变，人类丧失了对自然的信仰，其发展趋势被机械以及私利所控制。

　　与祛魅同时推进的是理性化过程，尤以工具理性的全面铺开为表现。如果说祛魅使自然跌落神坛，使其失去神圣价值，那么工具理性的全方位拓展则把自然置于了任人宰割的境地。韦伯虽然没有直接讨论工具理性对自然环境的影响，但是他的继承者墨菲借用其"形式合理性"概念进行了深入分析。墨菲认为，科技知识的增长带来的后果之一是人类可以征服和支配自然。一个无时不在算计和追求自身利益的市场主导着扩张中的资本主义市场经济，它对其他事物鲜少考虑和关照。被官僚集团控制的产业和政府、司法系统等组合在一起，把效率作为追求的至上目标，而忽略有实际意义的目标或其他备选方案。形式合理性的选择近乎专横，它指示，完

[1] 任剑涛：《祛魅、复魅与社会秩序的重建》，《江苏社会科学》2012年第2期，第134—144页。

[2] [德]韦伯：《学术与政治》，冯克利译，生活·读书·新知三联书店1998年版，第48页。

全不必从生态学角度考虑是否符合实质合理性，砍光一片生长完好的老林子是最有效的行动。

墨菲（Roymond Murphy）认为，"理性的强化"和"理性的放大"这两个相互关联的过程已经成为当代社会的两个鲜明特征。依照严酷计算的原则办事的欲望越强烈，面临蜂拥而至的负面意外的可能性就越大。当在生态范畴里运用这种理性时，"生态的非理性"就会相应发生。这集中表现在那些触目惊心的技术灾难所带来的诸多破坏性后果上。弗洛伊登博格（Freudenburg）继承发展了韦伯的另一个概念"智慧理性"。他指出，工业社会的普通个体对技术是如何运作的知之甚少，这就导致了人们在事实上不得不高度依赖技术专家。这种依赖是存在风险的，因为一旦专家们没拿稳球、判断失误，就有可能发生，而且有时候也确实发生了环境危机。[1]

三、思想简评

有学者指出，从某种程度上可以说，韦伯提出了系统的人类生态学思想。韦斯特（Patrick West）认为，韦伯的比较—历史人类生态学中包含了两个与环境和资源相关的要素。第一个要素是环境或自然资源虽然在人类整个历史进程中不是普遍的决定性因素，但在特定社会的某些关键历史时期可能成为重要的推动力。第二个要素是自然资源是不同社会阶层和地位团体争夺的对象。

墨菲也挖掘了韦伯的环境社会学思想，给出了一些有说服力的论据：第一，韦伯的"人类是他们自己制造的牢笼的囚犯"的观点暗含了环境问题，即人类正在制造一个控制他们而不是被他们控制的世界；第二，韦伯社会学已经意识到了自然的实在性，这对于研究环境和社会的关系极为有益；第三，韦伯社会学的合理化理论也包括了自然过程的合理化；第四，韦伯关于与自然疏离的早期理解对环境社会学也是有助益的。在农业社会中，自然必然被视为强大而神秘的力量。随着合理化的发展，城市居民日益受到自然的影响也将成为一个问题。[2] 由此可见，韦伯与环境社会学之间的关系，也并非传统解读的那般。韦伯社会学之于环境社会学研究的价值有待重新估量。

---

[1] ［加］汉尼根：《环境社会学》，洪大用等译，中国人民大学出版社 2009 年版，第 8 页。

[2] 关于韦斯特和墨菲的观点，可参见王芳：《文化、自然界与现代性批判——环境社会学理论的经典基础与当代视野》，《南京社会科学》2006 年第 12 期，第 24 页。

帕　克

20 世纪初期的美国城市进入到快速成长发展阶段，大规模移民从世界各地蜂拥而至，城市原有的物理结构快速消耗，各民族对空间的无序竞争以及土地分配的不间断重复，造成了美国城市混乱的图景。在这种时代背景之下，芝加哥学派的社会学家们借鉴了动植物生态学的有用视角，企图在汹涌的变化中寻找社会发展的规律。他们使用生态学的概念和方法来研究人类社会，创立了人类生态学这一城市研究的流派。芝加哥学派凝聚了许多人类生态学者，帕克（Park）是其中的代表人物。受本书体例所限，这里的"帕克"不仅特指一位学者，也是诸多人类生态学者的代名词。这一部分内容将以帕克的思想为主体，适度引申到人类生态学派，并最终落脚到对人类生态学理论的整体评价之上。

一、人类生态学的基本观点

生态学是一门研究生物与其环境之间相互关系的科学，它将生命世界视为一个相互依赖的动态系统，发现了生物个体或群落的竞争和共生、增长和消减、形成和演替等自然规律。早期人类生态学用于分析人类社会的特殊环境（"城市"或"社区"）的许多重要概念，如"环境""自然过程""优势统治""共生"等，都是从动植物生态学中借用过来的。

人类生态学把城市看作一个生态单位，并且用与考察自然相同的技术和观点来考察其模式和过程。特定区域内的资源总是有限的，生活在该区域内的诸多物种之间会为了生存展开争夺资源的竞争，并在竞争中确定自己在环境中的位置，最终达成均衡关系。每一种有机物都必须顽强不屈、永不停止地适应环境，并与其他同类或其他种类有机物展开生存竞争，例如动物争夺食物、水源和栖居地，植物争夺养分、阳光和空间。由于自然资源有限，这种相互对抗的自然过程会导致竞争中居于优势地位的一方必然剥夺压缩劣势一方的生存机会和发展空间。

人类社会的竞争与此类似。人类环境中的各种资源（包括财富、权力、声望、社会地位等）也是有限的，围绕它们展开的竞争激烈而残酷。通过劳动分工及其在最适合的空间中的有序分布，个体之间实现了竞争性的合作。竞争不仅刺激了劳动分工，使分工越来越复杂化、精细化，也使各经济群体得以占据城市空间的相应位置。空间的使用方式因此能够揭示各群体的经济依赖方式。

包括人类和动植物在内的生命有机体的生存都必然受制于环境条件，因此必须不断地适应外部环境。生命有机体彼此调适、适应环境的有效方式是更加充分地利用栖息地。在帕克看来，生态学的调查研究应当从植物生态社区开始，因为它体现了生命有机体的许多特性，可以为生态学分析提供许多启示：首先，生态学分析应当把集合体作为观察对象，因为生命有机体不是以个体而是以集合体的方式适应环境；其次，有机体之间围绕环境资源展开竞争，这种竞争会产生统治与服从的关系，并表现在空间分布的有序性上；第三，有机体之间因生存竞争而产生共栖和共生关系，这使得生态社区内的有机体相互调适而达成生态平衡。

人类生态学本质上试图研究生态平衡和社会均衡的过程，具体包括两个基本问题：一是如何保持已经形成的生态平衡和社会均衡；二是如果生态平衡和社会均衡被破坏，要形成新的相对稳定的秩序需要采取什么方式。

二、城市空间的价值

（一）城市是特定的人类生存环境

人类生态学对人类与环境之间关系的研究超越了传统视角，在很大程度上是对芝加哥学派城市研究的创新与发展。霍利（Amos H. Hawley）就此指出，芝加哥学派开创的人类生态学理论与他们的城市研究存在不可分割的密切关系，人类生态学的理论方法可以为系统的城市经验研究提供基本框架，反之这些研究成果又能验证和修改由理论推出的观点。

帕克认为，人类学虽然以人类为研究对象，但长期以来只注重对原始人群的研究，忽视对文明人类的关注，而后者其实是更引人入胜的研究课题。人类生态学无须关注人类生存的所有环境，只须对城市这种文明人类生存的特定环境加以关注即可。城市庞大而复杂的结构起源于人类本性，是人类本性的一种表现形式，也是居民各种生活需求的产物。这种巨大的组织形式一旦形成，就获得了外在性，成为城市居民生活的客观环境，也具有了自主性，按照自身利益和形式把居民组织起来。因此，城市是有其自主意志和固有生活秩序的，其物质结构和道德秩序是生活于其中的人们无法随心所欲改变的。从这个意义上讲，城市承载着人类文明。

帕克认为，城市是边界明确又相对独立的生态单位，不能只把城市看作与人类无关的外在物，也不能只把它作为住宅区的组合。作为人类本质特征的表现形式，人性中过度的善和恶在其中均可获得最充分的展示，城市的空间分布特性决定了人类社会关系的表现形式。因此它是用生态学方法研究人类社会的最好场所。我们可以把城市当作一个实验室或者诊疗所，从中窥探人类特性和社会过程。

（二）社区与社会

帕克把人类生态学关注的层面放在社区而非社会。社区和社会是人类社会形成的两个不同层面。人类本性是自私的，他们来到这个世界上时，情感、本能和欲望是没有控制和规则的，有着非社会的特征。这种本性在人际竞争中显露无遗。人类的文明和共同福利要求为了个人和他人的利益而控制这种自私本性，压抑野性的本能倾向。社会便是这个社会文化层面的存在，作为共识和共同目标的表达，社会有机体的集体意识拥有至高无上的地位，个人必须服从。而社区则是生物层面的存在，作为人类本性的表达，个人自由在这个层面上是至高无上的。帕克认为生物层面的社区是社会的基础，社区包含了生活的基本所需，诸如可用水、土壤和其他资源等，它们提供了人口适应环境的资源，决定了某一特定区域的人口规模。一言蔽之，社区是人类适应环境的工具和表现。

文化层面的结构由风俗、规范、法律和机构等构成，把人的理性、道德和心理特征等独特方面包含在内。文化层面建立在生物层面之上，与社区概念相对，但与社会概念相关。它是在生物竞争所形成的自然平衡点上发展起来的。生物之间的竞争可以通过功能差异和空间差异而增加彼此之间的相互依赖，由此建立起的利益纽带形成了人类组织的这一形式。功能和空间的有序性一旦确定下来，就意味着群体成员实现了必要的劳动分工，一种性质完全不同的崭新的团结便在功能依赖和共同目标、感情以及价值的基础上发展起来。

这种新型团结起源于无意识的竞争，最终却建立在人类组织内部达成的共识和有意识的合作之上。社会存在两种类型的联合：一种是共生性的联合，它是竞争的产物，竞争导致特殊化和个性化，使得人与人之间相互依赖；另一种是社会性的联合，它建立在共识的基础上，共识使得个人原始天性从属于集体意识而导致联合。帕克认为，社区的联合属于前者，即建立在劳动分工基础上的共生性联合，社会的联合属于后者，是在共识和传统风俗基础上的更加亲密的联合。

无论社会层面和文化多么发达，潜在的生物过程是无法根本性改变的。社会层面上也存在竞争，但竞争不是个体性的、无序的，而是有意识的、有组织的（例如党派之争），此时竞争便表现为社会冲突，具有文化规范的特性。换言之，与动物社会不同，人类社会中的竞争和个人自由要受到高于生物层面的习俗和共识的制约。因此，竞争被文化调解，但并未被文化消除。鉴于此，帕克更倾向于从无意识的和非社会性的生物层面中寻求产生社会特有秩序的特殊力量。

（三）空间位置 —— 区位

帕克提出，在自然界的资源竞争中，空间位置或称区位直接关系到接近其他资源的便利性或者得到其他资源的可能性，其本身就是最重要的资源。植物占据了好的位置就能得到更充足的阳光和水分，动物获得好的区位就能够更多更好地捕获猎物。同样的道理，在人类社会的竞争中，占据有利的空间位置也非常重要，区位竞争也是人类竞争的必然表现，作为竞争的结果，社区结构必然会反映物种在空间位置上的关系。

由此可见，"区位"是城市中最重要的资源之一。土地的利用和建设造成城市中各区域的价值存在天壤之别，区位直接决定着人们占有其他生活资源的质和量。各类人群和社会组织凭借自身实力占据不同的区位，人口的分布状态和居住区域的位置及规模都是由竞争决定的。在人类社区中，工业和商业往往占据城市的中心地点，它们通过压制其他竞争对手而确立统治地位。它们对中心地点的竞争压力抬高了中心区域的土地价格，同时也辐射影响了城市其他区域的土地价格。城市中的各功能群体会寻找并占据与自身竞争力相匹配的地价区位，进而形成有秩序的空间分布形态，这一过程是在无计划的方式下自然进行的。帕克就此总结道，工业和商业机构对位置的竞争决定了城市社区的重要轮廓和统治规则，并日趋决定城市的一般生态方式和城市不同区域间的功能联系。

每个共同体就是这样在城市中找到最适合自己的小环境。空间便具有了承载社会分化的特质。由此，帕克提出一个创新性假设，即城市中各类群体居住的空间距离等于这些群体之间的社会距离。从生态学的观点看，距离不完全是两点之间的自然距离，还需要把两点之间交往的时间和成本考虑进去，因而社会距离是一个时间—成本概念而不单纯是一个空间单位。社会距离是衡量人际关系的重要维度。

城市空间位置的竞争会导致区域内的人口隔离，人口隔离正是不同群体社会距离扩大化的表现。人口隔离是全方位的，首先发生在语言和文化基础上，继而发生在种族的基础上，当它与空间区位相结合的时候，其他的选择过程也会相应发生，建立在职业兴趣、才智能力、个人抱负等基础上的分化与隔离也会在移民区和种族聚居区出现。分化和竞争的结果是，能力更强、抱负心更大的人很快就从他们原来居住的社区迁移出来，进入一个更好的居住区，甚至是一个国际性区域，来自各地的优秀移民、成功人士在那里相遇并共同生活。简言之，成功的个体会随着种族、语言和文化联系的逐渐衰弱而脱离原来的区域，并在其他更具区位优势和资源优势的群体中获得自己的位置。职业的变化可以改变经济和社会地位，并通过其空间位置的变化表现出来。

帕克的结论是完全可以通过空间位置分布和移动来探析社会运行的规律，即可以根据一个竞争合作的区域内个人位置的空间及其变化来描述和分析社会结构及其变迁。在这样的条件下，所有的社会现象都可被测量。把所有社会联系简化为空间联系将可能为人类联系提供类似物理科学的基本逻辑。这意味着人际关系可以用距离进行较为准确的估量，社会结构可以根据空间位置界定，社会变化可以借助移动进行呈现，社会现实的性质可以用数学公式进行测量和描述。在这个意义上，人类生态学亦即空间生态学，其任务是研究人们通过竞争如何获取与之相应的位置，取得了什么样的位置，以及由此引发的社会结构的形成过程。

三、其他学者的发展

在帕克提出人类生态学的概念和基本设想的基础上，麦肯齐（Mckenzie）进一步明确了人类生态学的界定和方法。他指出，生态学的定义并未囊括人类生态理论领域中必然包含的全部因素，人类生态学是研究在环境选择力、分配力和调节力的作用下，人类所形成的在空间和时间上的联系的科学。竞争和共生是城市人类生态学的原则，因为它们决定着城市人口流动和空间布局格局。通过对芝加哥城市社区的研究，他发现了城市空间变化的一系列生态过程，包括浓缩与离散、集中与分散、隔离、侵入和接替等。浓缩和离散说明既定区域内同类人口和机构的数量增加和减少的趋势；集中和分散分别说明相同职能机构的聚集和分散的趋势；隔离指人口和机构趋向同质性地区而形成的彼此分离；侵入和接替分别指一个群体进入另一个群体区域和取代该群体的过程。[1]麦肯齐引进的这些生态学概念，为经验研究提供了必要的分析工具，把城市人类生态学向前推进了一大步。

在经验研究层面，伯吉斯（Burgess）运用帕克和麦肯齐所开拓的理论研究城市发展过程，概括出关于城市发展和城市空间组织的同心圆地域模型。[2]城市在竞争和共生的作用下，呈现出从中心向外扩散的圈层结构。霍伊特（Hoyt）随后把影响工厂分布的地理条件考虑进来，提出了扇形模型。哈里斯（Harris）和厄尔曼（Ullman）又把某些设施的必需条件和接近、排斥等变量纳入进来，构建了多核心模型。伯吉斯、霍伊特、霍利等都指出，不同的人群和组织所占据的相关区位是与其利益和实力相匹配的。具有关键功能、一定经济实力的社会单位才能占据拥有绝对地理位置优势的城市中心区域。其他单位分布于中心地区的周围，它们的区位分布与其功能、实力直接相关。

四、对人类生态学理论的评论

（一）空间分析的贡献

人类生态学派是首个系统关注空间的学派，其研究已经触及社会空间理论的某些核心要义，它又在关注地域的同时提出了可以作为社会科学研究基础的"适应性"

---

[1]　Bardo J W and Hartman J J. *Urban Sociology: A Systematic Introduction*. F. E. Peacock Publishers, 1982, pp. 41-45.

[2]　康少邦、张宁编译：《城市社会学》，浙江人民出版社 1986 年版，第 78—81 页。

问题，因而具有重要的学术价值及启示意义。

首先，肯定了空间的价值。人类生态学认为区位具有经济价值或文化价值，是一种有价之物。文化体系会影响空间的定位。社会文化价值体系首先决定着哪些社会功能更加重要，不同重要性的社会功能由不同空间承载，如居住区、加工制造区、商业区、祭祀区等。空间与社会功能匹配的标准是按照社会文化价值体系而定的。

其次，证实了空间的社会性。20 世纪的社会理论缺乏空间视角。虽然涂尔干、齐美尔等古典社会学家曾讨论过空间的社会性，但未形成系统的论述。人类生态学的研究将空间与城市社会的实际研究结合在一起，证实了空间的社会属性，虽然只是浅尝辄止地涉及，但已触动了社会空间研究的根基。在人类生态学看来，区位意味着成本，且与其他社会资源紧密相关，经济利益主宰了某些社会过程的空间适应，而利益本身来源于文化体系，因此可以说，社会价值体系赋予了空间社会属性。

再次，描绘了城市空间结构形态。城市空间结构形态的形成决定于社会组织和单位在不同区位上的分布。城市空间结构可以揭示出各群体、组织、机构之间的社会关系，这是社会空间视角确立的基本观点。几乎所有的人类生态学家都研究过城市空间结构，伯吉斯的同心圆模型、霍伊特的扇形模型、哈里斯等人的多核心模型等，成为后来学者研究的出发点和基础。20 世纪三四十年代兴起的社区研究在早期生态模型的基础上，根据人口、种族、宗教、家庭、社会经济地位五种因素描述了不同区域的空间特点和模式，以展现社会区域的发展和变迁轨迹。新韦伯主义学派肯定了人类生态学派将空间结构和社会结构合二为一的创见，但他们突破了对城市空间结构的描述，进一步探索了市场竞争和分配机制对城市居住结构的影响，从而实现了对城市社会空间研究领域的创新。

总而言之，人类生态学从生态学角度启发了社会科学的空间研究。人类生态学理论集中阐释了人类适应环境的方式和后果，这为政治、经济和道德现象研究提供了分析框架，为社会科学研究奠定了基础。正如沃斯所言："人类生态学并不是社会学的分支学科，而是一种观点和视角、一种方法，从本质上讲是科学研究社会生活的知识载体，像社会心理一样，是所有社会科学的学科基础。"[1]

---

[1] 蔡禾编：《城市社会学：理论与视野》，中山大学出版社 2003 年版，第 36 页。

（二）理论观点的局限

首先，帕克等人直接借用生态学原理和范畴，把动植物群落中的生态学原则简单类推，用于对人类社会的解释，在很大程度上简化了人类社会的复杂性，没有给予人类特性应有的重视，忽略了人类社会中复杂的文化现象。人类特有的情感、社会交往等因素，与人类社会的交通、通讯、科技等因素共同影响着城市生态模式。但人类生态学却没有吸收这些因素。虽然人类生态学派也看到了人类社会与动植物群落之间的差异，但帕克还是把讨论的焦点集中于社会的生物层面。他认为习俗和舆论等文化因素对自然社会秩序的影响只是加重了自然社会过程的复杂程度而已，并未从根本上使自然秩序发生改变，即使有也是暂时的。对于后来的社会秩序和过程而言，真正起决定性作用的还是生物竞争过程。竞争和共生是人类空间分布和变化的决定性因素，经济竞争完全可以解释和预测城市生态模式。

对此，格蒂（Getty）指出，人类生态学派所声称的生物和自然的过程是对社会过程本质的误导和神秘化。卡斯特（Manuel Castells）进一步指出，帕克等人所认定的自然力量实际上就是资本主义生产方式这个特定力量。总之，人类生态学把人类行为等同于生物活动，把人类降低到生物层次的理论取向是不可取的。在人类活动中，生物性因素和社会性因素共同作用，二者不可分割。"地球上的任何一个地方都找不到一个没有文化的人类群体。因此，离开人类社会的文化基质，就不能分析人类的行为。人们之间的冲突必然受到社会的调和与缓冲。因此，生态学家无视文化对人类交往和自然空间利用的影响是错误的。"[1]

其次，尽管帕克等人提出了与空间有关的一系列重要观点，但是却并没有发展出完整的社会学意义上的空间理论。他们主要是从生态学视角出发，重点关注区位竞争，其对于空间的研究是附带的、零碎的。事实上，他们并没有意识到空间是考察社会的重要维度，只是把空间视为外在于社会的客观存在，并非是内在于社会的属性，是人类功能适应的非预期后果。人类生态学派主张空间分配的均衡性，即通

---

[1] Bardo J W. and Hartman J J. *Urban Sociology: A Systematic Introduction*. F.E. Peacock Publishers, 1982, p. 55.

过竞争每一种功能都能够找到合适的空间位置，这种空间秩序一旦确定下来就不可能重构。这种观点无疑夸大了空间的作用，后来的学者们批评其为保守的"空间拜物教"，忽略了社会冲突和矛盾对城市社会的影响。它将空间形成的原因部分归结于生物因素，体现出其社会空间研究的不彻底性。[1]

"芝加哥学派早期提出的人类生态学代表这样一种努力，既想创立一套研究人类社会的理论方法，又想创立一种关于城市的专门理论，由于这两者之间不可调和的张力，这一努力最终失败。"[2] 人类生态学借用生态学的概念，着重研究人的生物性，归根到底还是秉承了以生物为对象的生态学的思路，而没有实现以人为对象的生态学的建构，其研究还是存在明显局限性的。

任何社会学理论都受限于其所处的时代背景和社会现实而存在这样或那样的缺陷与不足。人类生态学派也是如此。20 世纪初期，快速城市化所造成的城市社会的无序和骚乱与自然界的生存斗争确实存在某种程度的相似性。人类生态学派以此为基础发展出具有一定合理性的"适应性"理论也是情理之中的事情。此后，人类生态学派延续适应性思路，不断探讨人们通过适应达到均衡的过程，为社会整合研究做出了积极贡献。

时至今日，在理解全球化社会的某些关键性问题时，学者们仍然会回到人类生态学派的诸多思想观点中寻求启示。它开创的议题仍然具有战略价值和时代意义。在全球化时代，地区、民族国家、城市等地域单位的战略意义日益凸显。在这些空间中，传统的支配性文化日渐式微，多元文化齐头并进、共同发展，彼此间如何相互适应、相互包容变得越来越重要。不同之处在于，在那个时代，人类生态学派探究的是如何将各种亚文化同化为一个城市文化的问题，而不是现在的全球化背景下不同文化和认同如何共处的问题。因此，我们必须正确认识人类生态学派空间研究对社会空间理论的贡献，吸收发展其理论思想的合理成分，这正是分析归纳人类生态学派空间研究的意义。

---

[1]　张品：《人类生态学派城市空间研究述评》，《理论与现代化》2014 年第 5 期，第 99 页。

[2]　Saunders P. *Social Theory and the Urban Question*. London: Hutchinson Education,1986, p.83.

卢　曼

　　尽管帕森斯的社会系统理论基本忽视了生物物理环境，但是他的学生卢曼（Luhmann)在其社会系统理论基础上所拓展的环境分析却影响甚大。卢曼首先指出，西方学者在进行环境讨论时往往持有"消极的本族中心论"，在生态问题上把西方世界妖魔化。它具体表现为：学者们往往持有一种"生态平衡"的环境理想，并用以比较现代和过去、发展中国家和发达国家的环境状况。依据这种环境理想，人们羡慕和赞赏过去的时代，以及发展相对滞后的国家，而对当代西方社会持整体批判的态度。西方社会或现代社会通过工业、技术和生活方式破坏了生态平衡，它与自然环境没有构成一个和谐的整体，应该被全面干预。

　　对此，卢曼认为这种理论立场是不可取的，其实质是没有找到生态提问的关键。生态提问应该建立在一个基本悖论的基础之上：对一切事实关系的考察既要与生态关联构成的整体联系起来，也要与将生态关联加以分解的系统和环境差异联系起来，简言之，要同时与整体和差异联系起来。通俗理解，即为不同的社会系统（例如经济系统、政治系统、法律系统、教育系统等）是如何感知和对待同一个生态问题的？这些感知和对待是如何在各子系统之间相互交流沟通的？

一、社会系统的基本特征

（一）社会系统必然分化出子系统

　　社会在卢曼眼中是由意义性沟通构成的社会性系统。社会系统在发展中总是会分化出诸多子系统。每一个子系统总是把其他子系统作为自己的环境，以此避免为这些系统中的操作担负直接责任（例如政治系统把经济系统、科学系统等当作自己的环境）。单一社会系统的分化使得该社会对环境的反应总是体现为其内部各子系统对环境的反应。这意味着要考察一个社会对环境危害会做出怎样的反应，就需要既研究该社会整体的可能性，也要检查其内部各子系统对环境问题做出反应的各种可能性及其局限。卢曼认为一个社会所要完成的重要绩效总是由它的各子系统完成的，因为子系统具有相应的专门化程度来完成一些特定的任务，社会只有分化出许多子系统，才能达到相应的复杂性水平，才有能力面对和解决各类复杂问题。

卢曼认为，人类的社会系统发展至今，共经历了三种分化形式，即块状分化、等级分化和功能分化。块状分化是指系统被分化为中心和边缘。系统可能以中心的面貌自我呈现，也可能以边缘的面貌自我呈现。系统对某个问题的反应符合这种表现形式的特征。例如，社会系统分化出城市和农村，城市为中心，农村为边缘，城市和农村对某种环境问题的反应截然不同。等级分化是系统被分化为不同的等级或阶层，系统的反应与各阶层相一致。事实上，各地位群体所面临的环境危机是存在明显差异的，他们对相同环境问题的认识和反应也并不相同。功能分化是系统分化出不同的功能子系统，如经济系统、政治系统、法律系统、教育系统等，各子系统对相同环境问题的反应是存在差异的。

（二）社会系统能够自我生产

"自我生产"的原初之意是指系统能够自己生产出能在自身内部运作的各单位（诸如要素、操作、结构、边界等），能够无须引进外来物质而独立生产系统的构成性要素。因此，系统在操作和结构上才能呈现出封闭状态。

卢曼认为社会系统是一种封闭性操作网络，为了保持这种封闭性，它要展开相应的操作来设定差异和标示差异。操作的目的是建构某种区分，这就意味着要选择某种确定的可能性，同时放弃其他可以想象的可能性。系统借助操作做出选择，同时也设定了与外部环境之间的界限。卢曼在强调自我指涉的系统通过自我生产而实现自我封闭的同时，也承认系统与环境之间具有交流关系。

受马托朗那的启示，卢曼认为在自我生产的系统之间，既存在操作性的耦合关系，也存在结构性的耦合关系。系统间操作性的耦合关系指的是这样一类现象：在两个或多个自我生产的系统中会同时出现一个相同事件，该事件的延续会把这两个或多个系统结合在一起。但是当一个新的事件出现时，这些相互结合的系统又会分离开来。此时，每一个系统都会按照自己的操作方式接着处理新出现的事件，并将这一事件反向揉进自己的系统运作过程中。例如，村民与污染企业之间发生冲突，既发生在环境生态系统中，也发生在法律系统和政治系统中。那么这几个系统就能因它而结合在一起。但是当村民与企业要共同参与某一项目时，这些系统就会彼此分离，用自己的操作方式来处理这个项目。

结构性的耦合关系则是指一个系统在与另一个系统进行持续互动时，不断形塑其自身结构的现象。这种耦合也被卢曼称为"共同进化"。例如，随着中国社会面临的生态危机和环境风险日益多样化、复杂化、紧迫化，政治系统、经济系统、法律系统、教育系统等也在相应操作，各系统之间发生了结构性的耦合。

（三）社会系统具有自我观察能力

卢曼指出，设定差异的操作和标示差异的操作几乎是同步推进的，它们构成了一种"二重区分"的共同的操作单位，即观察。现代社会中的各种社会系统都把这种操作建立在观察和自我观察的基础之上。但是，现代社会中各功能系统所进行的操作是二阶观察，这与前现代社会有明显差异。所谓二阶观察是指观察者主要通过观察其他观察者的观察来了解现实，不再直接进入现实、观察现实。研究者继续观察或者放弃观察的决策是基于其他人的观察结果而做出的。现代社会的政治、经济、法律以及科学系统基本上都是以这种方式在运作。

由于操作总是以某种区分为基础，因此人们对于自己正在使用的区分无从观察，此时，观察是"盲目的"。卢曼就此进一步指出，由于这种不可克服的"视线障碍"的存在，系统就必须不断地"再进入"以便观察自身。一种观察可以重新进入被自己区分出来的领域，即它可以看到刚刚完成的一次区分。卢曼把系统的这种自我观察能力或者再进入的能力称为"合理性"。概言之，系统能够不停地设定和标示自身与环境的差异，自觉地从与自身不同的环境中获取信息，并按自己的方式对其进行加工；也可能存在另一种情况，即系统不能明确自身与环境的差异，并且不能按自身的逻辑加工来自环境的信息。前一种情况下，系统的做法是理性的；后一种情况下，其操作就是非理性的。卢曼强调，系统理性行事的条件是在考虑对自身的反作用时控制它对环境的作用。

系统分化、系统的自我生产和自我观察等特征为我们认识社会对环境问题的反应方式提供了基本框架和思路。基于这些特征，人类社会对环境问题的认识和操作化运作因系统分化而存在差异，各子系统都按照自身逻辑加工环境信息，同时也观察其他子系统对环境问题的观察和应对。

二、不同分化类型对环境问题的反应方式

卢曼指出，就自然环境而言，社会可能自我伤害的情形有两种。一种是自然环境因社会而产生的变化使社会的自我再生产在一定的进化水平上被迫中断。另一种是当社会的操作与环境变化之间的关系对其后续操作构成威胁时，由这些威胁转变而成的问题就只会以某种方式在社会中的某一个地方（或某一个系统中）引起反应，此即社会用沟通来破坏沟通的情况。这两种情况的出现对社会是不利的，社会要如何避免它们呢？卢曼强调了社会对环境信息的加工能力所呈现出的结构。他通过考察古代社会和现代社会所包含的这种结构来探寻答案。

（一）古代块状分化下的能力结构

在古代社会以及今天尚处于原始状态的社会中，人们往往是通过神话和巫术的想象来调控各类沟通，人类生产的自然条件是借助禁忌和仪式获得修整和维持的。例如，新几内亚人用"屠宰节"这种仪式来控制养猪规模，达到维持生态平衡的效果。这种结构状况虽然有助于调节人类社会与生态环境之间的关系，但是对受仪式调控的社会而言，它却会把自身的结构性限制施加在经济增长和社会发展上面。

卢曼认为，宗教性的自我调控作为一种生态平衡的维持方式，是古老社会系统对待生态风险的一般模式。生活在古老社会系统中的人们具有生存所必需的知识。这类知识的语义学组织及其与人的行为动机的联系通常是由宗教语义学来生产、完成的。宗教在古老社会系统中是一种超世的权威，它在解决尘世的各种矛盾和问题时，可以较为容易地把与社会对一些问题（例如生态问题）的反应相关的不确定性排除掉，甚至转变为确定性。如此一来，社会中的各部分对相同生态问题所做出的不同反应便可以被有效消解。一般而言，神话和保密是宗教性的自我调控的社会运行的潜存前提，这一点正是依靠其宗教教义中存在的某些战略性设计和定位的不确定性得以

实现的。如此一来，在这类社会中，"不知"以及因为"不知"而产生的不确定性往往被置入一种语意萎缩过程，被压缩成一种无法澄清的未定性残余，比如压缩成上帝的旨意而被绕过。

（二）现代功能分化下的能力结构

现代社会不同于古代社会，禁忌和仪式失去了解决环境问题的功能，这种变化得益于文字的使用、教育的普及和印刷术的推广所导致的文化和宗教语义的转型。传播基础和技术的新发展对知识（包括环境知识）提出了新要求，即在脱离外界关联的情况下，知识必须能够被理解，被明确地、细化地表达出来，并且因此比以前更加明显地被置于强制性的比较和修正之下。

虽然文字、教育和印刷术是作为沟通系统的社会发生深刻变化的诱因，但却不是引起这种变化的唯一因素，因此它们本身还无法呈现现代社会的全貌，无法揭示现代社会进行生态沟通的可能性。现代社会的分化形式与古代社会存在重大差别，功能分化是现代社会的重要特征，也在很大程度上决定着它解决生态问题的能力。

功能系统的沟通是通过一种二值密码得以结构化的。二值密码的特点主要有：①它们是一些复制规则，即是某一次存在的事实得以复制的规则；②密码使用的目的是让一切被处理的事情可以得到或然性的对待，可以通过一个反值得以反射，被处理的事情只以一种"正面／反面—区分"呈现出来，进而排除了第三种可能性；③作为社会进化的产物，它总是能导致社会系统的分化和细分，这一过程实际上又区分为编码和编程两个环节。

编码是在封闭的系统中完成的，但编程需要一个开放的条件和环境。卢曼指出，编码和编程的分化使系统获得了同时作为封闭系统和开放系统进行操作的可能性。这种分化使系统获得了相应的表达能力，也构成了理解社会对环境问题和环境危害做出反应的能力和方式的钥匙。借由编码、编程等过程，现代社会的主导功能系统具有很大的自身动力和很高的对环境（包括自然环境）的敏感性。各功能系统分别具有不同的对环境问题的反应能力，对同一类环境问题的反应也不尽相同，而全社会系统对环境问题的反应并不是各功能系统反应的总和，而是各子系统相互依赖、相互刺激、相互沟通的结果。[1]

三、生态系统与生态沟通

卢曼认为，生态问题出现的原因是社会整体系统忽略了某些子系统，造成某些观察和沟通失灵、告急，或社会无法把某些自然方面吸收进自己的系统。[2]造成现代社会所面临的生态风险难以解决和无法解决的主要因素是现代社会是从结构上分化成诸多功能系统这一最基本特征。卢曼认为，生态风险源于系统与环境的差异和区分。某个社会子系统内部，尤其社会子系统与环境（包括自然环境）的差异等都能够滋生生态风险。[3]当社会的不同功能系统的自主权和自身动力不断增强时，解决生态问题的能量和可能性就会越多越大。

只有把环境问题和生态破坏当作沟通的对象，社会子系统内部的问题才可能转变为社会问题。在这种情况下，生态问题便不再围绕特定社会子系统，而是与其环境融合在一起。"系统／环境"的区分突出了"系统之间彻底的差异性"，而系统的结构在不断改变，系统的功能具有耦合性（某时刻同时发挥多种功能），这些都为系统应付环境的复杂性创造了可能。[4]在卢曼看来，风险与沟通相关联，风险就是因沟通而反悔，进而陷入事后决策反悔的境界。

卢曼的生态沟通理论建议把传统的风险／安全的区分形式替代为风险／危险的区分形式，风险沟通中要同时感知风险和危险。于是，系统／环境的区分便借由风险概念而上升到形式层面。如此一来，风险就是将潜在的损失归因于系统，危险却

---

[1]　以上关于卢曼社会系统理论的相关内容，详细参考了秦明瑞教授的两篇学术论文，它们分别是《社会系统理论与环境研究》，《社会科学辑刊》2007年第1期，第64—69页；《系统的逻辑：卢曼理论中几个核心概念的演变》，《社会科学辑刊》2018年第5期，第77—84页。

[2]　陆兴华：《媒体、生态与各种新的社会交往——卢曼社会交往理论专题研究》，2005年9月25日，http://www.sachina.edu.cn/Htmldata/article/2005/09/256.html.

[3]　金自宁：《现代法律如何应对生态风险？——进入卢曼的生态沟通理论》，《法律方法和法律思维》（第八辑），第214页。

[4]　肖文明：《观察现代性——卢曼社会系统理论的新视野》，《社会学研究》2008年第5期，第60—61页。

是将潜在的损失归因于环境。[1]

卢曼认为，一个专门负责社会与自然环境关系的社会系统在现代社会中是不存在的，每个社会子系统只能以"共振"的方式与生态危害发生关联。现代社会对生态危害组织起的共振有时太多，有时又太少。前者是因为社会系统间的偶联性，一旦生态问题引起与其具有紧密结构性联系的社会子系统的共振，便会导致其他关联性社会子系统的共振。后者是因为各个社会子系统对于生态危害的共振能力和共振方式都是符合其自身结构的，彼此间的差异使得同时共振不太可能。

生态系统贯穿于经济系统、政治系统、文化系统、社会系统的全过程和各方面，不仅仅指生物系统。卢曼把"自创生"概念引入自己的理论中，认为社会系统中的生态系统就是一个自创生系统。这种系统能够不断生产出自身的构成要素，并借由这个过程再生产出绝不会重复的系统自身。其基本构成要素是沟通，沟通不同于行动，但沟通的过程又必须化约为行动以对生态系统进行自我观察和自我描述。在卢曼看来，设定区分和标识区分构成了一个连续统"观察"，这是人们认识世界和建构理论的基础。

由于生态系统的环境比其自身要复杂得多，因此它常常因其对环境的有限认知而把自己置于危险之中。生态系统通过改善生态技术来推进生态优化，这种活动虽然发生在生态系统内部，但要在经济系统中执行让其实现盈利，还要与其他社会子系统相配合，包括与法律系统不冲突不抵触，与政治系统中的现时政策相切合、各种政治机会相适应。

生态文明的立法要根据法律系统的需要，同时也会受到政治系统的权力分配格局的影响。因此，生态系统必须加强学习能力，以应对现代性分化带来的，包括各种非预期后果事件或破坏性、毁灭性事件在内的风险。但无论生态系统的学习能力如何发展，其所面临的环境不确定性和不可知部分将一直存在，无可避免。在这个意义上，"分化必然导致风险"的现代性理念应该成为我们直面各种生态风险时的理念新常态。[2]

---

[1] 张戌凡：《观察"风险"何以可能——关于卢曼〈风险：一种社会学理论〉的评述》，《社会》2006年第4期，第176—177页。

[2] 关于生态系统和生态沟通部分，详细参考了管志利：《卢曼理论视角下生态文明与法治文明的耦合研究》，《理论研究》2015年第2期，第73—77页。

四、思想简评

卢曼的环境分析实际上没有直接关注人类面临的各类环境问题，而是揭示了社会系统对环境问题做出反应的方式、环境问题难以解决的系统性结构困境以及缓解环境问题可能的出路。按照卢曼的思路，现代社会已经无法同古代社会那样，通过培养某种跨人群、跨系统的统一的东西（例如整体性的道德、环保意识、政治中心的作用等）来解决环境问题了。环境问题与生态风险的产生是因为分化后的子系统没有能力把环境问题纳入自身结构中去，以及各系统间对环境问题的沟通不畅，它们最终的解决还要倚赖于各功能系统自治能力的提升。所谓"解铃还须系铃人"，各功能系统自身动力的培养，以及各系统之间就环境问题的成功沟通并形成共振，是卢曼给出的缓解环境问题的方案。

卢曼的思想对当今各个国家、各个社会探寻环境危机的解决之道具有积极的借鉴意义和参考价值。对中国而言，当前的中国社会既存在块状分化（城市与农村的二元社会结构），又存在功能分化（政治、经济、法律、教育等系统日益完善）。这种结构混合状态给环境问题的解决带来了诸多不利。一方面，城市与农村的块状分化，使得它们所面临的环境问题既有相同，也有不同，它们对环境问题的认识、加工、反应的方式和能力也存在巨大差异。城市是环境的主要消费者，也占有绝大部分的环境治理资源，各种功能系统在城市中的发展也相对完善。但是受中国传统文化的影响，各功能系统往往相互缠绕、相互依存，无法做到卢曼所期待的那种边界清晰、自主自治。另一方面，农村地区也面临着严峻的地方性污染和环境破坏问题（污染源主要来自城市和周边工业企业），以及低度发展的功能系统和匮乏的环境治理资源。因此，无论在城市还是农村，环境问题都难以引起社会各系统合理有效的反应。

尽管困难重重，仍然要坚信：随着中国特色现代化事业的不断推进，中国社会的块状分化和功能分化状况会愈益改善，系统自身动力会不断增强，系统各部分之间的沟通会更加顺畅，中国社会关注环境问题的能量会越来越大，解决环境问题的可能性也会更大。

马尔库塞

马尔库塞是法兰克福学派的代表人物之一，也是西方生态马克思主义的先驱人物。在其《单向度的人》《反革命与造反》等一系列代表作中，他深入揭露了自然的压抑、人的压抑与资本主义制度之间的内在关联，深刻批判了资本主义制度的反生态性。同时，他也积极探索解决生态危机、人与自然关系的异化之道，为实现人与自然的和谐发展献言献策。

马尔库塞关于人与自然关系的基本观点深受马克思的影响，同时也有所发展。他指出人作用于自然界不是简单地依靠自然界来满足基本生存需要、缓解生存压力，也不是为了粗糙地占有和改造对象世界，而是在劳动中追求审美情趣和价值，这正是人与动物最本质区别之所在。人类通过自由、感性的劳动占有和改造自然界，把人的发展和自然界的发展密切结合在一起，人类的发展史与整个自然界的发展史一体两面，自然界就是"人的自然"。在他看来，人不在自然界之中，无须出于自己的本性进入自然界，自然界也不是外在于人的客观世界。真相是，人就是自然界。人与自然的这种相互依赖的关系决定了人与自然和谐相处的重要性。然而，普遍异化的资本主义社会却无法实现人与自然的和谐统一。

一、资本主义制度是生态危机的根源

马尔库塞的生态批判思想是对马克思劳动异化思想和法兰克福学派早期的社会批判思想的继承和发展。他把"异化"观念作为基本的批判工具，从技术、消费、制度等角度对资本主义展开了深刻批判，认为资本主义这个"病态"的富裕社会完全把自然当作供人自由享受的"原料"，塑造了一个充满攻击性、呈现总体异化的社会，揭示资本主义制度的反生态性，得出资本主义制度即是生态危机产生的深层根源这一基本结论。

（一）资本主义制度具有反生态特征

1. 资本主义制度具有破坏性

马尔库塞赞同马克思对资本主义与自然之关系的观点，他也对资本主义的破坏性高度认同，将"资本主义进步的法则寓于这样一个公式：技术进步 = 社会财富的增长（社会生产总值的增长）= 奴役的加强"[1]。与马克思"人类学意义的自然"观相一致，自然界在马尔库塞眼中就是"人的自然界"，"历史的一部分"，甚至是"历史的主体"，它的演变与人类社会的发展息息相关、休戚与共。但是，资本主义制度改变了人类社会与自然界的关系，它在给人类带来舒适生活的同时也加剧了对人和自然的奴役。

资本主义制度首先破坏了人与人之间的关系。资本主义生产资料私有制的非正义性，以及以此为基础的资本主义分配方式与阶级关系的不平等性决定了资本主义制度是不合理、不完美的。在资本主义社会，只有一部分人拥有量化计算和科学思维的能力。资本主义制度虽然取得了举世瞩目的经济成就，创造了一个空前丰盈的社会，改善了人的生存条件，但也产生了日益严峻的贫富分化，使世界的大多数人陷入贫困。马尔库塞指出，人们在生产过程中是否控制生产资料决定了他们地位身份的不平等，并将不可避免地导致持久的阶级冲突。

资本主义制度也破坏了人类社会与自然环境的关系。自然环境的破坏直接与资本主义经济相关，人与自然任意地受无形的异化力量所摆布，造成了物化的困境。在这个社会里人成为富有攻击性的人，但是人类不会去攻击资本主义社会，而是自觉充当资本主义的工具和机器，肆无忌惮地攻击自然和生活本能的领域。这一结果产生的根本原因是资本主义社会凭借自己的富裕和权力，管理和满足着人们最强烈的本能需要，轻而易举地驾驭着人类，使他们对自己言听计从。最终，大自然越来

---

[1] ［美］马尔库塞等：《工业社会和新左派》，任立编译，商务印书馆 1982 年版，第 82 页。

越屈从于商业组织，自然完全被征服和利用，沦为商业化、军事化的自然，不再是具有幸福感和美感的天然空间。[1]

现存的资本主义社会控制已被控制的自然的效率越来越高。通过对自然的控制，资本主义制度就可以实现对人的控制。控制自然是资本主义制度扩大对人的控制的主要物质手段。马尔库塞指出："商业化的、受污染的、军事化的自然不仅从生态的意义上，而且从生存的意义上缩小了人的生活世界。它妨碍着人对世界爱欲似的占有（和改变）。"[2] 资本主义社会对人的统治根本上依赖于对自然的统治，这使得人与自然日益对立、分离，从而造成人不可能在自然中重新发现自己，也不会承认自然是自主的主体。

2. 资本主义制度导致"总体异化"

马尔库塞继承并发展了马克思的异化理论。他认为资本主义社会的异化是一种总体异化，即在政治、经济、哲学、科技、文化艺术、心理等诸多领域同时发生异化，这种局面的产生与资本主义制度存在紧密联系。在资本主义制度下，机械化、自动化的大工业生产不仅创造出极大丰富的物质来激发大众的消费欲望，利用物质来引诱和操控人心，而且使人们在机械性的工作中逐渐失去自主性和创造性，与实现自己的才能和满足自己的本质需要渐行渐远。资本主义制度用看似理所当然的方式转变了人们的否定性，使得民众越来越认同和维护资本主义制度。由于其暴力手段的温和性、隐蔽性，人们对此过程毫无察觉、浑然不知。

资本主义制度有目的、有计划地用华丽的外衣掩盖其深入灵魂的暴力，其颇具成果和效力的合理性构建极大扩展了异化的范围。异化不再单纯是劳动领域内那种不合理的经济强制，而是以一种生活方式的形式渗透于人的个性，导致个体心理结构的变异。这种异化的可悲之处在于，表面上造成了劳动者自以为占有了自己的本质的假象，实际上却在更深层地丧失真正的自我，走上全面异化的道路。

（二）科技异化是生态危机的直接根源

马尔库塞认为，生态危机的直接根源是技术理性的意识形态化及其导致的自然

---

[1] 李娇：《马尔库塞生态批判思想及其当代启示》，河南师范大学 2018 年，第 21 页。

[2] ［美］马尔库塞等：《工业革命和新左派》，任立编译，商务印书馆 1982 年版，第 128 页。

主体性的丧失。科学技术的发展极大提高了人类社会的生产力，人类得以持续不断、日益增强地开发自然、利用自然、征服自然，在这一过程中，自然遭受到无尽盘剥，濒临毁灭，人与自然的有机关系陷入失衡状态。科学技术对自然的破坏作用主要是通过异化机制生产出来的。

"社会是在包含对人的技术性利用的事务和关系的技术集合体中再生产自身的 —— 换言之，为生存而斗争、对人和自然的开发，日益变得更加科学、更加合理。'合理化'的双重含义在这种场合下是相互关联的。劳动的科学管理和科学分工大大提高了经济、政治和文化事业的生产率。结果：生活标准也得到相应提高。与此同时，并基于同样理由，这一合理的事业产生出一种思维和行为的范型，它甚至为该事业的最具破坏性和压制性的特征进行辩护和开脱。科学—技术的合理性和操纵一起被熔接成一种新型的社会控制形式。"[1] "科学是一种先验的技术学和专门技术学的先验方法，是作为社会控制和统治形式的技术学。由此导致对自然进行愈加有效统治的科学方法，通过对自然的统治而逐步为愈加有效的人对人的统治提供概念和工具。"[2]

马尔库塞指出，科学技术作为一种独立的力量，它本是人们借以实现自身预期目的的工具，但是在人类向科学技术借力的过程中，它逐渐走到了人类的敌对面，转化成一种外在的、异己的力量，反向控制人类，使人性扭曲、人类畸形发展。在资本主义制度下，科技异化的程度更甚，对自然界、社会和人类自身造成了巨大影响。18 世纪以前，人是独立的价值主体，能够理性思考并评判社会生活的价值标准。个人与社会的距离保持在合理范围内，个人得以保留自己的人格和追求自身的本质。但是在现代社会，一切变得很不一样。机械化思维和市场经济逻辑造成整个思想领域中遍布技术理性。技术理性成为"知识活动的最小公分母"，技术训练取代个性培养成为知识活动的主要内容，社会"需要的是专家，而不是完整的人格"[3]。

技术理性禁锢了人性，使整个社会越来越片面化、单向度。反映资产阶级意识形态的文学、哲学、艺术、音乐在科学技术的推动下，灌输和操纵着大众思想，使

---

[1] [美] 马尔库塞：《单向度的人》，刘继译，上海译文出版社 1989 年版，第 130—131 页。

[2] [美] 马尔库塞：《单向度的人》，刘继译，上海译文出版社 1989 年版，第 144 页。

[3] Marcusell H. *Technology War and Fascism*. London: Routledge, 1998, p.56.

人们自觉按照单向度的思想和行为模式思考和生活。"技术理性这个概念本身也许就是意识形态的。不仅技术的应用，而且技术本身就是对自然和人的统治 —— 有计划的、科学的、可靠的、慎重的控制。"[1] 在此基础上，马尔库塞进一步指出，对于资本主义社会的政治统治而言，技术不仅是有效帮手，而且本身已变成其统治体系的一部分。因此，技术理性本质上也是政治合理性。

与传统的、赤裸裸的强硬统治方式不同，发达工业社会的统治建立在理性与科学的合理基础之上，并以"技术"为代言人，向自然界和社会领域温柔而强力地渗入。这种隐蔽、舒服、安逸的统治与奴役，让人沉溺其中、无法自拔、无从抵抗。人们抛弃了所有的对立面、否定面、批判面，不再能够正确地认识他们自己，最终一步步陷入异化的深渊。马尔库塞就此指出"科学技术以侵犯人本身为代价去征服自然"[2]。

（三）消费异化助推生态危机的产生

马尔库塞认为，人类的需要是历史性的需要，社会总是会对其成员做出自我抑制的要求。社会的这种要求越强烈，就越会用凌驾于个人之上的批判标准来约束个人的需要本身及满足这种需要的权利。人类的需要有真实和虚假之分。真实的需要是生命攸关的需要，那些在可达到的物质水平上的衣、食、住都必须无条件地予以满足。其他包括粗俗需要和高尚需要在内的一切需要的满足都必须以真实需要的满足为先决条件。虚假需要则是"为了特定的社会利益而从外部强加在个人身上的那些需要，使艰辛、侵略、痛苦和非正义永恒化的需要"[3]。马尔库塞认为，需要的"真实"与"虚假"归根到底要由一切个人自己来回答，但是生活在资本主义社会中的人们一直在接受灌输和操纵（甚至成为了他们的本能），因而处于无法自治的状态，缺乏消费的自主性，沉溺于消费的快感，无法创造自由的条件。

在马尔库塞看来，人们所接受的灌输和操纵主要来自两个方面。一方面，技术

---

[1] ［美］马尔库塞：《现代文明与人的困境 —— 马尔库塞文集》，李小兵等译，上海三联书店 1989 年版，第 106 页。

[2] 陈学明：《二十世纪的思想库 —— 马尔库塞的六本书》，云南人民出版社 1989 年版，第139 页。

[3] ［美］马尔库塞：《单向度的人》，刘继译，上海译文出版社 1989 年版，第 6 页。

进步带来了物质生活的极大丰富，创造了表面化的富裕与繁荣，制造了人们富裕的生活假象。人们沉醉在物欲横流的世界里，将物质享受当作唯一的人生追求。另一方面，技术辅助下的大众传播媒介不断左右着人们的消费选择，塑造出一种通过消费就能抹平各种差别的假象，"把已有的和可能的、已满足的和未满足的需要之间的对立（或冲突）消去"，"如果工人和他的老板享受同样的电视节目，并漫游同样的游乐胜地，如果打字员打扮得同她雇主的女儿一样漂亮，如果黑人也拥有盖地勒牌高级轿车，如果他们阅读同样的报纸，这种相似并不表明阶级的消失，而是表明现存制度下的各种人在多大程度上分享着用以维持这种制度的需要和满足"。[1]

马尔库塞认为，所谓阶级差别的平等化具有某种意识形态的功效。工人和消费者成为资本家、商家手中的玩偶，效仿着媒体宣传和他人追逐的时尚进行消费，"在大量的商品和服务设施中所进行的自由选择就并不意味着自由。何况个人自发地重复所强加的需要并不说明他的意志自由，而只能说明控制的有效性"[2]。人类的灵魂被占主导地位的虚假需求所蒙蔽，对消费产生了强烈依赖，觉得能够在疯狂消费中证明自己主体性的存在。在这个过程中，人们失去了对奴役状态的批判和觉悟，加强了对现存制度的认同感，并最终沦为丧失个性自由和价值追求的"单向度的人"。

疯狂而过度的消费作为虚假需求的直接后果，需要过度生产来予以满足。为了满足人们无止境的消费欲望，资本家必然会加大对自然资源的开发，以满足生产的需要和实现利润最大化。人类对自然资源无节制的开发利用，大大超越了大自然的承载能力，必将造成生态系统的严重失衡。此外，虚假需求也会带来一种无意识的强迫消费，掩盖了人们的真实需求，终将造成自然资源的极大浪费，导致自然资源的枯竭和生态环境的破坏。一言蔽之，消费异化强调对物的占有而非人的生存，这种贪婪的消费欲望迫使人实施了对大自然的掠夺与剥削，导致人与自然关系的恶化。

二、生态危机的解决之道

人的内在自然和自然环境遭受的双重破坏迫使马尔库塞积极探寻人类复苏人性、恢复自由、平衡生态的出路，"自然的革命"是达到这一目标的可行路径。在马尔

---

[1]　[美]马尔库塞：《单向度的人》，刘继译，上海译文出版社 1989 年版，第 9 页。
[2]　[美]马尔库塞：《单向度的人》，刘继译，上海译文出版社 1989 年版，第 9 页。

库塞看来，"自然"具有两重含义，一重含义是指人性（即人的内在自然），正如他在《爱欲与文明》中反复强调的人的感官、本能和本性；另一重含义是指外部自然（即人的生存环境）。他认为解放人性的必要手段就是解放自然环境，"自然的急剧变化将成为社会急剧变化的主要组成部分，自然的解放力量及其在建设一个自由社会时的重要作用的发现将成为推动社会变化的一支新力量"。人性复苏的具体途径是，在恢复主体性的基础上帮助自然"睁开眼睛"，"重新发现它那提高生活的力量，重新发现那些感性美的质"，这将非常有助于生成一种力量，能够支持并促进人的解放。总之，在马尔库塞那里，"自然的革命"就是人性的复苏和人类的解放。[1]

（一）用艺术理性改造技术理性

"自然的革命"涉及整个发达工业社会的政治、经济、文化、心理等诸多因素和方面，甚至关涉整个社会的结构转型，是一项浩大的工程。马尔库塞认为，解决这些问题的根本出路还在于技术理性本身。他提出"新技术"论，作为实现"自然的革命"的路径依赖。所谓"新技术"，即是将艺术合理性融入到当下的技术理性中，用艺术合理性改造与反拨技术理性，实现理性与艺术的和解相容。马尔库塞指出，"艺术的合理性"可以"由世界的科学技术改造来给予证明，并在那之中发挥作用"，如此一来，技术就能够成为"和平的手段和'生活艺术'的原则"，理性与艺术得以完美结合，"艺术的改造即是解放"。[2] 这实质上是通过重拾价值理性来弥补工具理性泛滥所造成的不良后果，是技术理性和艺术理性、工具理性和价值理性的有机统一，是理性与感性、物质与幸福的统一，是一种包含批判和否定精神的历史理性。马尔库塞认为，克服生态危机的有效方法是发动一场针对人的本能结构和自然观的革命。革命的目的是消除异化、解放人性、恢复人的本质，使人类能够人道地对待自然。[3]

现代科技对生态环境的破坏，并不能说明科技本身是反自然的，根本原因在于技术理性内在的工具主义特征。因此，只有重新确立其启蒙时期的批判性、否定性，

---

[1] ［美］马尔库塞等：《工业社会和新左派》，任立译，商务印书馆1982年版，第127、129。

[2] ［美］马尔库塞：《单向度的人》，刘继译，上海译文出版社1989年版，第216—218页。

[3] 阳海音、潘沁：《解决生态难题，法兰克福学派怎么看》，《人民论坛》2016-09-01。

才能使科技理性摆脱其工具性与功利性，使它不再是统治与奴役人类的工具，而是转变为人类争取自由解放的手段。马尔库塞指出，发展新型的人道主义的科学技术至关重要，这种新技术意味着"科学合理性的继续应用将会达到一个终点……科学谋划本身将对超功利的目的、对远非统治必需品和奢侈品的'生活艺术'开放……科学概念可以设计和规定一种自由的、和平的存在的可能现实"[1]。他强调把科学技术运用于自然界时，应努力解放自然界美的特质。

（二）利用艺术的批判性超越现实

基于这种认识，马尔库塞还主张对自然界进行"美的还原"。"美的属性在本质上是非损害性的，而且是非盛气凌人的。"[2] 他说："如果艺术还原成功地把控制与解放联结起来、成功地指导着对解放的控制，那么在此时，艺术还原就表现在自然的技术改造之中。在此情况下，征服自然就是减少自然的蒙昧、野蛮及肥沃程度——也暗指减少人对自然的暴行。土壤的耕作本质上不同于土壤的破坏，自然资源的提取本质上不同于浪费性的开发，开辟森林空地本质上不同于大规模砍伐森林。贫瘠、病害和癌症的增加，既是自然的疾病，又是人类的疾病——它们的减少和根除即是解放。"[3] 在马尔库塞眼中，还原了自然之美的艺术能够以一种美学品格升华科学理性，能够用生活艺术的原则指导科学技术转变为倡导和平的手段、解放的新技术。升华后的科学将不再攻击大自然，而可以为保护自然、恢复生态平衡、创造和谐的生活环境提供技术支持。

马尔库塞对艺术的超现实性、批判性深信不疑。他认为，现实主义题材的艺术作品本身表达着对"非自由"的否定，它们具有对抗、控诉的功能，其功能的发挥能够净化释放被物压抑的思想和灵魂。马尔库塞深入分析了普罗米修斯、俄狄浦斯、那喀索斯等经典文学形象所表达的反抗意义，进而揭示"文化英雄"对世人的影响。普罗米修斯是一种操作原则的英雄原型，俄狄浦斯、那喀索斯则是与之相对立的拒绝的英雄形象。在文学作品中"它们的形象是快乐和现实；它们的声音是歌唱而不

---

[1]　[美]马尔库塞：《单向度的人》，刘继译，上海译文出版社1989年版，第207—208页。

[2]　《西方学者论——〈一八四八年经济学—哲学手稿〉》，复旦大学出版社1983年版，第159页。

[3]　[美]马尔库塞：《单向度的人》，刘继译，上海译文出版社1989年版，第215页。

是命令；它们的姿态是供给和接受；它们的行为是创造和平和废除劳动，它们的解放是从使人与神、人与自然结合起来的时间中的解放"[1]。显然，俄狄浦斯和那喀索斯的文学形象是对操作原则的直接否定。马尔库塞指出，现实生活已经被工具理性、技术理性操控，丧失了本来的真实面貌。在人类生活的诸多领域中，唯独艺术领域还保留着珍贵的批判性和否定性，借以实现对现实的超越。"在这个意义上看，每一真正的艺术作品，遂都是革命的，即它倾覆着知觉和知性方式，控诉着既存的现实社会，展现着自由解放的图景。"[2] 因此，只有创作真正的艺术作品，充分赋予艺术作品以否定、批判和超越的特质，才能运用艺术的武器来对抗技术理性、大众传媒的操控，才能把人们内心深处的革命热情和革命意识激发出来，恢复批判和反思的能力，重获人性中关于美、自由、幸福等的感受。

（三）展开以"真实需要"引导的消费革命

在科技异化之外，消费异化也是导致生态危机的重要根源。消除消费异化是解决生态危机的不二选择。马尔库塞认为，必须变革人们的消费方式和消费观念，用"真实的需要"代替"虚假的需要"，"一切解放都有赖于奴隶状态的觉悟……最可取的目标则是用真实的需要代替虚假的需要，抛弃抑制性的满足"[3]，借此才能实现一个美好的健全社会，人们不再是消费商品和实现利润的工具，而是主客观需要都能够获得尊重和满足的真正的生活的主体。

马尔库塞认为，大众传播媒介对消费异化的产生和发展有着不可推卸的责任。现代社会中，媒体的影响无孔不入，正是在它强大的引导和灌输之下，大众最终沉浸在"虚假需求"带来的消费快感中。因此，推动消费革命的必要条件就是控制传媒的舆论喉舌，向民众宣扬一种合理的消费理念，树立健康的消费观，注重真实需要的满足，不再将人生幸福寄托在商品和购买中，潜移默化地影响人们形成健康的消费态度和习惯。

教育领域的改革也迫在眉睫。马尔库塞认为，教育是从根本上打破消费异化的

---

[1] [美] 马尔库塞：《爱欲与文明》，黄勇、薛民译，上海译文出版社 2005 年版，第 124 页。

[2] [美] 马尔库塞：《审美之维——马尔库塞美学论著集》，李小兵译，生活·读书·新知三联书店出版社 1989 年版，第 205 页。

[3] [美] 马尔库塞：《单向度的人》，刘继译，上海译文出版社 1989 年版，第 8 页。

最基本的手段。任何形式的解放都是以激进的、真正的对抗意识的产生为前提，但是这种对抗意识不会凭空产生，它以一种特殊的知识和感性为基础。现有的教育制度阻碍了大多数人寻求这种知识和感性的道路。因此恢复教育的本真势在必行。好的教育能够把最高尚的品行、最伟大的真理、最悦人的欢愉这些构成人类真正内涵的东西输送到人类的思想之中，使人类能够摆脱物质的控制和奴役，自由而尽情地追求精神上的享受和最真实的需要，获得一种质的改变和生命的升华。[1] 只有从根本上转变人类的消费观念，才能让人们意识到自然之于人类的价值和意义，才能真正推动那些致力于改善人与自然关系的行动和实践。

（四）变革生产生活方式以人道地对待自然

在马尔库塞看来，资本主义制度主导下的人类生产、生活方式造成了贫富分化以及大量的浪费和资源破坏，必须对其进行改造。改造的目标是建立符合"生态学规模"的生产方式，其特点是规模小，对能源、资本、技术、劳动力的需求程度低，对自然危害程度较小，对于克服现代工业社会大规模生产的弊端极为有益。他相信"由于废除了贫穷、大量的浪费和资源的破坏，一种人类真正能够决定自己的生存的生活方式是可以找到的"[2]。

建立"稳态"经济模式，控制生产过度发展，有计划地压缩工业生产，使生产过程民主化、分散化，所有这些举措都是解决生态危机的必由之路。生态危机与人口的过快增长也密切相关。人口的爆炸性增长，会在绝对数量上造成自然资源的大量消耗，也必然会剥夺其他物种的生存空间，严重的生态危机不可避免。人类必须节制生育，让人口增长与生产力的发展水平同步，与人类所能利用的自然资源相均衡。此外，马尔库塞也认为，军备竞赛也会加剧生态危机。军备是以大量消耗自然资源为基础的，核武器更会对自然界造成毁灭性破坏。因此，他反对军事集团间的冲突和对抗，主张消除军备竞赛、建立国际新秩序。[3]

马尔库塞继承了马克思提出的"对自然的人道占有"这一解放自然的途径。他

---

[1] 李娇：《马尔库塞生态批判思想及其当代启示》，河南师范大学 2018 年，第 25 页。

[2] [美] 马尔库塞、[英] 帕泊尔：《革命还是改良》，帅鹏译，外文出版局 1979 年版，第 56 页。

[3] 马秀艳：《马尔库塞生态思想探析》，上海师范大学 2015 年，第 25 页。

指出，人类在与自然打交道时，要遵循自身本性的指引，非暴力地、非毁灭性地对待自然，按照美的法则来塑造自然，借此激活自然的自然性，发掘自然内在的感性美。同时，他也指出，"占有"一词无论多么人道，始终是不完美的，"始终还是主体对（活的）客体的占有"[1]，意味着人与自然处于一种紧张的、斗争性的对立关系，多少代表着人对自然的征服和统治。他提出用"对待"一词代替"占有"，在这里自然获得了独立的道德关怀对象的地位，拥有了被尊重的权利，人与自然是非剥削性的关系，自然得以在自在状态下休养生息、承认与贡献。

总体而言，马尔库塞的自然解放论，主张自然的解放是人的解放的前提，旨在通过发展新技术，发挥艺术的批判性，转变消费观念、生活方式、节制生育、消除军备竞赛等途径抛弃现行的自然工具论，把自然界当作人们反对剥削社会的同盟，结束人对自然的非人道占有，在人与自然之间建立起符合本性、伦理、审美等标准的联系，实现人道主义与自然主义的和谐统一。

三、思想简评

总体而言，作为生态马克思主义的先驱，马尔库塞的研究不在于描述生态危机的具体表现和诸多细节，而是着重省思与揭示资本主义生态危机产生的原因，并探寻解决生态危机的根本路径。他对资本主义制度框架下技术的滥用、无限利润的资本逻辑、消费正义表象下的贫富极化等问题进行了深入的剖析和犀利的批判；他借助法兰克福学派技术非理性、消费异化和制度社会批判的基本视角及理论框架，明确了对资本主义生态危机的分析向度与批判逻辑，对后继学者产生了深远影响。[2]

难能可贵的是，马尔库塞赋予自然独立主体的地位，把自然看作具有自主意识与感性的自觉主体。他在一定程度上摒弃了传统人类中心主义的立场，适度汲取生态中心主义的观点，把人与自然两者都作为共时共在的独立主体加以对待，既超越了人类主宰论，又尊重了大自然的权利。马尔库塞的这种处理可以说克服了传统的"人类中心主义"和"生态中心主义"非此即彼的简单二分法与无意义的争论窘境，

---

[1]　[美]马尔库塞等：《工业革命和新左派》，任立编译，商务印书馆1982年版，第135页。

[2]　申森：《马尔库塞的资本主义生态批判与新感性自然观探析》，《大连海事大学学报（社会科学版）》2015年第4期，第94页。

走出了一条折中调和的道路。

但是这条道路本身的伦理学立场是存在问题的。把自然的主体性与人的主体性放在对等的位置，这种处理方式是对形而上学自然观的矫枉过正。过度拔高自然主体性地位而未加应有的限制，这种认知将最终落入唯心主义陷阱。马尔库塞把弗洛伊德精神分析理论的相关论点借用过来，赋予大自然感性的能力，将自然界作为客体的反作用力放大为自然界的自主自觉的主体能动性，是对马克思生态观的修正和曲解，带有浓重的浪漫主义与乌托邦主义色彩。

事实上，在人与自然的关系问题上，不能把人的主体地位与自然作为物质世界的客体地位简单地绝对化、等同化。马克思已经明确诠释了人与自然之间作为主客体存在的互为对象性的关系：自然仍然是作为客体的受动的存在，人始终是行动的主体，人与自然之间展开着作为统一整体的双向互动。换言之，在人与自然的互动中，人始终处于主动地位，但是人要尊重自然的客体地位，承认人的行动要接受来自自然的约束，把人与自然的和谐共生作为终极关怀。我们需要明确，自然主体论忽略了对社会实践真正主体主体性的尊重。只有人类恢复自由、感性、批判、反思的主体性，人类才能在尊重的基础上利用自然规律，实现人与自然关系的改善、优化与推进。

最后，必须指明的一点是，马尔库塞是在资本主义制度背景下展开的生态批判，其思想并未对资本主义私有制产生深刻触动。他寄希望于"新感性""审美""艺术"等一些非现实、非实践性的意识重建来解决生态危机，并在此基础上实现人类的自我解脱和救赎。这实质是一种不触动政治结构、社会结构的主观革命。无可否认，生态危机是资本主义社会危机的一种新型表现形式，要想从根源上解决生态危机，就必须从根本上转变对生产力的利用形式，改变资本主义制度及其社会形态。唯有如此，资本主义社会所面临的生态问题才能得到真正解决。

吉 登 斯

吉登斯的环境社会学思想与他一直关注的现代性有着密切的关系，吉登斯生态思想的独到之处在于将现代性与生态危机直接勾连起来，生态问题实际反映出社会关系的不协调。吉登斯认为，生态危机的实质是人为现代性风险，与科学主义关系密切。

一、生态危机的实质

（一）对人造风险的生态批判

他认为人为现代性风险带来的自然的终结和传统的终结使人们身处于暗藏巨大危机的风险社会里。工业革命以来，人类生活的环境已经完全人化，"自然界"在现代社会已无处可寻。生活在大多数前现代文化，乃至那些强大文明中的人们，通常把自己看成是自然的延续。自然界的波动变化直接关联着他们的生活，农业丰收与否、畜牧业繁荣与否，以及自然灾害的冲击等，都会影响人类从自然资源中获取食物的能力，影响人类生存与发展的机会。人类的生产生活高度依赖自然。但是由科学与技术的联盟所构筑起来的现代工业，却以前所未有、不可想象的方式改变着自然界。工业化在全球范围内的扩张，使人类开始生活在一种人化环境之中，这种物质性的活动环境再也不仅仅是自然的了。[1]

人类或许曾经认为"环境"即为自然界，但是在科学技术发展起来之后，现代

---

[1]　[英]吉登斯：《现代性的后果》，田禾译，译林出版社2000年版，第53页。

社会已无"自然"，它已经不再只是这样了。包括地球气候的外部世界以及人体的"内部环境"等在内的许多过去属于自然界的事物，现在既可能是人类活动的产物，也可能受到人类活动的影响。我们正生活在一个机遇和风险并存的人为世界中。现代性是一种双面现象，现代社会制度的发展及其在全球范围内的扩张，的确为人类创造了难以计数的享受安全的和有成就的生活的机会，但是现代性的阴暗面在 20 世纪变得尤为明显。[1]

吉登斯指出，现代性的发展将这个人为的世界塑造成一个不确定的、后果严重的风险社会。人类今天面临的后果严重的风险以及诸多影响不太大的风险皆起源于这个社会。有的风险是人类活动的结果，例如与全球变暖、臭氧层破坏、大规模污染或者沙漠化等相联系的风险；有的风险是人为制造的，如全球经济的崩溃、大规模战争、全球人口过剩，以及"技术流行病"（由导致空气、水或食物污染的那些技术影响所产生的疾病）。[2]

（二）对科学主义的生态批判

自启蒙运动以来，科技和工具理性日益被人们所接受并逐步地奉为行动的准则。科技异化日益成为人们掠夺自然界的帮凶和工具性知识体系。科学本是中性的，一方面被用来为人们追逐更加美好的生活提供便利，另一方面又为人类追逐更加美好的生活的路上提供越来越多的科技负面垃圾。面对日益严重的生态危机，吉登斯对科学主义在生态问题上的核心关切是"受到质疑的不是科学本身，而是科学和技术涉足到现代性的控制倾向之中"[3]。

吉登斯指出："如果'自然'保持相对静止，科学在技术上的利用所遇到的风险是外部的而非人为的，那么这种运转就可以良好地运转。一旦这种关系转变了，科学的'内部'争论开始反思性地进入非科学的话语和行动领域中，这样的情况就

---

[1] [英]吉登斯：《现代性的后果》，田禾译，译林出版社 2000 年版，第 6 页。

[2] [英]吉登斯：《超越左与右——激进政治的未来》，李惠斌译，社会科学文献出版社 2009 年版，第 83 页。

[3] [英]吉登斯：《超越左与右——激进政治的未来》，李惠斌译，社会科学文献出版社 2009 年版，第 167 页。

无法再维持了。"[1]传统科技在资本逻辑的控制下，走的是一条从开采自然资源到生产商品再到产生废弃物的、以利润最优化为首要目标导向的道路，长此以往就会产生更加严峻的生态困境。

二、生态危机的形成

吉登斯认为，多维现代性后果是造成当今生态危机的最终根源。他关于多维现代性后果的论述始于对现代性的研究。

（一）生态危机的根源

1. 时空虚化与自然的虚化

前现代社会的时间总是与空间位置联系在一起的，但到了现代社会，不仅时间从空间中分离出来，而且空间与场所也出现了脱离，时空意义上缺场的东西逐步取代了在场的东西的直接作用。时间虚化的表征有两个，一是全世界范围内日历的标准化，二是不同地区时间的标准化。现代社会的每一个人都遵循着同样的计时体系。空间的虚化即为空间与地点的分离，其标志是全球航海图和世界地图的出现。[2]吉登斯认为，在时空虚化这样一种时空观转换下，自然已不具有任何实质性意义，时间的虚化和空间的虚化其实是对自然的虚化。从某种角度理解，吉登斯时空虚化的观点是马克思自然脱魅思想的另类表达。

2. 脱域机制与社会的虚化

时空的分离进一步促成了"社会制度的抽离化"。社会制度的抽离化类型主要有两种：一种是象征符号，另一种是专家系统。象征符号是指一套抽象的中介系统，其典型形态之一就是货币。专家系统是指技术职能或职业性的专家评判体系。这种制度抽离化建立了与前现代社会不同的安全与信任系统，但它是建立在人的无知基础上的，因此也带来了巨大风险，形成一系列的现代性后果。

---

[1]　[英]吉登斯：《超越左与右——激进政治的未来》，李惠斌译，社会科学文献出版社2009年版，第167页。

[2]　[英]吉登斯：《现代性的后果》，田禾译，译林出版社2000年版，第15页。

时间的虚化和空间的虚化表明时间和空间可以与任何特定的地点和地区相分离，这样独立的、抽象化的时间和空间是脱域机制发展的条件，"时—空分离及其标准化了的、'虚化'尺度的形成，凿通了社会活动与其嵌入到在场情境的特殊性之间的关节点。被脱域了的制度极大地扩展了时—空延伸的范围"[1]。换言之，在时间虚化和空间虚化的推动下，社会行动和社会关系从地域化的情境中脱离出来，呈现出虚化的状态。虚化的社会关系在时空中不断延伸，从而整个社会成为一个虚化的社会。又由于现代社会建构在专家系统和象征标志的基础之上，脱域机制的超时空扩展性无疑会增加未能预期的后果的风险系数。

3. 知识的反思性运用与传统的虚化

在现代性条件下，由于抽象系统的发展，反思性得以制度化，现代性的反思性发生在跨越时空的抽象系统再生产的层面。与传统社会个体行动者对共同在场的互动情景的监控不同，个体行动者或社会行动者运用不在场的专家系统的知识对社会生活进行反思性监控。可以说，人们反思性运用知识的过程建构出了现代性。

现代性意义下的反思与前现代文明的反思截然不同。"在前现代文明中，反思在很大程度上仍然被限制为重新解释和阐释传统"[2]，"在传统文化中，过去受到特别的尊重，符号极具价值，因为它们包含着世世代代的经验并使之永生不朽"[3]。现代性的反思却全然不同，书写文字的出现为人们割裂时间和空间创造了条件，书写文字扩展了时—空伸延的范围，创造出一种关于过去、现在和将来的独特的思维模式。这种模式使得对知识的反思性转换从既定的传统中分离了出来，传统最终被理解为与组织起来的行动和经验模式不同的东西。[4]

现代性的三大动力机制对自然、社会和传统的虚化产生了难以估量的负面后果。"把现代制度这三方面的特性联系起来，将有助于理解为什么生活在现代世界，犹如置身于朝向四方急驰狂奔的不可驾驭的力量之中，而不像处于一辆被小心翼翼控

---

[1] [英]吉登斯：《现代性的后果》，田禾译，译林出版社 2000 年版，第 17 页。
[2] [英]吉登斯：《现代性的后果》，田禾译，译林出版社 2000 年版，第 33 页。
[3] [英]吉登斯：《现代性的后果》，田禾译，译林出版社 2000 年版，第 32 页。
[4] [英]吉登斯：《现代性的后果》，田禾译，译林出版社 2000 年版，第 33 页。

制并熟练地驾驶着的小车之中。"[1]生态危机便是这诸多负面后果中的一个。

（二）生态危机的催化

为了认识作为整体的现代性的某些特质，吉登斯侧重从现代性制度的多维性展开分析。现代性制度可概括为四个维度：资本主义、工业主义、监督主义和军事主义。这四重制度维度分别产生了不同的风险后果，人们面临着来自人为不确定性扩展的高风险。这些风险或多或少有一个共同指向，即对生态环境的破坏。

在吉登斯看来，资本主义是在竞争性劳动和产品市场情境下，日益从政治生活中脱离开来的经济。这意味着资本摆脱了国家的控制而反过来控制着国家。资本主义的本性是生态体系不可持续的决定性因素。原因之一在于增长的极限，资本无限积累的欲望在可获得的有限资源面前是不可实现的。原因之二在于全球性不平等和大规模贫困的爆发。资本的私有本性必然会扩大全球性的不平等，这种不平等反过来又对社会造成巨大破坏。资本主义造成的危机"涉及大规模贫困的发展——被描述为'贫困大毁灭'"，而且，"造成贫困的并非总是缺少经济发展，而有时正是这种'发展'本身"。[2]由于自然资源本身是贫困者生存与发展的重要依赖，大规模的贫困往往会增加对自然资源的开采与消耗，对良好生态并无助益。一言蔽之，不断制造贫困的资本主义决定了这一体系与生态危机的内在联系。

吉登斯把工业主义看作现代社会的技术根基，其主要特征是在商品生产过程中对物质世界的非生命资源加以机械化利用，这关系到以机器为基础的文明的发展，即科学—技术的进步。在这个意义上，"工业主义不仅影响着工作场所，而且也影响着交通、通讯和家庭生活"[3]。吉登斯同尤利希·贝克一样，表达了对工业化的担忧和怀疑。工业主义下发展的科学技术越来越成为人们掠夺自然的异化工具。在这种工具的使用下，人们对自然的开发所带来的生态灾难比工业主义不发达的时候所进行的破坏更严重。

吉登斯指出，现代国家行政权力的集中化促生了监督机器或官僚机器的发展。

---

[1] ［英］吉登斯：《现代性的后果》，田禾译，译林出版社 2000 年版，第 47 页。

[2] ［英］吉登斯：《超越左与右——激进政治的未来》，李惠斌译，社会科学文献出版社 2009 年版，第 101—102 页。

[3] ［英］吉登斯：《第三条道路》，郑戈译，北京大学出版社 2001 年版，第 62 页。

监督可以是直接的，但更多是间接的，且建立在对信息控制的基础之上。现代性内在的与极权主义联系在一起，"即使不是全面极权，各种其他不同的压迫统治形式也体现着极权的特性"[1]。极权主义不仅大规模压制着民主权利，而且导致越来越多的人受到全面压抑，无法开发哪怕是一小部分的潜能。[2] 结果是民众政治参与的可能性微乎其微，面对生态危机，民众不可能有机会了解生态事件的真相，更不可能有机会介入生态危机的公共讨论和化解行动。

此外，军事力量与工业主义联姻，产生了战争的工业化。"战争的工业化"急剧地改变了战争的性质，全面战争乃至核战时代已然到来。这种大规模毁灭性战争对生态的威胁和损坏程度之大已超出人们的想象。

（三）生态危机的蔓延

现代性的发展本身就内在而言其实是全球化进程的推进。在吉登斯看来，现代性的四种制度随全球化进程发展为全球性制度体系，产生了全球资本主义体系（资本主义的全球化）、国际劳动分工（工业主义的全球化）、民族国家体系（监督主义或官僚主义的全球化）和世界军事秩序（军事力量的全球化）。在全球化趋势产生的负面后果中，生态灾难也具有了明显的全球化特征。随着生态危机在全球蔓延，全球环境问题加剧，生态风险正威胁到各国的政治及安全领域，任何国家都不可能仅凭一己之力化解生态危机，环境外交成为建立世界新秩序和构造未来国际格局的重要途径。

三、生态问题的解决之路

（一）对于生态危机解决问题上两种观点的批判

吉登斯指出，以往关于解决生态危机的思考主要基于社会民主主义和新自由主义两种理论立场。这两种理论立场在生态问题上具有"低度的生态意识"这一共同

---

[1] ［英］吉登斯：《现代性的后果》，田禾译，译林出版社 2000 年版，第 151 页。

[2] ［英］吉登斯：《超越左与右——激进政治的未来》，李惠斌译，社会科学文献出版社 2009 年版，第 103 页。

特征。就社会民主主义而言，它并不排斥对生态问题的关注，但很难把这种关注纳入到自己的政纲之中。对社团主义和充分就业的侧重以及对福利国家的绝对强调使它很难确定一个适当立场并采取系统的措施来解决生态问题。新自由主义极度反对福利国家而主张完全市场化，这种取向对待生态问题的态度是视若无睹、不予理睬，甚至是仇视敌对的。某些新自由主义者认为生态危机是被夸大的或者根本就不存在，它是那些相信末日审判神话的人别有用心的把戏，事实证明人类社会正迈向一个前所未有的普遍繁荣的时代。这种线性的现代化观念几乎不考虑经济发展的任何限度。[1]

（二）第三条道路的形成

由于社会民主主义代表的"左"路与新自由主义所代表的"右"路在指导人类摆脱生态危机的问题上都行不通，吉登斯创造性地提出了第三条道路，即将保守主义与激进主义结合为激进保守主义。之所以强调激进主义，是因为我们生活在一个受到严重破坏的世界中，唯有激进的方案才能予以化解。之所以强调保守主义，是因为诸如团结、平等、民主等这些价值仍有保存和保护的必要。激进保守主义虽然从哲学保守主义那里汲取了营养，但仍然保留了社会主义思想的核心价值。[2] 第三条道路是在反思批判既有生态理论主张的基础上形成的。

按照吉登斯的设想，第三条道路反对极端的市场原教旨主义。市场原教旨主义主张市场万能，不仅能解决经济增长问题，还能解决生态问题。这种观念主要存在于新自由主义阵营中。其对待生态危机的态度，首先是否认生态危机的客观存在；在无法否认时，就认为它是与人类活动无关的自然现象，自然界完全有能力将之修复；在无法反驳自然环境的恶化与人类活动相关时，认为把市场规则引入生态保护领域有助于消除生态恶化。吉登斯对此评价道：用市场办法解决各种各样的生态问题是可能的，但却不能选择市场原教旨主义，"对各种环境危机抱乐观态度，这本身就是一种极其危险的战略"[3]。

第三条道路反对生态现代化。生态现代化最具代表性的概念是可持续发展，认

---

[1] ［英］吉登斯：《第三条道路》，郑戈译，北京大学出版社 2001 年版，第 8—15 页。

[2] ［英］吉登斯：《超越左与右——激进政治的未来》，李惠斌译，社会科学文献出版社 2009 年版，第 10—12 页。

[3] ［英］吉登斯：《第三条道路》，郑戈译，北京大学出版社 2001 年版，第 58—59 页。

为经过精心设计，经济发展和环境规治可以并行不悖甚至相得益彰。吉登斯却认为这是一个美妙的神话，忽略了经济增长与生态保护之间的内在冲突，忽略了生态危机是跨越国界的全球性事件，忽略了生态危机与科学技术的发展以及人们的危机意识之间的关系。因此，生态现代化所设想的可持续发展路径是行不通的。[1]

第三条道路也反对绿色政治。绿色政治通常设定一个原本自然的存在，主张不干预自然或回归自然。吉登斯认为，在现代社会，自然的和社会的已经无法区分开来，人类在地球上的活动将无法避免地对自然产生干预，把自然体系置于最高的位置显然是一个错误。事实上，现代人生活在一种人工自然中，生态危机更多是一种人为危机，我们应当采取积极措施来应对生态危机，即一种积极干预的激进的能动性政治。[2]

（三）第三条道路的选择 —— 能动性政治

1. 能动性政治首先是一种生活政治

时至今日，生态问题已经对人们的日常生活产生了重要影响，生态学必须密切融入人们的日常生活，转变为一种生活政治学，以体现自身的价值和意义。吉登斯强调，激进的政治方案必须建立在生活政治与能动性政治的结合点上。生活政治不是生活机会的政治，而是生活方式的政治，与传统的关注解放与自由的解放政治存在很大不同。生活政治首先要求将生态问题深植于制度和公民的日常关切之中，而不能仅仅成为少数政治人物或专家的议题。生态问题既不是一个党派问题，也不是某些群体的问题，而是全人类共同的问题，必须让社会全体成员参与进来才可能有所缓解。此外，生活政治要求人们改变生活方式，尤其是对浪费资源的行为习惯加

---

[1] [英] 吉登斯：《第三条道路》，郑戈译，北京大学出版社 2001 年版，第 60—61 页。

[2] [英] 吉登斯：《超越左与右 —— 激进政治的未来》，李惠斌等译，社会科学文献出版社 2009 年版，第 216—222 页。

以约束，否则生态危机的解决将遥遥无期。人类可能永远待在"吉登斯悖论"[1]里。[2]

生活政治学要求每个人的参与，在生活方式上做出改变。吉登斯进一步指出，这实质是从我们该如何生活，如何选择我们的生活方式出发来反思人类到底该如何对待生态问题。我们要学会在各种价值观相抵触的争论和冲突中做出符合道德伦理的最佳决策，以便在不断的选择中满足自我完善这一"人性"的需要，使人类生活重新道德化。吉登斯在生活政治学中表达的对解决生态问题的态度是重建环境伦理、选择符合环境伦理的生活方式。而这种生活方式的选择又恰好有助于解决吉登斯在《气候变化的政治》中所提到的吉登斯悖论。

2. 解决贫困的能动性平等模式问题是解决生态问题的先决条件

吉登斯的能动性政治学主张解决生态问题首先应解决贫困的能动性平等模式问题。全球生态管理问题在很大程度上与全球社会严峻的经济差距问题是重合的。面对国际社会中存在的关于发展中国家的发展是全球生态危机的罪魁祸首的指责，吉登斯客观指出，发展中国家在谋求经济发展的过程中可能会造成这样或那样的生态问题，但是在温室气体排放等问题上，发达国家仍然要为全球气候变暖承担主要责任。

在全球生态灾难面前，发展要务原则是发展中国家的首要原则。发展要务原则主要指发展中国家具有经济上取得发展的权利，经济发展是解决发展中国家贫穷的唯一可行之路，也是解决气候等生态问题的不二之选。换言之，尽管当今全球生态问题层出不穷，但仍应当鼓励发展中国家寻求发展，这不仅是它们的权利，也是实现可持续性的直接需要。只有富裕起来的国家才有过多精力讨论环境治理问题。这也就是吉登斯认为与其把生态问题理解为去修复被破坏的自然环境，不如理解为去解决贫困问题的意义所在。[3]

在他看来，发达国家经济的增长正是以损害发展中国家生态环境、掠夺其自然资源为代价的。正是发达国家违反了平等观念导致了发展中国家严重的生态环境问

---

[1] "吉登斯悖论"简单而言，即为"不管别人告诉我们威胁有多大，正视这些威胁总是很难。因为它们让人感觉不太真实。同时，生活还得照旧下去。直到这些威胁变得有形、严重，那时再去临时抱佛脚，定然是太迟了"，是一种明知故犯的理论。

[2] ［英］吉登斯：《超越左与右——激进政治的未来》，李惠斌等译，社会科学文献出版社2009年版，第14—39页。

[3] ［英］吉登斯：《气候变化的政治》，曹荣湘译，社会科学文献出版社2009年版，第312页。

题和贫困问题。因此，在环境治理上先发展起来的工业国家应带头进行环境的治理，同时帮助发展中国家发展经济、治理环境。

3. 保障型国家在环境治理中居于主角地位

对比"赋权型国家"采取的自下而上的生态治理方式，吉登斯提出了代表另一种治理方式的"保障型国家"概念。保障型国家比赋权型国家具有更强大的职能和履职能力，它意味着国家应负责监督公共目标，并保证这些目标以一种可见的、可接受的方式实现。在全球变暖问题上，要充分利用国家的权力使之有重大作为。保障型国家在生态治理上的运行路径是自上而下地激发多元化团体在集体问题上达成解决方案。吉登斯指出，保障型国家在生态治理问题上的主要职责是起到一种催化剂、一名协调员的作用，在涉及气候变化和能源安全时，它还必须尽力做好保障工作。[1]

4. 生态治理要抢先适应、积极预防

吉登斯认为，在气候变化减缓的政治之外，还必须打造出一种抢先适应的政治。气候变化已经成为一个不争的事实，我们必须尽可能地以我们做出的风险评估为基础，抢先做好准备，使政策随着科学信息的变化和成熟而不断演进。换言之，在生态治理问题上，要充分发挥人的能动性，具备一种超前和长远的预判风险后果的意识，并提前采取积极的预防措施。由此可见，所谓"抢先"就是提前、超前；所谓"适应"，绝不是像动物那样仅仅去被动适应自然环境的变化，而是强调行动者的目的性、自主性、能动性，能够按照自身的目的去改造生存环境。

正是出于这种抢先适应、积极干预的生态治理立场，吉登斯非常反感绿色运动的很多概念和做法，例如"不要干扰大自然"的警示原则，面对气候变化无动于衷而顺其自然等。他认为人类应该尽可能保护和拯救地球，甚至愿意改善人类在地球上的体面的生活方式。[2]

---

[1] ［英］吉登斯：《气候变化的政治》，曹荣湘译，社会科学文献出版社 2009 年版，第309—310 页。

[2] ［英］吉登斯：《气候变化的政治》，曹荣湘译，社会科学文献出版社 2009 年版，第314—315 页。

（四）具体的生态解决方法

1. 挖掘社会经济制度的生态治理潜能

吉登斯不仅在制度层面考察生态危机的形成，也在制度层面探讨解决环境问题的出路。他认为可以把环境问题经由规范化纳入现存的社会经济制度的框架内加以处理，可以从经济原则或者经济激励机制角度发掘制度蕴含的解决生态问题的具体方法。在《气候变化的政治》一书中，他明确指出，保障型国家在应对气候变化这一生态环境问题时，必须设法干预市场以使'污染者付费'原则制度化，探寻使之符合社会公正议题的方法。这一原则制度化的结果之一便是将环境税纳入税收制度，建立环境税收制度。这种制度的建立能够产生很多积极效应，包括使那些造成环境污染的企业所产生的外部成本内部化，更好地体现平等观念；引导人们减少生态环境破坏行为和资源浪费行为；激励企业投资研发防污染技术，缓解生态环境问题等。

吉登斯同时也指出了环境税收制度可能的弊端，即对低收入者家庭造成冲击，损害社会公正。一方面，迫于税收的支出压力，低收入者不得不减少基本生活支出中的能源消费，使得他们原本就不高的生活水平进一步降低。另一方面，如果生产者用涨价的方式将环境税收的成本转嫁给消费者，低收入者的税收压力同样会加重。对此，吉登斯提出，因为穷人是税收制度最大的受冲击者，我们必须找到使他们与社会公正议题和谐相处的方法。[1]

2. 建立全球生态统理系统

吉登斯一方面主张建立世界性民族国家，认为"生态危机、全球的经济波动和全球的科技进步，根本不会考虑国界的存在"[2]。在全球秩序下，世界性民族主义作为唯一民族认同形式，是与全球化秩序相呼应一致的。全球性公民社会就有利于团结多方力量更好地克服风险危机事件，因为这种公民社会打破了各个民族国家之间

---

[1]　[英]吉登斯：《气候变化的政治》，曹荣湘译，社会科学文献出版社 2009 年版，第101—104 页。

[2]　[英]吉登斯：《失控的世界——全球化如何塑造我们的生活》，周红云译，江西人民出版社 2001 年版，第 7 页。

的界限，将各个民族国家紧密联系起来，团结协作，携手共同抗击风险带来的冲击。[1]另一方面主张建立世界性民主扩展和全球统理结构，"世界性民主的管理权不仅仅向全球层次集中，而且也向各个地区散播"[2]。正如之前他在能动政治学中所提到的解决能动的平等问题一样，放到国际视野中就是要努力缩小全球不平等和发展差距，建立强大有序的全球统理结构，积极发展经济在一定程度上有助于解决风险问题，特别是生态风险问题。

吉登斯认为贫困人民或国家是由于生活所迫才不得不选择破坏生态环境这一生存方式，因此对于发展中国家而言，发展经济可以缓解风险的负面影响。在《失控的世界》里，他以第三世界国家对热带雨林的砍伐为例来说明贫困国家的人民迫于生活而不得不砍伐森林资源维持生存的事实。他看到全球国家间存在的严峻的经济差距问题与全球生态管理问题在很大程度上是一致的，一些国家和地区的繁荣发展逐渐与另外一些国家和地区拉开差距，这样就使得另外一些国家和地区越来越贫困，在国际社会中越来越边缘化。[3]全球范围的排斥和国家区域之间的排斥是平行发展的，这使得全球生态管理难度非常大。在全球化浪潮中我们需要倡导建立全球统理系统，而不是被动地受制于传统民族国家的统治界限。[4]

3. 妥善管理科学与技术

在现代工业的背景下，对于解决生态问题而言，与管理环境同样重要的是管理科学和技术。科学技术是人类作用于自然的一种能力，其目的是给人类生活提供便利的条件，事实上它也确实对人类贡献良多。科学技术的许多成果已经是人类的反射性内容，它客观上制约着人类的生活，试图消灭科学技术的做法是不现实的，也没有必要。

当自然不再神秘，人造风险遍及人类生活之时，仍然是科学技术给管理风险、解决生态问题创造了可能性。科学技术本身是人类能力的表现形式，驱除它就等于

---

[1] [英]吉登斯：《第三条道路》，郑戈译，北京大学出版社2001年版，第141—143页。

[2] [英]吉登斯：《第三条道路》，郑戈译，北京大学出版社2001年版，第153—154页。

[3] [英]吉登斯：《失控的世界——全球化如何塑造我们的生活》，周红云译，江西人民出版社2001年版，第121页。

[4] 杨丽杰、包庆德：《吉登斯风险社会及其解决方案的生态维度》，《自然辩证法研究》2017年第6期，第25页。

在驱除人类自身，我们只能加强对科学技术的管理，让它更好地造福人类和地球。[1]

总之，吉登斯采取了一种"激进的卷入"立场，直面现实困境，对业已察觉的危险的根源展开实践性搏击，它的原初动力是社会运动。在他的这些主张中，我们似乎看到了马克思的影响，对于人类缓解生态危机具有弥足珍贵的价值。

---

[1] ［英］吉登斯：《超越左与右——激进政治的未来》，李惠斌译，社会科学文献出版社2009年版，第165页。

环境社会学理论的现当代发展

MODERN

AND

CONTEMPORARY

DEVELOPMENTS

IN

ENVIRONMENTAL

SOCIOLOGICAL

THEORY

新生态学理论

新生态学范式诞生于 20 世纪 70 年代末。美国学者卡顿（Jr. Catt-on）和邓拉普（D. Dunlap）于 1978 年在《美国社会学家》杂志第 13 卷上发表了一篇标志性文章。在这篇题为《环境社会学：一个新范式》的文章中，他们主张将生态学法则引入社会学研究领域，首次提出了社会学研究的"新生态范式"。学术界普遍将其视为环境社会学诞生的标志。新生态学范式为传统社会学研究带来了一场研究范式的革命。

一、传统的社会学范式是人类例外主义范式

在这篇文章中，卡顿和邓拉普首先展开了对传统社会学研究的审视和批判。他们指出，自孔德以来的传统社会学，尤其是传统的涂尔干式的社会学研究范式，在强调用社会事实解释社会事实的过程中，过于突出人的特殊性和制度、文化的重要性，却对环境因素或生态因素可能对社会产生的影响普遍忽略不计。尽管社会学理论枝蔓甚广，彼此间存在明显的分歧对立，但它们都基于人类豁免主义范式（Human-Exceptionalism-Paradigm, HEP）这个共同的假设和前提。卡顿和邓拉普对人类豁免主义范式进行了总结归纳，认为这种范式的主要假设包括：

（1）人类因其文化而成为地球生物中独一无二的存在；

（2）文化几乎可以无限地变动，并且其变化速度比生物学特征快得多；

（3）许多人类差异不是天生的，而是由社会引起的，它们可以被社会改动，并且不利的差异可以被消除；

（4）文化的积累意味着进化可以无限延续，使得所有社会问题最终都得以解决。[1]

他们认为，传统社会学非常强调文化的价值和意义，文化不仅是人类区别于其他生物的独特所在，也是人类优势所在。文化使人类可以逃避自然法则的限制，免除生物性的制约，甚至帮助人类克服社会发展的局限。在这种立场下，自然环境和物理生态对社会结构、社会变迁的影响几可忽略不计。在卡顿和邓拉普看来，传统社会学的这种偏执根深蒂固，但是这种观念对于如何解释和应对日益严重的环境问题没有多少助益，因此，社会学要想回应环境问题的挑战，就必须做出变革。

卡顿和邓拉普对传统社会学研究的批评不无道理。自社会学创立以来，实证主义社会学和人文主义社会学就"社会是什么？""如何认识社会？"以及"如何获得关于社会的可靠知识？"等问题各执一词。但是它们在阐释社会的组织及嬗变的过程中，无一例外都把重点放在制度与文化的语境之内，对社会和环境的物质关联讨论甚少。随着人类社会现代化进程的不断推进，生态环境问题日益突出，社会文化变迁与生态环境之间的互动愈益频繁，自然环境成为审视和判断现代化社会的重要维度。传统社会学的学术视角和研究范式显然无法适应这一现实性转变，亟待改革。

二、NEP 作为社会学研究的新范式

为了拓展社会学研究在环境问题分析上的有效性，卡顿和邓拉普提出用新生态范式（New-Ecological-Paradigm, NEP）来代替 HEP。与传统社会学范式不同，新生态学范式强调环境因素是推动社会事实变化的重要因素，其基本假设如下：

（1）尽管人类具有文化、技术等方面的独特性，但依然是全球生态系统中众多相互依赖的物种成员之一；

（2）人类事务不仅受社会文化因素的影响，也受自然网络中原因、结果和反馈的错综复杂联系的影响，因而有目的的人类行为会产生许多意外后果；

（3）人类的生存依赖于一个有限的生物物理环境，人类的活动会受到来自该生态系统的制约；

---

[1] W R Carton & R E Dunlap. "Environmental Sociology: A New Paradigm". *The American Sociologists*, 1978. 转引自吕涛：《环境社会学研究综述 —— 对环境社会学学科定位问题的讨论》，《社会学研究》2004 年第 4 期，第 8 页。

（4）尽管人类的发明创造和得自某个地方的能力在一段时期内可能会扩展承载力的限度，但生态法则不能消除。[1]

从上述四个基本观点中可以看到，新生态范式与传统社会学的最大不同在于把自然环境因素纳入了对社会事实的因果分析中。在这一点上，新生态范式的意义显而易见，它通过把自然环境因素引入对社会事实的解释过程，实现了对传统社会学的"社会事实只能用社会事实来解释"这一信条的改造，从而把社会学的目光引向大自然。

但是，新生态范式对环境变量的引入过于直接、机械。环境因素是物理性变量，本身具有自然属性。它能够对作为生物人的人直接施加物理性限制，但要对作为社会人的人产生影响，就必须经过一个"社会化"的过程进行转换。只有转换成为"社会化了的环境变量"，这种物理性环境变量才能与社会人及其构成的社会发生社会性关联。传统社会学对"社会"的认识与理解确实存在着"HEP 问题"，反思社会学非常有必要对这种社会状态及其背后的深层原因进行思考和揭示。事实上，传统社会学研究并非有意排斥环境因素，涂尔干、斯宾塞、韦伯、马克思和恩格斯等古典时期学者都不同程度地关注了环境因素。当代有学者指出，社会学研究的理论框架确实应该把环境作为一个独立变量考虑进来，让其占有一席之地，当然这个环境变量应该是"社会化了的环境变量"，而非直接的、机械式的物理性环境变量。[2]

学术界对新生态范式提出的几条假设存在诸多质疑。贝尔（Bell）指出，如果真的存在增长的极限，这种极限也是由社会设定的，而不是由生物环境设定的。巴特尔（Buttel）也在其文章中批评 NEP 范式只是几条高度抽象的假设，对于促进环境社会学的经验研究并无多大助益。这些争议实际上体现了社会学家们关于社会学研究本体论问题的思考，即社会学的研究对象究竟是物理性的环境变量还是社会化的环境变量。

---

[1] W R Carton & R E Dunlap. "Environmental Sociology: A New Paradigm". *The American Sociologists*, 1978. 转引自吕涛：《环境社会学研究综述 —— 对环境社会学学科定位问题的讨论》，《社会学研究》2004 年第 4 期，第 9 页。

[2] 吕涛：《环境社会学研究综述 —— 对环境社会学学科定位问题的讨论》，《社会学研究》2004 年第 4 期，第 9 页。

三、基于"生态复合体"的新型分析框架

卡顿和邓拉普也尝试了对环境社会学的研究进行归类，划分出 HEP 范式下的"环境问题社会学"（Sociology of Environmental Issues）和 NEP 范式下的"环境社会学"。"环境问题社会学"在传统社会学框架内研究环境与社会的关系，"环境社会学"在新生态范式下研究环境与社会的关系。他们借用邓肯的"生态复合体"概念和帕克的"社会复合体"概念，积极探讨了解释环境与社会相关关系的分析框架。

20 世纪 50 年代，邓肯提出了生态复合体（POET）模型。在生物学中，"生态系统"被定义为生物群落与其环境的互动。邓肯将这一概念简化并移植到人类社会的研究中，人类生态学被概念化为研究人口（Population）、组织（Organization）、环境（Environment）和技术（Technology）之间的相互依赖关系，每一个因素都与其他三个因素相互关联，任何一个因素的变化都会引起其他因素的变化，其中尤为强调人类运用社会组织和技术以适应环境的特点。尽管 POET 模型中包含环境因素，但是这里的环境不是指自然物理环境，而是指"社会的""人工的"环境，该模型实质上还是忽视了自然物理环境要素。邓拉普和卡顿对 POET 模型进行了专门的改造，其改造的基本思路是突出环境要素，并且将环境的含义定位在自然环境或物理环境上，以便分析自然环境与社会的相互关系。如此一来，原来的 POET 模型就转变成了研究环境与人口、组织、技术要素之间关系的框架，即为 E-POT 模型（见图2）。后来，他们又在帕克的"社会复合体"概念的启发下，将"生态复合体"中的组织要素细分为文化体系、社会体系和人格体系。这样，一个有关环境—社会关系的新分析框架诞生了，即：自然环境或物理环境与人口、组织（可细化为文化体系、社会体系和人格体系）、技术之间的关系（见图3）。[1]

环境社会学家强调，生态复合体中的"E"意指自然环境，而不是社会环境。另外三个要素（P、T、O）则组成了"社会复合体"。"社会复合体"指的是人口、技术、文化体系、社会体系和人格体系，由此可见，环境社会学所考察的是自然环境和社

---

[1] 崔凤、唐国建：《环境社会学》，北京师范大学出版社 2010 年版，第 25—26 页。

会复合体之间的关系。

图 2 生态复合体　　　　图 3 分析环境与社会关系的生态学框架

资料来源：洪大用：《西方环境社会学研究》，《社会学研究》1999 年第 2 期，第 89 页。

在此基础上，环境社会学的基本任务即可确定为：①自然环境如何受到人口、技术、文化体系、社会体系和人格体系诸因素中相互依赖的各种变动的影响；②自然环境因此而产生的变迁（和其他各种变动）反过来对人口、技术、文化体系、社会体系和人格体系会产生怎样的影响，或者导致这些因素之间的各种相互关系发生怎样的改变。

有学者指出，经卡顿和邓拉普修正后的 POET 分析框架所强调的自然环境或物理环境对文化体系、社会体系、人格体系的影响，实际上反映了自然环境的社会化过程。他们虽然看到了社会变量对自然环境的影响，却没有深入挖掘这种影响产生的条件，没有发现社会行动的中介作用。社会因素必须借助社会行动才能对自然环境施加物理的、化学的、生物的影响，进而产生客观物理后果。社会科学只能把影响的部分过程（通过社会行动的影响）纳入研究范围，却无法把影响的性质和结果都作为研究对象。显然，卡顿和邓拉普的分析框架潜藏着生态谬误的可能性。[1]

虽然在理论探讨中邓拉普忽视了环境变量的社会化问题在环境社会学研究中的重要性，但在实证研究中，他的做法却在客观上体现了环境变量社会化的环节。他与利尔合作开发了一个 NEP 量表，该量表主要用来测量社会各群体针对环境变化的态度变化。借助该量表的测量，米尔布莱斯（Milbrath）在"美国环境信念与价值"的研究中分离出了所谓的"环境主义者"。"环境主义者"是意识形态中倾向于 NEP 的人们，他们普遍具有下列认知倾向：①人类正在严重地破坏大自然；②核能发电是危险的；③对科技较少信仰；④地球资源的使用有其极限，且在不久后将

---

[1] 吕涛：《环境社会学研究综述——对环境社会学学科定位问题的讨论》，《社会学研究》2004 年第 4 期，第 9 页。

会出现短缺现象；⑤工业社会的成长有其极限；⑥对财产的运用要有计划地管理；⑦意识到环境问题的严重性。[1] 这一研究结果具有明显环境社会化特征，即自然的环境变量经过社会化后，以民众的某种环境意识及其总体分布的形式呈现出来。但是由于研究方法和统计技术的限制，它难以揭示环境社会化的过程与路径。

四、环境的三维竞争功能

鉴于 E-POT 分析框架过于抽象，卡顿和邓拉普又在原有基础上提出了"环境的三维竞争功能"概念。所谓"环境的三维竞争功能"是指环境对人类具有三种功能：既能为人类和其他生物提供生活空间和生存资源，也能为废物和污染提供存储场地。这三种功能相互影响、相互牵制，某一种功能的过度使用，会造成其他功能不能正常发挥作用。例如，环境在发挥废物存储功能的时候，有可能会污染地下水源，也可能会影响周围居民的正常生活。这说明如果环境的废物存储、转化功能过度使用，就会削弱它为人类和其他生物提供生活空间和生存资源的能力。人类的影响如此巨大，有可能使之变成反功能，也会影响到环境履行这三种功能的能力。[2] 卡顿和邓拉普借此认为，通过分析环境对人类三种功能及三种功能之间的冲突关系和演变情况，可以解释环境问题的生态学根源。

虽然卡顿和邓拉普等人提出的新生态范式被视为环境社会学产生的标志，同时也努力扩展传统社会学的分析框架，试图把环境变量纳入该框架来解释环境与社会的相互关系。在这一点上，新生态范式是具有积极意义的。但是，它的缺陷也显而易见。它虽然挑战了传统社会学的研究范式，但也只是对完善主流社会学与环境社会学的支柱性假设进行了一次有益的尝试，从根本上而言，并未摆脱传统社会学的深刻影响。他们划分出自然环境对于人类社会的不同功能，并用不同功能之间的协调与竞争来解释环境问题的出现。这种分析框架清晰透射出功能主义的影子。此外，它的许多假设过于抽象，对于经验研究的指导意义较为有限。

---

[1] 萧新煌：《台湾民众的环境意识的转变 1986—1999》，见边燕杰、涂肇庆、苏耀昌编：《华人社会的调查与研究 —— 方法与发现》，香港牛津大学出版社 2001 年版；转引自吕涛《环境社会学研究综述 —— 对环境社会学学科定位问题的讨论》，《社会学研究》2004 年第 4 期，第 13 页。

[2] 江莹：《环境社会学研究范式评析》，《郑州大学学报（哲学社会科学版）》2005 年第 5 期，第 38 页。

生产跑步机理论

生产的跑步机理论（the treadmill of production）[1]是环境社会学经典理论范式之一，对环境社会学的发展产生了很大的影响。在美国环境社会学史上，有两个具有影响力的研究团队。卡顿—邓拉普团队虽然开启了环境社会学研究的大门，但思想过于抽象且没有形成内在一致的理论观点。生产的跑步机团队则形成了系统的理论思想，并且指导了北美的环境社会学研究。[2]巴特尔就此评价道，无论以哪种标准来衡量，生产的跑步机理论在环境社会学的历史上都占据着非常重要的地位，拥有很高的学术声望。

"生产的跑步机"是施奈伯格于1980年提出的，其团队成员为理论后续的发展做出了重要贡献。该理论开创了关于环境问题的政治经济学解释路径，广泛吸收马克思主义、新马克思主义和新韦伯主义的政治经济学观点和材料，遵循社会科学的分析方法，最终形成了关于人类与环境互动的冲突理论范式。

一、社会与环境的辩证关系

环境衰退的社会根源是什么？谁应当对环境破坏承担责任？施耐伯格（Schnaiberg）在关注这些问题时，对关于环境问题分析的已有研究进行了回顾，指

---

[1] 也有学者将其翻译为"生产的传动机制"。

[2] 陈涛：《美国环境社会学最新研究进展》，《河海大学学报（哲学社会科学版）》2011年第4期，第42页。

出大多数研究都过分强调消费的作用，是大规模消费造成了能源、资源的消耗和环境污染，而没有从社会制度角度进一步追问造成大量消费的深层原因，忽视了当代社会中的生产动力。他认为，对工业社会中的公司企业而言，其生存的关键是能够在市场竞争中获得高额利润，并且这些高额回报被期待在未来能够保持下去。市场经济中的企业具有一种从有限的投资中尽可能多地榨取产出的本能。为了能够把所有的产品都卖出去赚取利润，避免积压和库存，消费就必须持续不断地扩大，并带动生产的持续增长。"大规模的生产—大规模的消费—大规模的废弃"成为维持资本主义市场经济的连环圈，此即所谓的"苦役踏车"概念。经济扩张会向大自然排放大量污染物，可能超出地球对污染的吸收上限而产生环境问题。纵然人们可以通过技术手段在一定程度上缓解环境恶化，但是缓解的成就最终还是会被整体消费的持续增长抵消掉。

施奈伯格在其《环境：从剩余到匮乏》一书中指出：生态社会的动力与人类社会（尤其是工业资本主义社会）的动力在性质上存在差异，需要不同的理论进行解释。生态社会的动力表现为，生态系统会随着时间的推移，从较简单的、增长较快的形式转变为较复杂的、增长较慢的实体。当诸物种与人口增殖到生态系统再无多余能量可供应时，生态系统即达到了稳定状态。但是人类经济的情况几乎正好相反，人类社会往往利用这种剩余，以便将来积累更多的剩余。[1] 人与人之间的关系以及人类与自然的关系都是由资本主义的生产方式决定的。从严格的环境研究角度来看，施奈伯格的思想主要阐释了整个环境系统中的四种互动关系：

第一，生物物理子系统内部的互动关系，即生物物理子系统的连环反弹现象。施奈伯格主要研究了其中涉及的自然物理定律的主导地位，例如生态系统调节制约生态资源剩余的现象。

第二，生物物理子系统对宏观社会性过程的作用和影响，主要是审视自然物理定律如何制约生产活动。例如石油的富余会刺激一系列相关生产活动的大量增加，直到造成石油资源的匮乏为止；或者反之，某种能源的匮乏会迫使相应生产部门开发新能源来维持生产的进行。

---

[1] 巴特尔、冯炳昆：《社会学与环境问题：人类生态学发展的曲折道路》，《国际社会科学杂志（中文版）》1987年第3期，第17—18页。

第三，宏观社会性过程对生物物理子系统的作用和影响。生产活动对生态原材料等资源的需求可能会造成生物物理子系统的失衡。例如，木材业在采伐林木后，会用化学物质对原始木材进行处理以满足人类的消费需求，这些污染物质最终渗入生物物理子系统，破坏自然物理定律，造成生态失衡。

第四，宏观社会性过程内部的连环反弹现象。宏观社会因素也具有与自然物理定律调节制约生产活动相似的功能。换言之，某种社会因素会允许某些生产进行，也会禁止某些生产进行。这都是宏观性与宏观性之间的反弹现象。社会话语氛围如何看待环境将直接影响到整个社会采取何种生产方式。在将环境看作人类赖以生存的家园或是看作冰冷的索取对象时，人类社会采取的生产方式截然不同。[1] 从上述四个方面的阐释可以看出，施耐伯格主要关注生物物理子系统与宏观社会性过程的互动关系，虽然他并未完全忽略微观社会性层面，但是也没有给予足够的关注，这方面尚有待于进一步探索。

施耐伯格认为社会与环境的辩证关系体现在正题与反题的不同组合之中。所谓"正题"是"经济增长是一种社会需要"，所谓"反题"是"生态破坏是经济增长的必然结果"。它们的不同搭配，会形成经济的、有计划匮乏的和生态的三个合题。[2] 经济的合题是通过最大限度地追求经济增长以解决经济扩张与生态破坏之间的对立关系。换言之只有经济发展到一定水平，才能够有效治理污染，即为"先污染后治理"。这是环境问题日趋严重的根本原因。有计划匮乏的合题是在维持或达到适度经济扩张的同时，只对某些最严重的环境问题给予关注处理，这在根本上无助于环境问题的解决。生态的合题是通过严格限制或放慢经济扩张，只利用可再生资源维持生产与消费，这是解决环境问题的根本途径。施耐伯格指出，在资本主义社会中，由于生产的跑步机的运行，经济的合题是经常出现的，生态的合题只是一种假想，最好的情形也只不过是有计划匮乏的合题。[3]

---

[1] Brenkert H, Gailus J L, Jonhson A Murphy M. "Integrated Research Paradigm: A Neorealist Model for Environmental Sociology". Institute of Behavioral Science Working Paper, 2004. 转引自江莹：《环境社会学研究范式评析》，《郑州大学学报（哲学社会科学版）》2005 年第 5 期，第 39 页。

[2] 洪大用：《西方环境社会学研究》，《社会学研究》1999 年第 2 期，第 91—92 页。

[3] 江莹：《环境社会学研究范式评析》，《郑州大学学报（哲学社会科学版）》2005 年第 5 期，第 39 页。

二、生产的跑步机的运行逻辑

生产的跑步机理论旨在说明为什么二战之后美国的环境状况退化得如此之快。生产的跑步机是一种促进现代资本主义社会经济增长的复杂的自我强化机制，它在很大程度上是资本集中和集权的趋势日益发展的结果，也是资本主义国家与垄断经济部门关系发生变化的结果。在施奈伯格看来，资本、劳动力和政府在特定的政治经济体系中实际上形成了利益同盟，扩大再生产不仅可以使企业从中获利，使政府获得更多的 GDP 和税收，也能使工人在生产和贸易的扩展中获得新的收入和就业机会。但是，生产扩大化必然伴随出现资本集中和集权的趋势。

这种趋势促使经济领域分化成三个部门：垄断部门、竞争部门和国营部门。生产的跑步机的原动力就在于垄断部门资本的日益增强的支配作用，这是由垄断部门投资的性质和后果，以及垄断部门与政府的关系所决定的。垄断部门为了获取高额利润，往往投资于资本高度密集的企业。资本密集的投资往往会裁减劳动力，引发排挤劳动力问题。政府不得不承担社会福利费用。其他类似于基础设施建设问题及因经济增长而引起的其他社会问题，也都完全依赖国家负担。垄断部门的投资还将迫使政府支出大笔经费（例如用于研制、基础设施及人员培训），私人资本决不会承担这种无利可图的开支。最后，还会产生生态方面的问题，不得不花钱治理环境。这一切将导致国家的财政危机和纳税人造反。国家为了获取财政资源，解决诸多社会生态问题，增强其合法性，不得不促进垄断部门的发展，如此二者之间便形成了一种合作关系，强化了经济扩张。虽然偶尔会对环境问题给予一定关注，但是环境状况仍然在不断恶化。

既然垄断部门所特有的资本密集投资方式会导致社会问题与生态问题，政府为什么不出台有关政策来改变这种投资的规模和性质呢？施奈伯格援引奥康纳的观点，指出国家肩负着两个互相矛盾但又必须履行的任务。一方面，它必须创造条件，使资本积累有利可图；另一方面，它必须加强政权的合法性与社会安定的程度。这两项任务的同时执行导致政府推行的政策无法解决好那些应该解决的问题，理由如下：第一，为了保证资本有利可图，政府必须创造条件引导资本投向获利较多的资本密集型产业，而不是投向获利较少的劳动密集型产业。第二，为了保证财政预算，政府必须通过经济扩张增加财政收入，以克服财政危机。第三，为了在短期内实现低成本的社会安定，政府必然会加强经济活动以促进就业增长。鉴于此，施奈伯格得出结论：唯有在政治上采取鼓励与资助新的经济扩张政策，才能够应对因资本密集型经济扩张引起的社会经济问题，而政治上的扶持又会促进经济的新一轮扩张和新的社会经济问题的出现。如此周而复始、循环往复。

经济的不断扩张最终引发生产的跑步机制。经济上力图从有限的投资中获取尽可能多的产出，消费也不断增长以刺激生产的持续增长。大量生产、大量消费和大量废弃，成为维持工业社会或资本主义社会市场经济的连环圈。[1] 这种机制的运行引起生态环境的恶化，使得"有计划的匮乏合题"周期性地短暂出现；但是，随之而来的强制性政治经济压力又经常促使"经济的合题"替代"有计划的匮乏合题"，其中的跑步机制更加快速地运行起来。

施耐伯格及其团队对这种威胁社会与环境关系的新生产系统进行了两个方面的描画：一是现代工厂需要投入更多的原材料，对生态系统更多的索取导致了对自然资源更大的损害；二是现代生产工艺中使用了更多的化学物质，导致污染问题更加严重。[2] 他认为，投资型资本的增加和投资分配的多变一起导致了对自然资源需求的急剧增加。西方经济中积累的大量资本为增加利润都投向科学研发和新技术的运用。这些新技术需要更多的能源以及化学物质代替早期的劳动密集型生产程序，因而它所导致的生态解组比以前更严重。而且，不同于劳动力成本的可削减性，机器运转的成本是稳定不变的，为了进一步扩大利润，生产者需要增加并且保持生产水平，不断提高生产规模以追逐新的利润。[3]

---

[1] 李友梅、刘春燕：《环境社会学》，上海大学出版社 2004 年版，第 37 页。

[2] Schnaiberg A, Pellow D, Weinberg A. "The Treadmill of Production and the Environmental State, Inmol, and Butteleds". *the Environ mental State under Presser*. Boston Jai Press, 2002, pp. 1-32.

[3] Gould K A, Pellow D N, Schnaiberg A. *The Treadmill of Production: Injustice and Unsustainability in the Global Economy*. Boulder: Paradigm Publishers, 2008, p7.

生产的跑步机的运行逻辑

1 经济组织通过其所有权用生态资源扩大生产和利润，财富因而得以不断聚集。

2 越来越多的工人开始不再自谋职业，而是成为必须依赖于从扩大的生产中获得工作和工资的雇员。

3 财富的所有者将越来越多的财富用于新技术研发，由此获得了更多的利益，进而使得他们在与别的财富所有者的竞争中获得了更多的主动权。

4 在"国家发展"和"社会安全"的口号下，政府的活动事实上促进了财富的不断扩大。

5 为了维持既定的社会福利，上述这些程序必然会导致持续的生态退化。

6 上述第五点在生态方面的明显表现是，当从生态系统中获取更多市场价值的经济压力增加时，工业社会所导致的生态解组的可能性会增加。

7 第六点的进一步延伸是，社会变得越来越容易受到社会经济解组的影响，因为生态的"资源基础"本身变得无组织了。

生产跑步机理论建立在两个过程的互动中。首先，是技术能力的扩展。特别是在现代工业社会，技术能力的扩张会促进经济发展乃至膨胀，进而导致生态恶化。其次，是对经济增长的偏爱，尽管很多决策制定者知道这样会导致严重的生态系统解组。[1] 生产的跑步机形象地表现了现代工业社会生产活动的不可停止性，资本家们习惯性地竞争追逐利润和经济利益，持续不断地推动着生产活动。[2]

尽管施奈伯格把生产的跑步机定性为一种不断自行强化的复杂机制，但他也指出这种机制存在某些限制或内在矛盾，例如二战以来的经济全球化不仅造成了严重的生态问题，还导致了自70年代中期以来的几无出路的政府财政困难和危害社会安定的大规模结构性失业。这些现象都说明该机制不够坚固稳定，需要进一步改革。

三、突破"生产的跑步机"的可行性

为了解除环境资源危机对经济持续增长的抑制，人们考虑了各种办法，其中技术手段是最主要的依靠。施奈伯格认为，虽然技术可能提高效率，减少对环境的影响，但是其对环境的积极作用却可能完全被整体消费的持续增长抵消掉。因此，技术只能解决部分问题，不能解决根本问题。只有彻底改变工业社会或资本主义社会中强

---

[1]　Schnaiberg and Gould.Treadmill Predispositions and Socialresponses. KING L & McCarthy D. (2nd ed), *Environmental Sociology: From Analysis to Action.* Lanham: Rowman & Littlefield Publishers, Inc., 2009, pp. 51-60.

[2]　关于"生产的跑步机"这一部分内容，详细借鉴了陈涛：《美国环境社会学最新研究进展》，《河海大学学报（哲学社会科学版）》2011年第4期，第41—42页。

调或鼓励竞争或追求经济不断扩张的政治经济制度，"生产的跑步机"才可能停止运转。[1]在众多社会机构中，有能力减缓其运行速度，或是扭转其运行方向的只有国家。但是，国家若想采取措施把生产的剩余导入非跑步机制的渠道，就必须具备两个条件：一方面，跑步机制面临足够严重的信仰危机；另一方面，非跑步机制的生产渠道获得足够强大的政治支持。施耐伯格认为，时至今日，上述两个条件在诸如美国这样的发达工业社会里尚不兼备。

在施奈伯格看来，争取"适宜的工艺"的运动最有可能帮助我们找到一种政治上可行的解决办法来取代跑步机制，但是这个运动的现行方针过于脱离实际，只对一小部分异化了的中产阶级具有吸引力。他认为，这个运动只有争取到大量劳动者的支持，才能有助于获得真正充分的政治资本来取代生产的跑步机制。总之，要想从根本上解决环境问题，工业社会需要进行结构性的革命，对原有的政治经济制度进行变革，同时离不开各方的共同努力。

生产的跑步机制概念也可以用于对第三世界环境问题的解释。施奈伯格认为，第三世界的情形总体与发达国家差不多，但是第三世界国家的政府拥有更为强烈的经济增长欲望，由此导致的经济的合题是第三世界国家环境状况恶化的根源。

四、理论评价

施奈伯格的《环境：从剩余到匮乏》是一部令人瞩目的学术著作。在这部著作中，施奈伯格表达的基本观念是：虽然生态系统与社会系统的动力性质不同，但是政治经济学的传统概念对了解生态问题的生成大有助益。施奈伯格的分析方法能够发现政治经济学家们大多看不到的问题。但是他的分析总体而言还停留在十分抽象的层次上，他在书中只是附带性地应用理论概念进行具体社会的经验性和历史性考察，或系统性地比较分析。他仍然使用"生态破坏"问题这种笼统提法来处理生态与环境问题，对此，巴特尔评论道，与卡顿在《超越限度》中所作的生态学细致分析相比，施奈伯格的处理方式显得相对逊色了。

从理论渊源来看，生产的跑步机理论是马克思与韦伯两家古典社会学的衍生物，

---

[1] 崔凤、唐国建：《环境社会学》，北京师范大学出版社 2010 年版，第 28 页。

它把古典社会学的两大传统有机结合在一起，形成了一个非决定论的和多因素论的崭新模式，令人耳目一新。其局限性在于，关于生产的跑步机的动力来源问题，是来自资本主义的规律，还是来自作为强制性协同联合体及统治结构的国家的规律，抑或是来自这两种规律的不可避免的联合作用，施奈伯格对此并没有明确说明。这就导致其分析具有很大的模糊性，人们不清楚"生产的跑步机"这个概念的适用范围，究竟是只适用于发达资本主义社会，还是也适用于发展中的资本主义社会和社会主义社会。

巴特尔认为，卡顿、邓拉普的构思和施奈伯格的构思之间存在一些有趣的相似之处。首先，他们三人都认为，至少在当前时期，由于经济扩张而引起的生态破坏日益加剧，人类与环境的关系趋向于失衡。要知道，人类与环境关系的"自动调节说"和人类社会会对其环境趋于"适应"的理论在当时的社会科学的大多数近缘学科中，特别是生态人类学中，是占据主导地位的。从这一点上看，卡顿、邓拉普和施奈伯格的观点迈出了克服功能主义的关键一步，不致重蹈使生态学方法在社会科学中信誉扫地的历史覆辙。

其次，他们三人都认为，解决发达工业社会生态矛盾的条件之一便是改变人们对环境的认识。换言之，他们都强调了人类的主观认识在未来的环境保护斗争中的重要作用。当然，他们所看到引起改变的原因以及这些改变在发达工业国家里面造成的后果又不尽相同。卡顿与邓拉普指出，主流社会学所持有的人类例外范式和公众意识的支配性社会范式是造成自然功能障碍的不幸根源，发达工业国家的全体民众必须抛弃这些业已过时的旧范式，进行普遍的转换。施奈伯格则认为，"旧的范式"是把增长与积累同社会上的统治阶级和政府官员的利益紧密联系在一起，新的认识应该把利益从垄断部门资本家身上剥离，并扎根于劳动者。巴特尔指出，这些共同点说明环境社会学已进入成熟时期，因为按照显然不同的假设和方法进行的研究已经开始得出相似的结论。[1]

---

[1]　[英]巴特尔、冯炳昆：《社会学与环境问题：人类生态学发展的曲折道路》，《国际社会科学杂志（中文版）》1987年第3期，第17—18页。

社会建构理论

环境建构主义是当代环境社会学中影响较大的一个理论范式。作为一种与环境实在论相对立的研究立场，目前已经囊括了社会建构论、风险社会理论、环境正义理论、行动者网络理论、政治生态学等理论体系，它们共同构成了广义的环境建构论。环境建构主义探讨的主要议题包括：尽管某些环境问题早就存在，但却要等到特定时候才能引起广泛关注的原因是什么？有些环境问题能引起广泛注意，有些环境问题却默默无闻的原因是什么？哪些人能够成功地把某种环境状况宣称为"问题"，他们使其宣称合法化的成功秘诀是什么？建构主义模式想要揭示的正是当代世界关于环境问题的论争以及蓬勃兴起的环保运动背后复杂的、阶级的、意识形态的、制度的以及组织的背景，并希望由此探讨正在变化中的权力特性。

本章所介绍的社会建构论，是环境建构主义范式中一个特点鲜明的理论体系。20世纪80年代，科学社会学的社会建构观开始被环境社会学家们引入到环境问题研究中，逐步形成了环境社会学的社会建构论。该理论发展迅速，生成了大量的理论探讨和经验研究。理论探讨方面，特别关注现代性与环境风险的关系以及对环境问题的社会学解读。经验研究方面，全球气候变化、化学污染分析、媒体对环境议题和环境冲突的报道以及关于风险和安全的议题、全球环境问题的建构（例如酸雨、物种多样性的消失、作为环境问题的微生物技术等问题的建构）等都是其研究的主要内容，对媒体和科学的作用，环境运动、环境政策和环境法以及环境知识的建构等问题的关注格外突出。多样化的经验研究验证且推动了环境建构论理论的丰富和发展，对社会理论的发展也产生了积极影响。[1]

一、社会建构理论的代表性观点

社会建构论在认识论上坚持主观主义解释学的相对主义，认为自然知识是被社会情境形塑的建构的产物。环境社会学家巴特尔和他的同事较早地从源自科学社会学的社会建构视角出发来分析全球环境变迁的形成，并基于环境社会学立场探讨研究该问题的基本纲领，强调"解构"（deconstructing）的重要性。他们认为，环境社会学必须把环境知识的社会建构作为关注的重点，环境议题的全球建构本质上是知识生产的政治的结果，而非对生物物理现实的单纯反应。伊尔雷（Yearley）、福克思（Fox）、安嘎（Ungar）、马卓和李（Mazur & Lee）等人都采取建构主义视角研究环境问题。其中，伊尔雷系统探查了最近 20 年环境意识和环保行动兴起的原因，安嘎强调了声称制造者和媒体在激起对于全球变暖的社会注意方面的重要作用。[2]

汉尼根（Hannigan）在承袭社会问题社会建构论研究的基础上指出，公众对环境是否关心不直接受环境客观状况的影响，并且其关心的程度不同时期也并不总是一致。事实上，环境问题无法物化自身，它们必须经由个人或组织的建构，在被认为是令人担心且必须采取行动加以应对的情况下才成为问题。他提出，考察环境问题的建构过程需要采用环境问题的聚集、呈现和竞争等过程分析工具。若要明确成功建构环境问题的必要因素，则需要对全球环境问题展开经验研究。建构环境问题成功与否的关键是是否具备科学权威证实、科学普及者、媒体、经济刺激、符号象征、赞助者等要素支撑。作为现代社会中的重要社会设置，科学和大众媒体在建构环境风险、环境知识、环境危机及环境问题的解决办法方面，发挥着极其重要的作用。[3]

汉尼根倡导把文化概念引入环境理论前沿，认为"线性运动"集中关注臭氧耗竭或全球变暖等某个特定问题，"流动"运动则组成一组讨论来定义和重新定义大

---

[1] 赵万里、蔡萍：《建构论视角下的环境与社会——西方环境社会学的发展走向评析》，《山西大学学报（哲学社会科学版）》2009 年第 1 期，第 10—11 页。

[2] 江莹：《环境社会学研究范式评析》，《郑州大学学报（哲学社会科学版）》2005 年第 5 期，第 39 页。

[3] 王芳：《文化、自然界与现代性批判——环境社会学理论的经典基础与当代视野》，《南京社会科学》2006 年第 12 期，第 27 页。

众化讨论的新领域。两相比较，"流动"运动更值得关注。他提炼出了三个重要主题：一是社会运动的文化根源，也即"环境"文化和更广泛的社会文化之间的联系；二是环境文化的形成，关系到某个运动创造自己内部文化的方式；三是环境修辞学，关心的是新运动的文化或论述如何依次反馈并形成更广泛的社会和政治的讨论。他针对这三个主题，列举出非常有用的实例加以说明，并呼吁利用环境社会运动和宗教社会学的近期研究成果来发展环境社会学的中程理论。[1]

伊尔雷（Yearley）从三个方面客观阐释了社会建构理论对环境社会学的贡献。第一个方面的贡献在于特殊环境问题的建构。他指出，某些环境问题的浮现是以其他问题为代价的。第二个方面的贡献是关于"环境"的问题的认定。例如，多数发达国家认为人口问题是导致环境破坏的重要因素，亟待解决；发展中国家则认为美国及其他发达国家消费过度才是罪魁祸首。第三个方面的贡献是论证了科学本身是社会建构的产物。伊尔雷论证了生物多样性一直被生物科学家和生态学家用作科学上的度量，同时也强调它并不适用于所有环境。在一些诸如沼泽地之类的自然风景区，生物多样性天然极少，而类似花园等另一些地区，虽然具有高度的生物多样性，但在生物学上却没有太多研究和讨论的价值。实际情况是，只有较少部分的例子适合于对保护区域和生态多样性等多种因素进行综合考虑。他总结："一个明显系统化的术语取代了先前更定性的手段后，却常常会被自身建构的符号所累。"[2]

如前所述，学者们关注的环境议题非常广泛，涉及制度行动者的话语争论、环境知识与环境实在的区别、环境正义、环保意识和环保行动兴起的原因、环境问题建构过程，以及环境运动、环境政策和环境法的建构过程等。尽管兴趣导向不同，但是他们都强调自然的社会建构，主张环境社会学研究的是使环境现实成为一种社会问题的过程和实践。环境建构论者确信，无论是关注自然还是社会世界的人类知识，

[1] Hannigan J. "Cultural Analysis and Environmental Theory: An Agenda". *Sociology Theory and the Environment*. (ed.) 2001, pp. 311-324. Rowman & Littlefield Publishers, Inc. 转引自王芳，2006。

[2] Yearley, S. "The Social Construction of Environmental Problems: A Theoretical Review and Some Not-Very-Herculean Labors". Dunlap, R. E. et al. (ed.) *Sociology Theory and the Environment*. 2001, pp. 274-283. Rowman & Littlefield Publishers, Inc. 转引自王芳，2006。

都不会源于对现实世界的一个简单和中性的确认。[1]

总体而言，建构主义阐释环境问题的主要观点包括：①对于人类社会与自然环境之间关系的理解是一种文化现象。②这种文化现象总是通过特定的、具体的社会过程，经由社会不同群体的认知与协商而形成。③由于具有不同文化与社会背景，人们对于环境状况的认知存在差异，所以"环境问题"一词实质上是一个符号，是不同群体表达自身意见的一个共同符号。④特定的环境状况最终被"确认"为环境问题，实际上反映的是不同群体之间意见交锋产生的暂时结果，这种结果的出现源于一系列互动工具与方法的使用，并且涉及权力的运用。⑤我们与其关注目前环境究竟出了什么问题，不如分析是谁在强调环境问题，对"环境问题"进行解构很有必要。⑥解决特定环境问题的关键是利用科学知识、大众传媒、组织工具以及公众行动成功地建构环境问题，并使之为其他人群所接受，进入决策议程，最终转变为政策实践。[2]

二、汉尼根的社会建构思想

加拿大环境社会学家汉尼根在1995年出版了第一本以《环境社会学》命名的著作，这是一本从社会建构主义角度阐释环境社会学的作品。汉尼根认为，环境问题之所以能够注入到我们的头脑中，是因为它经过了一个复杂的"社会建构过程"。在该书中，他对环境话语以及环境议题和问题的社会建构的分析甚为精彩。

（一）环境问题的社会建构过程

汉尼根认为，在环境问题的社会建构过程中，有三项关键任务：集成环境主张、表达环境主张和竞争环境主张。[3]

---

[1] Hannigan J.A. *Environmental Sociology: A Social Constructionist Perspective.* London: Routledge, 1995, p. 2.

[2] 洪大用：《试论环境问题及其社会学的阐释模式》，《中国人民大学学报》2002年第5期，第61页。

[3] [加] 汉尼根：《环境社会学——社会建构主义的视角》，洪大用等译，中国人民大学出版社2009年版，第71—79页。

1. 集成环境主张

主要行动	核心载体	支柱性依据	支柱性科学角色	潜在陷阱	成功策略
发现问题	科学	科学的	动向观察员	条理不清楚	创造经验性焦点
命名问题				含糊	理顺知识主张
确认主张的基础				科学证据存在分歧	科学的职能分工
建立参数					

集成环境主张的任务包括问题的最初发现及对其进行详细描述。在这个阶段，要开展多项细致的工作，具体包括：为问题命名，将这个问题与其他相似或者范围更大的问题区分开来，从科学、技术、道德或法律维度确定这个主张的基础，判断采取改善行动的责任人。

环境问题通常发端于科学领域，丰富的专业技能和资源有助于科学家们发现新情况、新问题。但是也不尽然，那些日常生活与某些环境问题联系较为紧密的人们和那些日常与自然紧密接触的人们也都可能最早提出环境主张。在研究环境主张的起源时，研究者必须关注主张从何而来，由谁操持，主张提出者在经济和政治利益上的归属集团，主张提出过程中带来的潜在收益。早期的环境主张主要来自于一些精英的个人表达，而现在的环境主张提出者更倾向于采取专业社会运动的形式。

集成一个环境主张需要各方利益相关者形成一个良好的分工合作体系，主张的观点要尽可能避免条理不清晰、含糊其辞以及科学证据存在分歧等问题。并非所有的解释都同等重要。那些将理论核心建立在一些难以理解的概念之上的主张，在持久性和影响力上，远不如那些建立在容易理解的概念基础上的主张。与其依赖于一些抽象的概念和理论，还不如与一些人们能够感同身受、切身体会的环境危机、生态困境相结合，对于经验、体验的合理利用将极大助力于环境问题的集成。

2. 表达环境主张

主要行动	核心载体	支柱性依据	支柱性科学角色	潜在陷阱	成功策略
寻求注意	大众媒体	道德的	传播者	可视度低	与流行话题或原因相关联
合法性主张				新鲜感下降	利用戏剧性的口头或视觉表象
					修辞策略与战略

在确立并向公众传达社会问题的角斗场里存在着激烈的竞争。问题的经营者在表达一项环境主张时，肩负双重任务，既要吸引注意力，又要合法化他们的主张。在这个社会建构阶段，大众传播媒介的作用异常突出。大众传媒的道德立场和宣传技巧在很大程度上决定着一个环境问题能否吸引大众关注并成为合法性主张。

汉尼根指出，使环境主张具有吸引力的做法包括：①一个潜在的环境问题必须看上去新颖、重要并且易于理解才能吸引注意力，就像新闻选择所考虑的参数那样。②环境主张的提出者要使用生动的、戏剧性的口头语言和视觉符号来激发人们的想象。比如，用"洞"来描述臭氧层异常稀薄的状况更容易让人们理解和接受；又如美国国家航空航天局（NASA）拍摄的南极上空臭氧空洞的卫星照片和《纽约时报》刊登的"燃烧的亚马逊"卫星照片，都产生了巨大的轰动效应，前提是这些照片都经过了适度的技术处理。③环境问题可能会被一些特殊事件推向注意力的中心位置。例如切尔诺贝利核电站事故就将人们的注意力引向了核污染。诸如战争、经济萧条等特别事件都可能具有同样的效果。④环境团体、环保组织等要积极投身那些能够引起最大范围公众共鸣的领域，选择性地发起运动主题，领导组织运动，吸引大众的关心和感知，扩大自身影响力。

使环境主张合法化的途径主要有三种。其一是修辞策略和手段。"绿色激进主义者"倾向于采用"公正修辞"，在道德的层面上论证考虑环境问题的正当性；"环境实用主义者"则倾向采用"理性修辞"，从效果角度客观陈述环境保护的必要性。其二是环境主张的提出者成为合法、权威的信息来源。例如世界自然基金会、绿色和平组织、全球环境基金等。尤其是那些独立性非政府环境保护组织和机构，更需要多方面的努力和持续的努力而获得合法身份与权威地位。其三是找出某个构成一项环境问题发展转折点的特定事件，以及它突破界限进入合法化区域的确切时间点。

就全球变暖问题而言，这一事件和时间点就是美国参议院 1998 年举行的听证会。

3. 竞争环境主张

主要行动	核心载体	支柱性依据	支柱性科学角色	潜在陷阱	成功策略
激发行动	政治	法律的	实用政策分析者	政治同化 / 招安	建立网络
动员支持				议题疲劳	发展专业技能
保护主张所有权				抵消性主张	开辟政策窗口

对于一项新生的环境主张而言，能够通过合法性的门槛并不一定能够引发改良行动。例如，环境运动可以很成功地进入宽泛政治议程这个环节，但却很难在议程中要求通过相关政策，尤其是当这些政策主张对资源进行再分配，涉及大范围的资本利益和政府官僚利益时。因此，如果一项环境主张要转变成实质行动，就需要其提出者持续不断地抗争，最终在法律和政治领域引发变革。虽然科学证据和媒体关注是构成环境主张的重要部分，但是从主张到行动的关键环节还在于政治政策领域的抗争。环境问题的政治抗争是一门精湛的艺术。环境促进者们需要高超精妙的技巧去引导一大批盘根错节的政治利益集团接受并通过他们的主张，因为任何一个集团都能使其主张迟滞或者消失。正如沃克所说，公共政策很少出自一个能准确辨明的问题，并仔细地寻求最佳解决方案的合理过程。大部分政策都是一路坎坷，零敲碎打，经过一系列复杂的讨价还价和折中，这里反映了既有机构、专业团体和野心勃勃的政治经营者的偏见、目的和增长的需求。[1]

汉尼根在阐述环境问题社会建构过程的基础上，进一步总结出成功地建构某种环境问题的必要条件：①某种环境问题的主张必须具有科学权威性和合法性，如果没有权威机构提供的物理科学和生命科学的数据的坚实支持，一种环境状况根本不可能成功地转化为一个环境问题。②拥有在环境主义和科学之间进行普及沟通的"大众使者"。他们可以是科学家，也可以是作家。这些科学普及者扮演着非常重要的角色，他们能够把神秘而深奥的科学研究转化为通俗易懂、能够打动人心的环境主张，

---

[1] ［加］汉尼根：《环境社会学——社会建构主义的视角》，洪大用等译，中国人民大学出版社 2009 年版，第 77 页。

经过重新包装过的环境主张能够有效吸引编辑、记者、政治领袖等人的关注和认同。③预期中的环境问题必须受到媒体的关注。媒体报道要把相关的环境主张塑造得既真实又重要。当代许多环境问题正是做到了这一点，才获得成功，还有一些重要的环境问题正是因为没有被恰当地发掘新闻价值而没能引起公众的注意。④用非常醒目的符号和形象词汇来修饰某一潜在的环境问题，使其突出醒目，容易引发关注。⑤针对某一环境问题采取行动必须有可见的经济刺激。⑥有能够确保环境问题建构合法性和连续性的制度化的赞助者。

在当今时代，汉尼根的建构思想具有积极的影响力和说服力。现实生活中，很多环境问题之所以未得到充分重视，部分原因在于一线研究者的研究方式不够合理恰当，研究内容偏离民众利益，研究结果的呈现与大众的理解接收能力相脱节。因此，对环境问题的成功建构，需要用浅显易懂的方式将深奥的科学原理普及开来，让广大民众了解、认可、践行。此外，由于大众媒体的影响已经渗透到人类生活的各个方面，要充分重视其在环境问题的建构上所发挥的作用。

（二）环境话语分析

汉尼根在《环境社会学》2006 年的第 2 版中特意增加了关于环境话语的观点。在以往研究的基础上，他把 20 世纪以来的环境话语归结分类为田园话语、生态系统话语和环境正义话语（见表 2）。

环境话语的出现是人们关注环境问题的结果，但是由于所属社会集团不同，人们对环境问题的认识也会有差别，并拥有不同的环境话语权。拥有权力的人在环境话语权方面具有一定优势，这体现了权力关系对环境话语权的重要影响。但阐述和传播环境话语的人并不局限于该群体，来自草根的"非主流"话语也越来越多。环境话语及其冲突形成了一个新的研究领域 —— 新政治生态学。[1]

---

[1] [加]汉尼根：《环境社会学 —— 社会建构主义的视角》，洪大用等译，中国人民大学出版社 2009 年版，第 59 页。

表 2　20 世纪主要环境话语类型

话语类型 比较项目	田园话语	生态系统话语	环境正义话语
保护自然的理由	自然具有无价的美学和精神价值	人类对生物群落的干涉会扰乱自然的平衡	所有公民都有在一个健康的环境中工作和生活的权利
标志性著作	《我在塞拉的第一个夏天》	《寂静的春天》《沙乡年鉴》	《美国南部各州的废弃物倾倒》
存在的主要场所	返回自然运动	生物科学	黑人教会
关键盟友或联合体	保存主义和保育主义	生物学和伦理学	民权运动和草根环境主义

三、社会建构理论的方法论反思

20 世纪 80 年代以来，建构论作为社会科学的主流方法论一直盛行不衰，在环境议题的研究领域也是如此。部分学者甚至把社会建构论的学术地位拔高到首要范式，认为它居于环境理论的核心地位。拉奇认为："环境是社会建构的，此观念或许是环境社会学里最基本的概念之一。"[1] 社会建构论之所以具有如此殊荣，与它本身的方法论特点密切相关。

（一）社会建构理论的方法论特征

1. 强调自然或环境的社会性

从社会建构的视角研究环境问题，意味着把环境问题看作由环境知识与环境现实相互建构的产物，具有文化和历史的相对性。这种视角极大推动了人们关注内容的转变，从对环境的关注转向对环境与社会关系的关注，从而有利于确立一个"生态理性"或"生态知识的"社会。这种视角对环境的解读非常不同于环境实在论。环境实在论把环境视为具有客观自然属性的物理性变量，而社会建构论认为，环境社会学作为社会学的分支学科，无法像自然科学的研究那样去说明自然，即物理、

---

[1] Lockie S. "Social Nature: the Environmental Challenges to Mainstream Social Theory". R White (ed.). *Controversies in Environmental Sociology*. Cambridge: Cambridge University Press, 2004, p.29.

化学、生物等层面发生的变化过程。环境社会学所能考察和研究的对象必须是经过社会化后的具有社会属性的环境变量。

社会建构论试图解构环境问题的自然实在性，以揭示自然或环境的社会性。解构环境问题的纯自然属性实质上是为在环境问题研究中引入社会因素或文化实践的解释方式开辟道路。这意味着，无论是就环境问题的提出、提问方式本身而言，还是就解决环境问题的范式、途径的论争过程而言，关于环境问题的论争中的自然要素的决定论地位将大大降低，社会或文化实践的解释学意义将明确凸显。

社会建构论在研究环境问题时，会将"环境问题是否真的恶化"此类问题悬置起来，真正关心的是环境问题如何进入人们的意识和视野之中，以及如何解决这些问题。需要指出的是，明确环境风险和环境问题是社会建构的产物，并不意味着挑战对环境状况的合法主张，去否认它们的客观实在。作为一种理论范式的社会建构主义，并不否认自然界中独立的因果关系，而是更相信，经由建构而成的环境问题的等级秩序，在相当程度上是对议事日程的政治本质的反应，而不是直接对实际需求的回应。

2. 注重环境问题的主观因素和动态过程

从社会建构的视角研究环境问题，更注重于人的环境认知、环境态度、环境价值观等方面的内容。与环境社会学传统上关注"环境与社会之间的相互关系"不同，建构主义更加注重于环境问题形成过程中的主观因素。

社会建构论的另一个重要特点是从过程的、动态的角度看待社会现象。社会事实本质上是经由特定过程建构出来的，总是处于不断变化之中。在建构主义者眼里没有一成不变的"社会事实"。社会建构论认为不能把环境问题仅仅看作一个技术性问题，应当拓展关于环境问题的社会科学研究，因为环境问题实际上同特定的社会结构与过程有关，与人们的行为模式有关。

3. 研究多属于知识社会学范围

与环境实在论把环境问题当作真实的、可证明的、有害的自然问题不同，社会建构理论强调有丰富多样的方法可用于自然或者环境问题的建构，环境问题不是客观上给定的，不是自发进入公众视线的，而是借助文化、使用符号，集成、表达、竞争的结果。如此一来，分析关于环境状况的不同知识主张，研究关于环境的事件本身和相关话语，或者调查使人们以某种方式去看待自然的社会信仰等环境议题便是社会学要关注的内容。

从这个角度来看，社会建构论把科学和知识置于研究中心。通过强调环境问题的界定过程、环境的知识主张和相关议题的社会建构，社会建构论开辟了一个以认知为中心的对环境议题和人类行为的理解路径。[1] 它的研究切中了环境问题的重要维度，本质上仍属于知识社会学的范围，发展的仍然是严格的社会学思想。

（二）与环境实在论的论争

作为一种研究立场，环境建构论遭受了环境实在论主导的严厉批评。客观而言，这两种研究立场之间的争论在一定程度上是社会科学中实在论和建构论的论争在环境领域的延伸。它们的分歧具体表现为：自然是实在的还是建构的？意识形态上是科学主义的还是人文主义的？现实蕴含是否指向环境责任的追究和利益格局的塑造？简言之，两种研究立场的争论实质在于是以科学主义还是以人文主义为视角建构关于环境议题的社会理论。环境建构论坚持人文取向的解释学和建构论的信念；环境实在论则走的是科学主义的路线，坚持科学的客观性、合理性等原则。

第一，关于环境问题是否客观存在的论争。环境实在论者强调自然知识背后的环境现实的实在性，认为自然或非社会现象必然是有因果功效的，对此可以做出客观的主张。环境建构论则采纳了主观主义解释学的认识论的相对主义，认为自然知识是受社会情境形塑的构建物。由此可见，环境实在论和环境建构论实际强调了自然的不同方面，在理解环境问题的形成、解决和影响时，前者强调自然因素，后者则把社会因素放在首位。这种分歧使得环境建构论被批评为不承认环境问题的客观实在性。事实上，除少数极端建构论者外，多数温和的环境建构论者并不否认环境问题的客观存在，而是倾向于"悬置"这一本体论问题，关注行动者如何建构他们的现实及其对社会科学的方法论含义。如德莱泽克就此明确指出，一些现象是社会阐释的，但并不意味着它是不真实的。污染确实引起疾病，物种确实灭绝，生态系统不能无限制地承受压力，热带森林正趋于消失，但对于这些现象，人们会做出非

---

[1]　赵万里、蔡萍：《建构论视角下的环境与社会——西方环境社会学的发展走向评析》，《山西大学学报（哲学社会科学版）》2009 年第 1 期，第 10—11 页。

常不同的反应，特别是他们的互动会为政治辩论提供有益的东西。[1] 总之，环境建构论者在强调自然的社会性的同时，也未否认自然的实在性。

第二，关于环境主张相对性的论争。环境实在论者认为，环境建构论者在无视环境状况的客观性特征的条件下，关注环境问题的一系列界定、谈判和合法化的社会过程，这一立场是不合适的。由于缺乏客观证据，没有一个主张能够自证优越性，这将导致环境建构论滑向相对主义。如此便会削弱环境科学的作用，或至少是暗示着生物物理环境是不重要的。面对上述批评，环境建构论者回应称，仅仅基于科学权威而赋予一种主张绝对的优势确实是危险的，特别当论据对多种阐释开放时，更是不明智的。但是，评估一项主张正确与否的有力证据不一定非得具有自然属性，那些建构出来的社会性产物，诸如统计数据或公众民意测验也可以提供支撑。此外，为了解释环境主张的出现和评估的有效性，还必须考虑这些主张形成的历史情境。实事求是地讲，环境建构理论自身确实存在着难以克服的相对主义困境，因为如果所有的环境知识都是建构而来的，那么建构论的主张本身也是如此，这将会导致社会科学遭遇"自我驳斥"的逻辑问题。

第三，关于环境社会学学科使命的论争。环境实在论者把帮助管理环境问题视为己任。这种学术责任感主要来自于该理论立场坚信环境风险的存在，把自然置于"道德关注、政治学和科学研究的中心"。而环境建构论者所持的环境事实不可知论立场，被认为不仅无助于此目标的实现，而且该研究路径的日益推广将会在整个领域内把人们的注意力从此目标上转移开来。人们不再关注环境风险的存在及其解决，而是聚焦于环境知识的建构与竞争。这对于最终缓解环境问题并无多大助益。

总体而言，环境建构论的明显缺陷在于忽视环境问题的实在性，以及相互矛盾的不确定性的环境主张暗示着人们会出于自身自私的经济和政治原因而否定环境问题的存在。例如人类社会对全球变暖问题尚未达成共识，强势的社会利益群体会利用由建构论的科学的不确定性带来的缺陷为自身利益服务。但是，这些缺陷却无法抹杀环境建构论的思想价值和学术贡献。它是从另一个角度关注环境问题，并影响环境问题的解决。与环境实在论关注生态系统衰落和社会变量变化的因果关系不同，

---

[1]　Dryzek, J.S. *The Politics of the Earth: Environmental Discourses*. Oxford: Oxford University Press, 2005, p.12.

环境建构论借力于知识和权力，指出环境的生物物理变化只有被那些受影响的群体通过自我再定义而逐渐承认它们才能获得意义。它挖掘并呈现出了被环境实在论所遮蔽或者忽略的面相。

当然，环境建构论只是环境社会学的一种理论视角，我们并不能因此全然否定或代替环境实在论的研究价值。学术界在对同一研究对象的研究中不同视角的争论是有益的，我们希望环境实在论和环境建构论都能发挥独特的理论价值。重要的是要从理论上整合环境建构论和实在论，以便更好地把握环境和社会之间的复杂关系，推动对环境问题的理解和解决。[1]

---

[1] 关于环境建构论与环境实在论的论争部分，详细参考了赵万里、蔡萍：《建构论视角下的环境与社会 —— 西方环境社会学的发展走向评析》，《山西大学学报（哲学社会科学版）》2009年第1期，第11—13页。

生态现代化理论

20世纪80年代初，德国学者马丁·耶内克（Martin Jänicke）和约瑟夫·胡伯（Joseph Huber）等提出了生态现代化环境政策理念。这一理念最初被柏林学派接受和使用，后来逐渐从柏林走向整个德国，从学术圈研讨变成执政党的基本政策。1998年，德国红绿执政联盟政府[1]将"生态现代化"协定为其联盟的主题。至20世纪90年代，在环境科学的争论中，这一概念已经被国际社会广泛使用。生态现代化的崛起和发展速度超越了其自身的预期，如今，它已经成为环境社会学的主导理论范式之一。

一、"生态现代化"的内涵与理论基本立场

生态现代化理论是一个理论群，没有一个统一的理论框架，学者们基于不同的视角和背景使用这一内涵广泛的理论。阿尔伯特·威尔（Albert Weale）明确指出，对于"生态现代化"这一概念，目前尚无公认的权威论述，它是关于环境、经济、社会和公共政策之间关系的一种理念，来自多种学术观点的综合。

（一）"生态现代化"的内涵

伴随生态现代化理论的不断发展，"生态现代化"的内涵也日益丰富。荷兰学者哈杰尔（Hajer）区分了"技术—组合主义生态现代化（techo - corporatist）"与"反思性生态现代化（reflexive）"。前者强调纯粹的技术管理，后者是一种社会选择的

---

[1]　由社会民主党（SPD）和绿党组成的执政联盟。

民主化过程，包括社会学习、政治文化和社会制度的转变。克里斯托弗（Christoff）把它划分为强弱两种类型。强生态现代化的特征包括：生态主义的、制度的／系统的（宽广的）、沟通性的、协商的／民主的／开放的、国际的、多样化的。弱生态现代化的特点则为：经济主义的、技术的（狭窄的）、指令性的、技术统治论的／新组合主义／封闭的、国家的、单一的（支配性的）。还有学者区分了"经济—技术生态现代化"（economic-technical）与"制度—文化生态现代化"（institutional-cultural）。前者主要强调技术革新能够明显改善环境和促进经济发展，使经济社会朝向效率更高、环境更友好的方向转型；后者强调包括社会文化和制度在内的整个社会发展进程的转型，是一种反思性生态现代化。[1]

因此，"生态现代化"概念可以从狭义和广义两种视角去理解。狭义的生态现代化突出经济技术在经济社会"绿化"过程中的重要作用；强调预防性环境技术和政策革新扩散可以解决生产过程中出现的环境问题，以便实现环境和经济的双赢；重视相应的社会结构变化的必要性，以解决因结构调整而引发的"现代化失利者"的抵制和经济发展的抵消作用。广义上的生态现代化包括社会制度、社会结构和文化的生态化变革。

（二）生态现代化理论的基本立场

马丁·耶内克在最初提出这一理论时指出，一般而言，应对环境污染和生态破坏有四种可能的思路。修复补偿和末端治理是两种被动的回应方式，存在的最大问题是成本太高。20世纪五六十年代的环境污染与治理实践已经证明，无论是生态环境破坏后的修复，还是环境污染物产生后的治理，都需要耗费大量的物质财富和经济成本。结构性改革是一种预防性的方法，它的最大问题是现实可能性太小。由于结构性改变会带来不确定性（比如对物质生活水平的影响），社会大众一般会强烈抵触，很难给予足够的政治支持。相比之下，生态现代化理念具有自身独特优势，可以通过一种政策推动的技术革新和现有的成熟市场机制，减少原材料投入和能源消耗，从而达到改善环境的目的。换言之，一种前瞻性的环境友好政策可以通过市场机制和技术革新来促进工业生产率的提高和经济结构的升级，并取得经济发展和

---

[1] 李慧明：《生态现代化理论的内涵与核心观点》，《鄱阳湖学刊》2013年第2期，第63—64页。

环境改善的双赢结果。因此可以说，技术革新、市场机制、环境政策和预防性原则是生态现代化的四个核心要素，而环境政策的制定与执行能力是其中的关键。[1]

亚瑟·摩尔（Mol）把生态现代化理论的基本要点归纳为三个。首先，该理论认为，科学技术既是导致环境问题产生的重要因素，也能在治理和预防环境问题中发挥现实的和潜在的作用。其次，该理论认为，经济与市场机制以及各种经济主体（包括生产者、消费者、信用机构、保险公司等）是生态重建的社会载体，而且其重要性日益突出。最后，在环境改善中，政府和民族国家的传统中心角色地位发生了转变，不再是科层式的自上而下的"命令—控制"管理模式，而是出现了更加灵活的、协商的、去中心化的国家管理模式。整体而言，美国环境社会学家正是以此为逻辑起点展开生态现代化的相关研究。[2]

生态现代化理论认为，工业化、技术发展、经济增长并不必然与生态可持续性相悖，是可以相互兼容的，而且也是环境治理的关键推动力。例如，工业化是环境问题产生的重要根源，但其自身也是潜在的治理力量，可通过超工业化来解决环境问题。一言蔽之，它认为现代化和可持续发展可以兼顾，经济发展与环境保护的二元悖论可以克服。胡伯精辟地指出了生态现代化与可持续发展之间的关系：生态现代化为可持续发展提供处理经济和环境关系的理论，以及实现经济和生态可持续发展的途径；可持续发展是生态现代化的重要目标，生态现代化通过协调经济与环境关系，促进经济和生态可持续发展。由此可见，生态现代化理论特别符合很多政治经济因素，这是它备受政府关注和欢迎、快速发展和崛起的重要原因。

二、生态现代化理论产生的背景与发展阶段

生态现代化理论产生和发展的时代是一个充满思想激流的时代。整个欧洲社会就西方现代化的现实进行了理论的思考和总结，展开了一场开放性的反思和批判。尽管由此而掀起的讨论浪潮并不是附着在生态环境与经济发展的主题之上，但却为

---

[1] 郇庆治、[德] 马丁·耶内克：《生态现代化理论：回顾与展望》，《马克思主义与现实》2010 年第 1 期，第 176 页。

[2] Mol A P J. "The Environmental Movement in an Era of Ecological Modernisation". *Geoforum*, 2000, 31(1), pp. 45-56.

环境与经济发展理论，特别是生态现代化理论的产生和发展提供了重要的理论思考的基础和条件。发达资本主义国家的现代化与生态化之间的矛盾激化以及试图解决这一矛盾的努力孕育了生态现代化理论。导致现代化与生态化之间矛盾激化的原因主要有四个方面。首先，资本逻辑催生生态危机。现代生产中占据支配地位的资本毫不掩饰它对利润的偏好，不计代价地追求经济增长，造成人的异化与生态异化并存的局面。其次，全球化在扩大人们交往范围的同时，也加大了资本的流速，加剧了经济殖民和南北分化。经济发展的不平衡导致环境发展的不平衡，生态危机在全球范围内扩散。再次，生态现代化理论对既满足当代人的需要又不损害后代人利益的可持续发展理论进行了适度反思，并实现了超越，这种理论进步逐渐确立了其在处理环境与现代性关系方面的理论地位。最后，民间环境保护运动实践和社会环境变革也推动了生态现代化理论的产生和发展。

根据时间线索及理论特点，可以把生态现代化理论的发展历程划分为三个阶段[1]：

初创阶段：20世纪70年代至80年代中期。这一时期的生态现代化理论的讨论着重强调技术革新及其在工业生产和环境变革中的作用，批判官僚政府，认可市场以及经济行为主体的作用。该理论的创立者胡伯特别强调技术的作用。他认为生态现代化是工业社会发展历史的特定阶段，工业系统的结构在微芯片技术应用的推动下能够向生态化的方向转变。这一阶段的生态现代化理论倾心于对环境变革过程中市场角色的定位和考量，其讨论囿于工业生产有限的范围内，存在明显的局限性。

论证阶段：20世纪80年代中期至90年代中期。以马丁·耶内克、亚瑟·摩尔等为代表，他们较少强调技术革新，侧重平衡政府与市场的作用，并开始关注制度与文化动态。这一时期的生态现代化研究主要集中在对OECD国家的工业生产进行比较研究，其中融入了从制度和文化动力方面进行比较的视角。这是生态现代化理论对早期研究缺乏地域、文化及制度差异认识所作的积极应对和调整。

扩展阶段：20世纪90年代中期至今。在亚瑟·摩尔、格特·斯帕加仑等学者的努力和推动下，生态现代化理论拓展了其研究领域与地理范围。新兴工业经济体、

---

[1] 马国栋：《发展中的生态现代化理论：阶段、议题与关系网络》，《中国地质大学学报（社科版）》2011年第5期，第41页。

中东欧转型经济体以及像加拿大这样的OECD国家的生态现代化都被纳入研究范围，进而发展出生态现代化的全球关切。此外，生态现代化理论也回应了消费主义盛行的现实，把消费绿色转型整合进了对全球和地方生态现代化的思考中。

伴随生态现代化理论的发展，该理论逐渐凝聚出一些新的理论特点：强调宏大的叙事转型，在全球、国家、地方三个层面上对政治治理、市场运作、科学技术等现代化的核心社会制度进行绿色化改进；强调环境重构是一种经济环境共赢的思考方式和路径，环境问题是社会转型的挑战而不是结果等；强调生态现代化理论在社会理论交锋中的独特性，正视理论本身的优点或缺点，以开放、积极的姿态接受各方批评，并将之转化为理论前行的动力。[1]

三、生态现代化理论的代表性主张

时至今日，生态现代化理论还没有形成统一的定义和系统的理论表述，但是可以在梳理总结相关学者论述的基础上，将其核心主张归纳为四个方面。[2]

（一）对环境问题产生根源与解决思路的剖析

生态现代化理论认为环境问题不是整个资本主义社会的制度性后果，而是一个现代工业社会的结构性设计缺陷。其代表人物胡伯把现代社会划分为三个不同的领域，即工业技术领域、社会领域和自然生物领域。现代社会最主要的问题在于工业技术领域对生物领域与社会领域的入侵和殖民。这些问题是工业系统本身的结构性设计缺陷，技术领域的生态重构可以解决它们。生态现代化理论承认环境问题的结构性特征，认为环境退化是一个结构性难题。环境问题的解决思路不是建构一个完全不同的政治经济体制，而是通过经济组织方式的调整和优化，把环境关切"内在化"于现存的政治、经济和社会制度结构之内和整个经济社会发展过程之中。就环境退化而言，工业革命以来整个现代化过程导致的环境退化恰好说明了此种现代化

---

[1] 马国栋：《发展中的生态现代化理论：阶段、议题与关系网络》，《中国地质大学学报（社科版）》2011年第5期，第41页。

[2] 关于生态现代化理论的核心主张部分，详细参考了李慧明：《生态现代化理论的内涵与核心观点》，《鄱阳湖学刊》2013年第2期，第65—71页。

过程的不完整性或缺陷。环境退化正是经济活动效率低下的表现，只有依靠进一步的技术革新才能够解决经济活动过程中出现的污染物排放（比如废料和废气）问题。生态现代化的核心就在于通过预防性理念与技术革新来提高经济效率，使整个社会经济的现代化过程包含环境向度。

（二）对经济增长与环境保护之关系的再解读

环境社会学和环境政治学都热衷于讨论和界定环境保护与经济发展之间的关系。在20世纪六七十年代开始的"生存主义"生态政治理论话语中，环境保护与经济发展是零和博弈关系，相互对立、得此失彼，这种理念长期以来对生态政治理论产生了深刻影响。此外，围绕环境问题，也形成了两个相互竞争的政治联盟，一个积极保护环境，另一个则担心环境保护会限制经济发展、伤害经济竞争。环境问题成为这两种政治力量之间冲突的根源。

生态现代化理论的核心任务之一就是对环境保护与经济发展的关系"重新概念化"，探寻解决环境问题的新思路和新方法。它主张，从长远来看，严格的环境政策与较高的环境标准不是经济的负担，而是经济持续发展的前提条件。米切尔·庞特（Michael E. Porter）对环境保护与国家的经济竞争力之间的关系进行了深入研究，在此基础上提出了"庞特假定"——严格的环境政策与环境标准最终会提高国家的经济竞争力。这个论断包含两个方面的内涵。一方面，严格的环境政策会促使污染企业本身进行技术革新，这种技术革新能够补偿甚至会超额补偿它们改造技术的成本。另一方面，如果一种严格的环境政策能够产生国际性扩散，那么在首先采取这种环境政策的国家或地区，企业（不一定是污染企业）被迫进行技术革新，当随后采取这种环境政策的国家引进这种技术时，技术革新者就会获得竞争优势（通过后来者的学习支付或技术革新专利与知识产权保护）。

生态现代化理论认为，环境问题产生在经济快速增长的现代化过程中，也能在这个过程中寻求解决的方法和途径。环境与经济是"正和"关系，环境保护不会妨碍经济发展，经济手段的应用能够促进环境保护，环境保护和经济增长应该有机结合起来。舍弃经济发展只为改善环境的做法，缺乏人道主义精神，是荒谬而不可取的。通过调整能源价格、征收生态税等方式，可以增强公众环保意识，使其认识到节约能源、使用替代能源、减少环境污染是实现可持续发展的一条根本路径。

（三）对国家与市场之关系的重构

生态环境问题持续恶化的制度性原因主要表现为市场失灵与政府环境管治失灵。长期以来，古典经济理论竭力反对国家干预，强调市场这只"看不见的手"的自动调节力量。但是，实际情况是在面对环境问题时，市场力量往往表现出某种程度的"失灵"。自私理性的经济人一方面把环境当作免费供应之源，无休止地进行物质输入；另一方面又把它当作废物处理场，无止境地排放废弃物。这些行为使环境资源呈现出明显的外部性特征，必须借助强有力的国家管治才能够有效解决环境问题。但是传统的国家管治方式主要是末端治理，命令与控制式的管治往往导致政府与市场行为体的对立关系，极大削弱了政府环境管治的效果。

鉴于此，生态现代化理论的一个重要任务就是重构市场与国家之间的关系，使两者的关系趋向于协调。一方面，市场力量和经济主体的经济活动需要国家灵活的管治来引导，以便朝着更加有利于环境的方向发展。国家因此得以超越末端治理和传统的控制命令方式，成为市场的推动者和保护者。另一方面，国家管治也需要市场机制和市场力量利用经济或以市场为基础的管理手段（比如税收、生态标签和排放交易体系等）来实现环境目标。最终，环境保护目标成为协调国家与市场二者关系的桥梁，国家与市场关系的协调使"生态现代化"与新自由主义经济哲学达到兼容。

（四）对生态理性（ecological rationality）的深入阐释

摩尔多次指出，在最根本或抽象的层面上，生态现代化指向一种日益增强的"生态理性"的独立性和自主性，尤其是相对于经济理性而言的时候。"生态理性"的内涵是：随着生态利益、生态理念与生态关切的重要性在社会实践和制度发展过程中日益增强，人们的环境意识也逐渐提升，在环境诱导和生态激发下，社会转型和环境改革进入现代社会核心实践和核心制度之中。就本质而言，生态现代化归根结底是要运用生态原则使现代化进程走向一种合生态化的方向，"绿化"整个经济社会，使环境关切和生态考量"一体化"到整个经济社会进程之中。

长期以来，"经济理性"主导并决定着人类的经济社会进程。但是，随着"生态理性"的独立性和自主性日益增强，生产和消费过程的分析和判断、设计和组织越来越需要同时从经济视角和生态视角出发，经济活动也越来越把生态利益作为关注和考量的重要方面。从这个意义上讲，"生态理性"已然开始挑战并逐渐弱化"经济理性"的"霸主地位"，生态原则成为生态现代化的第一原则或首要原则。"生态理性"实际上就是要把环境目标"一体化"到整个经济社会的其他政策领域，强调只有通过一个更加广泛的政策目标调整才能有效地保护生态环境，只有通过经济、能源、交通和贸易等多个政策领域的协调才能真正实现环境目标。

四、生态现代化的实现要素

（一）技术革新

生态现代化就其本质而言是一个技术不断革新与扩散的过程，技术革新在生态现代化过程中发挥着核心作用。因此立场，生态现代化理论经常被批评为"技术中心主义"或"技术决定论"。这些批评对生态现代化理论存在一定程度的误解。生态现代化理论对技术革新及其扩散的强调是有附加条件的。首先，所谓技术革新是指超越末端治理的预防性技术革新，在生产和产品设计的源头就纳入环境关切，利用技术进步节约原材料并减少废气、废物的排放。这实质上是一个系统的社会经济生态化转型的综合工程。其次，这种技术革新需要新型环境政策和政府管治的支撑，这意味着环境政策的调整和政府管治的转变。最后，技术革新不能仅停留在生产领域，还需要成功的市场化运用，唯此才可以创造重要的环境效益和巨大的经济效益，实现经济增长和环境保护的双赢。这些正是生态现代化理论的要旨所在。胡伯就此把生态现代化形象比喻为——"肮脏丑陋的工业毛毛虫转型为生态蝴蝶"。生态现代化实质上是一个工业社会的生态大转型，而技术和技术革新是这个过程最主要的发动机。

（二）管治策略的转变

环境技术革新和扩散需要环境政策的大力支持和推动，因为环境技术革新有着不同于其他创新工程的特殊性。第一，它们特别需要政治上的支持以应对可能的市场失灵。政治战略应该加强潜在革新者的生态动机，减少他们的投资风险，提供技术革新的基础设施，在技术革新及其市场化的初创阶段给予特别的支持。

第二，作为一个经济社会的结构性转型，生态现代化必定会造成一部分人的失利，例如传统污染产业的衰落，或既得利益集团的损失，或转型造成的结构性失业，如果没有政府的政治支持和战略上的通盘考虑，这部分失利者一定会成为生态现代化的不稳定因素。

第三，生态改善的外部性问题在某种程度上激励了对于环境技术革新的"搭便车"行为。要么等待别人技术突破之后的扩散效应，在技术应用方面降低成本、寻求捷径；要么干脆什么都不做，免费享受别人技术革新对生态环境的改善效益。

第四，当今社会是一个由主权国家组成的开放社会，国家之间双边或多边合作的架构以及国际组织或国际制度都为环境技术和政策在更大范围内扩散创造了可能性。因此，环境技术革新更加需要国家政策的支持和激励，环境技术和环境政策向外扩散在相当大程度上是国家政策推动的结果。

显然，生态现代化需要"政治现代化"的支持。在某种程度上，"政治现代化"是生态现代化一个不可或缺的前提条件。耶内克指出："在环境革新的政治竞争中，（明智的）管治发挥了至关重要的作用，这种明智的管治可以被认为是'生态现代化'的一个关键驱动力量。"[1] 对于政府而言，管治策略的转变意味着把原来分离的环境政策和经济政策整合起来。政府在不断推进国家制度的现代化进程的同时，要充分考虑经济和企业发展的政策需求及环境政策的现实特性，最终把环境与经济发展的整合因素融入管理决策中。如此一来，整合政策就会包含大量绿色化的理念和方法，鼓励资源节约，支持减少能源资源的输入，也就降低了"物质流"。[2] 政府政策制定的功能、目标、边界就会获得重新定义，政府也会采取和开发新工具来实施政策，包括环境影响评估、环境风险评估、非超成本的可行技术等。

就企业而言，企业必须在关注自身经济本质之外承担更广泛的环境责任，树立新的环保态度，改变运营模式，变被动地适应环境改善的要求为主动寻求环境发展的契机。企业主动控制和减少环境影响具有更积极的经济、社会和环境效益。企业必须在更加严格的环境限制内处理与各利益相关者的关系，并适时按照环境友好的

---

[1] [德] 马丁·耶内克、李慧明等：《生态现代化：全球环境革新竞争中的战略选择》，《鄱阳湖学刊》2010年第2期，第120—121页。

[2] Mol A P J. *Environmental Reform in the Information Age: The Contours of Informational Governance*. New York: Canbridge University Press, 2008.

要求改进自身产品和服务。如此一来，企业的管理方向、管理效率和管理方式都会明显改变，进而引发企业文化的剧烈转型 —— 绿色化的企业管理战略得以成功形成。[1]

（三）环境技术和环境政策的全球扩散

环境技术和政策的扩散是生态现代化的重要途径和标志。在全球化时代，环境技术革新以及支撑这种技术革新的环境政策国际化甚至全球化扩散是实现生态现代化全球战略的重要途径。某些环境问题具有跨国性、国际性甚或全球性特点，个别国家若能在解决这些环境问题上成功实现技术革新和管治转型，将具有极其重要的示范性意义。创新先驱国的利益驱动和其他国家的迫切需求是推动这些技术和政策向外扩散的巨大动力。环境技术和政策的扩散既可以通过落后国家向创新国家直接学习或借鉴的方式来实现，也可以通过国际制度、国际组织或某种专家网络的方式来实现。环境技术与环境政策的革新与扩散，二者之间相互作用、相互促进。

在全球化背景下，环境技术和环境政策领域"先驱国家"的开创性革新行为是生态现代化的重要驱动力。生态现代化概念的核心在于："它是一种强烈依赖市场经济条件下的革新及其扩散逻辑的环境政策方法。这样一种以革新为导向的环境政策就其本质而言是一种国家的先驱政策。"国际环境治理中的"先驱国家"作为全球生态现代化的支撑者是国际环境政策发展的最重要的支持者和拥护者。通过这些国家的环境技术和政策的革新与扩散，生态现代化逐渐深化（地理范围的扩大，经济社会生态化转型程度的提高）。

环境"先驱国家"可以从两个方面影响和促进生态现代化的发展。一方面，全球化使世界市场紧密相连，国家间的相互依存增强，先驱国家在某些环境技术和环境政策领域的革新会给其他国家带来压力，也会使其自身获得技术和政策扩散之后的巨大利益。另一方面，环境挑战的日益加深和复杂化，使得决策者决策时面临的不确定性和风险大为增加，"先驱国家"的技术和政策给其他国家展示了某种可行性，为其他国家提供了政策学习和吸取经验教训的机会。

---

[1] Welford R, R Starkey. *The Earthscan Reader in Business and the Environment*. London: Earthscan, 1996, p. 172.

（四）"领导型市场"的引领与推动

"领导型市场"是环境技术和环境政策在世界范围扩散的地理起点，是促进生态现代化发展的核心要素。所谓"领导型市场"，就是在某一环境领域取得技术革新的国家或地方市场。这些革新设计最初是为了满足当地的需要和适应当地的状况，但随后能够在无须经过太多修正的情况下被成功引入到其他地理市场，实现商业化。"领导型市场"一般具有以下特征：人均收入高、消费者要求甚高、质量标准较高且得到国际认可以及技术生产条件灵活且具有创新性。

环境问题的国际性或全球性特点，使得其他国家和地区产生了引入新型技术和政策的强烈需求，刺激领导型市场产生了把他们的先进技术和政策扩散到其他国家和地区的强烈动力。"领导型市场"作为世界市场的核心，成功地为其他国家提供了最好的实践，产生了强烈的示范效应。在全球化背景下，"领导型市场"不断创造越来越严格的环境标准。这一方面暗示着环境友好技术要向更大规模的市场扩展；另一方面也潜在敦促其他国家或地区采取更加严格的环境政策。

五、批判和自我反思

（一）来自外部的批判

生态现代化理论从诞生伊始就不断遭到多方批评。施奈伯格认为，生态现代化理论缺乏一种批判精神，未能从社会发展的逻辑实质揭示资本运作的环境副作用，其资本主义立场应该予以谴责。[1] 墨菲（Murfhy）和班代尔（Bendell）批评生态现代化理论过于乐观地思考了经济与环境发展的关系，似乎技术的优劣好坏直接导致了环境改革的结果。"生态现代化是这样一种视角——它将环境视为在追求进步的过程中又一个需要攻克的技术问题。对生态主义者而言，污染对于预防和清洁技术是

---

[1] 马国栋：《批判与回应：生态现代化理论的演进》，《生态经济》2013 年第 1 期，第 24—26 页。

一次经济机会而不是当前经济制度根本性问题的指示物。"[1]

后现代主义者认为，生态现代化理论过于强调现代性的既得性，不能正确认识其在发展中发生的不可持续、碎片化的新变化，忽视了现代性本身所具有的建构性特征和价值。他们指责生态现代化理论没有抛开现代化，即使贴上了"生态"的标签，并试图用生态理性话语重塑现代化的形象，但这些都无法掩盖现代化的"工具性"特质。在后现代主义者看来，生态现代化理论在初创阶段所主张的生态理性、环境标准等都是一种宏大知识的简约版，未能从地方性和时间性维度进行细致化的考量，各国共同倡导的"可持续"理念也是一个离散的概念。各个国家、地区因地域差异、文化差异、时间差异，对"可持续性"的内涵的理解和追求会存在明显差别，而不是像生态现代化理论所主张的那样，都具有统一的欧洲向心力。总而言之，该理论充其量是对社会做了些缝缝补补，没有开辟新的运行轨道，未能使整个社会实现根本性改变，它本质上仍是现代人类中心主义的另一种理论表象。

德国学者贝克（Beck）也从风险社会的角度审视了生态现代化理论。他认为，环境风险的不断提升是现代性发展的伴生物，但现代制度显然对此缺乏深刻认识和充分准备，现代化发展将朝向一种充斥着风险及不确定性的社会迈进。[2] 生态现代化理论在这个问题上过于乐观。工业经济的持续发展和进步不可避免会带来环境灾难，仅仅依靠现代性自我能力的提升无法解决工业社会如此庞大复杂的环境问题，人类社会定然无法摆脱现代化宏大工程的风险。

总之，针对生态现代化理论的外部批评角度越来越多元化。有的批评认为生态现代化的理论概念分散，没有真正形成统一的解释框架，学者们因研究取向和意图的差异而对生态现代化有不同的理解；有的批评强调该理论虽然主张生态保护与经济发展的同步性，但并没有试图改变自然的依附性角色，反而突出了生态保护对经济社会可持续发展的实用价值，因此在伦理立场上仍然囿于人类中心主义范式的界域之内；也有学者基于世界体系的角度批评生态现代化理论未能重视发达国家向贫

[1] Murphy D F, J Bendell. *In the Company of Partners: Business, Environmental Groups and Sustainable Development Postrio*. Bristol: The Policy Press, 1997, p. 63.

[2] [德] 乌尔里希·贝克：《风险社会》，何博闻译，译林出版社 2004 年版。

穷国家出口肮脏的工业污染的极端不道德行为。[1]

（二）内部的自我反思

面对诸多质疑，生态现代化理论内部也在不断自我批评、自我反思。费舍尔（Fisher）和弗洛伊登伯格（Freudenberg）指出，生态现代化理论无法解决生态现代化过程的条件变异性。[2]换言之，该理论是以西北欧工业社会的发展为基础的，缺乏统一的指导性原则，难以对更广泛领域的全球化实践进行指导。克罗伦（Carolan）认为，生态现代化理论过于关注生产领域（"生产""生产技术""生产流程"等），而忽视了在消费领域的问题化过程中找寻解决办法。用"生产"来修正"消费"是对生态环境问题的简约化处理，消费成为了生产的附庸。[3]

约克（York）等学者从实质有效性角度展开了更有力的批判，认为生态现代化理论面临四个来自实践层面的挑战。[4]第一，生态现代化理论必须要说明那些为应对环境问题而采取的制度改革和技术修补确实带来了生态环境的改善。理论的构想须实践加以验证。第二，生态现代化理论必须证明，随着现代化进程的不断推进，生产和消费在生态现代化的推动下实现了高频率的生态转型，而且这种转型在现代社会能够成为一种常态。第三，生态现代化理论的研究必须明确分析层次，不同层次上发生的生态现代化过程取得的实效是存在差别的，局部的改善不代表整体的进步，甚至可能产生消极影响。第四，生态现代化不仅要说明经济体向资源更有效型转变，而且要显示出这种转变的效率增速超过生产总量的增长速率。这就意味着，需要区分两种"减少"的含义：一种是物质和资源的绝对使用，另一种是单位生产的去物质化。约克等人认为，后者仅是减缓环境退化的速率，未能从根本上解决问题。因此，在某种意义上，生态现代化仅仅是相对的改善，而不是绝

[1]　Goldfrank W L, Goodman D, Szasz A. *Ecology and the World-system*. London: Greenwood Press, 1999.

[2]　Fisher D R, Freudenberg W R. *Ecological Modernization and its Critics: Assessing the Past and Looking toward the Future*. Society Nat Resources, 2001, 14, pp. 701-709.

[3]　Carolan M S. "Ecological Modernization Theory: What about Consumption?". *Society Nat Resource*, 2004, 17, pp. 247-260.

[4]　York R, Eugene A. Rosa and Tomas Dietz. "Footprints on the Earth: The Environmental Consequences of Modernity". *American Sociolo-gical Review*, 2003, 68, pp. 279-300.

对的可持续。[1]

在技术革新与"领导型市场"的形成及其国际扩散需要的条件方面，也有学者进行了反思，指出生态现代化最关键的因素是严格的环境政策、较高的环境标准以及国家实行的"明智的"环境管治。但是，在经济全球化的背景下，采取积极环境政策和严格环境管治的国家也面临着风险和挑战，例如严格的环境管治会给本国企业强加额外的成本负担，可能会损害国家的经济竞争力，全球化背景下"污染天堂"和"竞次"现象的存在，以及民族国家管治能力受全球化的发展和深化的冲击而逐步弱化等。对于上述问题，生态现代化理论必须从理论和实践上做出回答。[2]

六、生态现代化的社会意义

生态现代化理论发展至今，主要经历了三个方面的转变。首先，从强调生产到兼顾消费的转变。早期的理论研究立足于生产力视角，致力于通过技术改善来改变生产不足，进而实现环境创新。但是，没有充分认识到消费既能够推动环境决策又能够为环境创新提供反馈与参考的重要价值，忽视了它对于理论自身发展和生态现代化实践所具有的意义。生态现代化理论在后续发展中自我完善，逐步涉及消费领域的研究，并视之为环境变革的重要因素。其次，从强调技术到兼顾政策的转变。生态现代化理论在发展中逐步把技术和社会、政策等要素结合起来，既体现了国家和社会因素对生态现代化规划的影响，也是生态现代化理论从学术走向政治、成为一种政治话语的需要。最后，从限于西方到扩散全球的转变。这种转变反映出世界各国对现代化和生态化的双重追求和重视，体现了生态现代化理论对全球环境变革的深层回应。

生态现代化理论作为生态资本主义的时髦理论已经逐渐成为社会发展理论领域和可持续发展领域的一项重要学说，并为我国的生态文明建设提供借鉴参考。我国的生态现代化进程要着重从中吸收四个方面的思想。

第一，强调生态理性的重要性。生态理性作为生态化与现代化的黏合剂，要求

---

[1] 关于生态现代化理论受到的批判，详细参考了马国栋：《批判与回应：生态现代化理论的演进》，《生态经济》2013 年第 1 期，第 24—26 页。

[2] 李慧明：《生态现代化理论的内涵与核心观点》，《鄱阳湖学刊》2013 年第 2 期，第 61—72 页。

生产、消费均要遵循生态理性原则，将环境利益与经济利益统一起来，实现生态现代化，强调生产与消费领域的生态理性，对我国的生态文明建设具有积极的意义。

第二，技术革新必不可少。在生产、消费、市场、市民社会等这些领域进行生态转型，技术创新必不可少。科技在生产领域可以创造巨大的财富，在解决生态环境问题时也同样发挥着巨大的作用。技术创新对我国实现现代化的生态文明社会必不可少。

第三，政府干预及社会协同。对于生态环境治理来说，国家决策和治理之外形成多层级的行为主体与治理空间，有利于为生态现代化创造良好氛围。同时，作为一项社会事业，需要整个社会的协同运作，共同建设十分必要。

第四，强调预警优先。环境治理应该从源头开始，而不是依靠"末端治理"技术。对待环境问题，应以预警原则的预防性方式规划，做到从治疗性环境政策向预防性环境政策转变，在投资决策之初就考虑环境和资源的后果，将环境破坏最小化。这对我国社会主义生态文明建设预防生态环境破坏具有积极意义。

生态文明的提出和建设实践，是中国社会主义建设反思日趋严重的生态环境危机而做出的自主、合理的选择。它汲取了人类文明的优秀成果，总结了中外工业化、城市化进程的经验和教训，着眼于人类未来的可持续福利，代表了人类文明的发展方向并引领中国发展的新维度、新方向和新境界。

环境正义理论

20 世纪 90 年代，权利与义务不对等引起的"环境不公"问题在环境保护运动中日益突出，在西方发达国家内部及全球范围内（特别是欠发达国家和地区）引发了广泛的"环境正义运动"。"环境正义运动"的兴起和"环境正义"思想的发展，既挑战了当代环境伦理理论及其指导下的西方主流环境保护实践，也为当代环境社会学开辟了一个从现实角度看待和分析环境问题的崭新视角。

一、环境正义的内涵解析

（一）环境正义思想的起源

环境正义观念是美国现代民权运动和环境保护运动的产物。20 世纪 70 年代，美国的相关学术团体和公民权利团体就提出了环境保护中存在着不公平现象的问题。有明显的证据表明，美国北卡罗来纳州沃伦县[1]被政府作为有毒垃圾的填埋场地，与这一区域的居民主要是有色人种和低收入人群有着密切联系。1982 年，在联合基督教会的支持下，沃伦县居民举行游行示威，组成人墙封锁了运输通道，阻止装载着有毒垃圾的卡车进入，示威民众遭到逮捕。这一行动将环境保护中的不公平问题推向了前台，人们发现美国环境表面上得到了明显改善，但是原有的污染、公害等环

---

[1] 沃伦县（Warren County, North Carolina）是整个北卡罗来纳州有毒工业垃圾的倾倒和填埋点，该县居民主要是非裔美国人和低收入白人。

境问题实际上是被转移到了有色人种和低收入阶层居住的社区中，并没有得到彻底解决。"沃伦抗议"（Warren County Protest）第一次把种族、贫困和工业废物的环境后果联系到一起，在社会上引起了强烈反响，并引发了美国国内一系列穷人和有色人种的类似行动。环境正义运动的序幕由此正式拉开。

1987 年，一本介绍沃伦县居民示威活动的 28 页小书——《必由之路：为环境正义而战》—— 正式出版，书中首次使用了"环境正义"（Environment Justice）一词来称谓这场新的环境运动。围绕这个新概念逐渐形成了一个具有典型社会学风格的研究领域。同年，美国联合基督教会种族正义委员会在《有毒废弃物与种族》的研究报告中，正式将长久隐藏于美国社会底层的环境正义问题公之于众，将其推到了环境保护关注的前沿。

1991 年 10 月，华盛顿召开了"第一次全国有色人种环境领导高峰会"，会议的目的是要强调有色人种环境保护组织的自主性和为自己发言的权利。"环境正义"被列入社会和环境的议程之中，经过激烈辩论，大会达成协议并正式宣告了"环境正义"者们的立场。美国的环境正义运动经由这次会议被推向高潮。此后，世界各地的人们发起了更多的环境正义运动，不仅涉及了更广泛的地理范围，也逐渐发展为关注对不发达国家和地区的掠夺、对全球土著人的迫害、跨国企业对全球资源的攫取，以及性别不平等等现象。越来越多的学者加入到关于环境正义的研究和讨论中，不断发展环境正义的内涵。

（二）环境正义的内涵

20 世纪 80 年代至今，学界对"环境正义"的界定较为丰富。1988 年，Stretesky 和 Hogan 等人撰文把"环境正义"定义为：不论种族、财富及社会地位，所有人群及组成的社区应当共同承担环境污染物产生的不利影响。[1]1997 年，环境正义问题国际研讨会在澳大利亚墨尔本大学召开，会议将"环境正义"定义为：减少在国家、国际与世代之间，因不平等关系而导致的不平等环境影响。[2]

---

[1]　Stretesky P & Hogan M J. "Environmental Justice: an Analysis of Superfund Sites in Florida". *Social Problem*, 1998, 45 (2), pp. 268-287.

[2]　李培超、王超：《环境正义刍论》，《吉首大学学报（社会科学版）》2005 年第 2 期，第 28 页。

美国联邦环保局（EPA）的定义是：任何人不论种族、肤色、国籍或收入，均会受到平等对待，并可有效参与到环境法规和政策的制定、实施和执行之中。[1] 平等对待是指工业、政府和商业运营或政策带来的消极环境后果不应由任何群体来承受。有效参与是指：①公众有机会参与到可能影响其环境或健康的事务的决定中；②公众意见对监督机构的决策能够产生影响；③公众的担忧会在决策机构做出决定的过程中予以考虑；④决策者寻找和促进具有潜在影响的参与。[2] 日本学者户田清认为，环境正义是指在降低整个人类生活环境负荷的同时，对环境资源的享受（获益）和对环境破坏的负担（受害）都要遵循公平原则，以此达到环境保全和社会公平同步实现的目的。佩罗（David Pellow）则从环境不公正的角度加以界定，认为"环境不公正"是"度量环境质量与社会阶层之间关系的标尺……基于社会不平等的结构性问题……环境权力、资源和负担在社会中的不公正分配"[3]。

其实西方大部分关于环境公正的研究都是间接地通过定义和分析"环境不公正"而展开的。例如研究有害废弃物堆积地和处理场所在不同种族、不同社会阶层、不同收入群体聚居区内的不公平分布，并由此提出"环境种族主义""生态女性主义"等概念，这些研究通过分析不公正现象来阐述其呼吁的"环境正义"主张。

此外，印度生态主义者古哈（Ramachandra Guha）的研究也值得关注。1994 年，古哈发表了题为《激进的美国环境保护主义和荒野保护 —— 来自第三世界的评论》的著名文章，介绍印度的环境斗争。[4] 当时的印度也像其他落后国家和地区一样，"穷人环保主义"的环境保护运动要求实现"环境正义"的呼声高涨。古哈回应了这种呼声，指出印度的环境问题有两个方面与西方存在差异。首先，印度环境退化所带来的各种问题对穷人、无地农民、妇女和部落等社会群体造成了最严重的伤害。对他们而言，如何生存下去才是首要问题。其次，印度环境问题的解决涉及平等问题及经济和政

---

[1] 张斌、陈学谦：《环境正义研究述评》，《伦理学研究》2008 年第 4 期，第 60 页。

[2] 引自刘海霞：《环境正义视阈下的环境弱势群体研究》，中国社会科学出版社 2015 年版，第 52 页。

[3] David N. Pellow. "Enviromental Inequality Formation: Toward a Theory of Enviromental Injustice". *American Behavioral Scientist*, 2000, 43 (4), pp. 581-601.

[4] 王韬洋：《"环境正义运动"及其对当代环境伦理的影响》，《求索》2003 年第 5 期，第 161 页。

治资源的重新分配。因此，"环境正义"在印度的实现路径是把对自然的使用权从国家和工业部门那里夺回，把它交回到真正生活在自然环境中却正被排挤到自然之外的农村社区。[1]

环境正义理论的代表人物温茨（Wenz）提出同心圆理论作为思考环境正义问题的框架。该理论从多元正义的角度广泛涉及处理国际环境正义的原则，处理国家内部代内环境正义的原则，处理代际、种际以及人与无机环境之间的正义原则。它特别强调个体在环境事务中的义务，尤其是在亲密性关系中彼此的义务数量和义务强度，具有积极的指导意义。[2]另一位代表人物布拉德（Bullard）也提出了环境正义的四个框架性建议：一是体现所有个体免受环境退化侵害的权利原则；二是将公共健康预防模式作为首选策略；三是将举证责任转移给那些造成损害、歧视或没有对不同种族、少数民族或其他需要保护的阶级给予同等保护的污染者或责任者；四是通过有针对性的行动和方法纠正不成比例的压力。[3]这些观点都是基于对一个无可回避的问题"谁得到了什么，为什么和得到了多少"的思考而提出的。

虽然学者们的定义各有侧重，但是对"环境正义"内涵的核心要素的把握大同小异。所谓环境正义，一般是指所有人都平等享有秩序、整洁及可持续性环境的自由以及免受环境破坏的危害之权利，无世代、国籍、民族、种族、性别、教育、区域、地位、贫富等之分。环境正义的主要目的在于有效地保护人们平等的环境权利，并尽量减少人们之间因不平等关系而导致的不平等环境影响，从而维护人们的价值与尊严。环境正义的实质是环境责任和生态利益的合理分担和分配，由此能够清晰地看到生态危机的社会根源以及解决生态危机所应采取的正确应对方略。

围绕环境正义的理论研究也取得了长足发展：有学者在环境正义的基础上提出"气候正义"概念，把它与人权保护相结合进行系统阐释；[4]有学者把环境正义升级

---

[1] 王韬洋：《"环境正义运动"及其对当代环境伦理的影响》，《求索》2003年第5期，第161页。

[2] ［美］彼得•S.温茨：《环境正义论》，朱丹琼、宋玉波译，上海人民出版社2007年版。

[3] Bullard, Robert D. *Confronting Environmental Racism: Voices from the Grassroots*, Boston: South and Press, 1993, p.203.

[4] Humphreys, Stephen. *Human Rights and Climate Change*. Cambridge: Cambridge University Press, 2010, p. 347.

为生态正义，在追求人类内部环境利益和负担的公平分配之外，拓展到在人类与世界上其余物种甚至存在物之间追求环境利益和负担的公平分配；[1] 还有学者提出"空间正义"概念，把空间要素引入环境问题分析，从整体宏观的视角探讨不同利益群体在地理环境资源占有与使用上的差别。

（三）环境正义的多维属性

环境正义的内涵在环境正义理论多元化发展的推动下得以不断丰富和深化：

从性质角度出发，可划分为程序意义上的环境正义（强调各种国际、国内环境法规的制订、执行、标准是普遍适用的）、分配意义上的环境正义（关注环境利益和负担分配公正的实现方式和途径）、矫正意义上的环境正义（在环境利益和负担分配结果有失公平、环境决策过程有失公正的情况下，对分配结果和决策过程实施再调整以达到一种平衡状态）。

从时空角度出发，可划分出种际正义（人与自然之间）、代际正义（人类不同代际之间）、代内正义（其中主要包括发达国家与发展中国家之间的国际正义、先发民族与后发民族之间的族际正义、发达地区与落后地区之间的域际正义、强势群体与弱势群体之间的群际正义等）。这些正义问题是基于环境权利与环境义务的对等性而提出的。其中，代内正义是代际正义和种际正义的基础和前提。原因在于代内正义具有现实性和紧迫性，代内正义优先将有利于创造出必要的物质条件（财富和生态环境等）和制度条件（经济、政治、社会、文化等多种制度）以助于其他环境正义问题的解决。

美国学者布拉德（Bullard）在其代表作《美国南部的垃圾倾卸：种族、阶级和环境质量》中，把环境正义区分为程序正义（社会管理的法律、法规、评价标准和执法活动在多大程度上以不歧视的方式实施）；地理正义（有色人种和穷人社区被选作危险废物处置场所的问题）；社会正义（关于种族、民族、阶级、政治权力等社会因素怎样影响和反映到环境决策上的问题）。[2] 此外，也有学者从承认正义、制

---

[1]　Bosselmann, Klaus. "Ecological Justice and Law". Benjamin J Richardson, Stepan Wood. *Environmental Law for Sustainability*: *A Reader*. Oxford: Hart Publishing, 2006, p. 129.

[2]　David E. Newton. *Environmental Justice: Reference Handbook*. Colifornia, International Horizons Inc.,1966. 转引自朱布楼：《可持续发展伦理研究》，江苏人民出版社 2006 年版，第 162 页。

度正义和分配正义三个层面来展示环境正义。

上述这些划分从不同角度对环境正义进行了深入细致的剖析，对于理解环境正义的内涵并把握其外延有积极意义。

（四）环境正义的原则

强调环境正义是为了最终实现社会正义，反之，摆脱各种社会不公是解决环境非正义问题的关键。环境正义原则并不全然等同于社会正义原则。1991 年，在美国华盛顿召开的"第一次全国有色人种环境保护领导人高峰讨论会"从 17 个方面系统阐释了"环境正义原则"：

（1）尊重地球及生态系统：环境正义要求人类应尊重我们赖以生存的地球、生态系统及所有物种之间的相互依存关系，不容有任何生态破坏。

（2）人类应互相尊重，彼此平等：环境正义要求所有公共政策应以所有人类之互相尊重及平等为基础，不容有任何歧视或差别待遇。

（3）永续利用：环境正义支持人类及所有生物对土地及可再生资源进行合乎伦理道德以及平衡的、负责任的利用，以维系地球之永续。

（4）反核及危害生存之毒物：环境正义呼吁全面反对核试验、生产以及任何危害洁净空气、水、土地及食物之毒物或废弃物处理。

（5）尊重所有人之自主权：环境正义强力主张所有人类在政治、经济、文化及环境上均有其基本的自主权。

（6）停止再生产并有效管制有毒物质：环境正义强力主张停止生产有毒物质、放射物质及有害废弃物；所有生产者于制造该等物质时即应以负责之态度考虑到如何消除或控制毒物。

（7）全面及平等之公众参与：环境正义主张社会大众在各种层级之决策中均有平等之参与权，包括：需要性评估、计划、执行、执法行动及绩效评估各阶段。

（8）安全及健康之工作环境：所有工作者均有权享受安全及健康之工作环境，并不会因要求安全之工作环境而被迫失业。在家庭中之工作者亦享有免受有害物质威胁之权利。

（9）合理赔偿及救治：对于因环境不正义之受害者应给予合理而充分之赔偿及身心之救治，其所受之害应予复原。

（10）环境不正义为违反国际规范之行为：环境正义认为任何不正义之行为均系违反国际法令、世界人权宣言及联合国反计划性屠杀公约。

（11）统治权和自主权之调和：环境正义应允许原住民和美国政府之间透过条约、协议及契约等方式建立相关之法律及自然关系，寻求统治权及原住民间之和谐。

（12）重建和自然和谐的城乡并尊重社区文化：环境正义主张应建立城市及乡村之生态政策，以净化并重建和自然和谐的城乡，尊重所有社区之纯洁文化，并协助所有人类有均等之机会接近大自然资源。

（13）严守充分说明及协议原则，并停止以有色种族进行医药及疫苗试验。

（14）反对跨国公司之破坏行为：环境正义反对跨国公司之破坏性行为。

（15）反对军事占领、镇压及对土地、文化之破坏：环境正义反对军事占领、镇压以及对土地、人类、文化或任何其他生命之开发破坏。

（16）加强社会及环境议题之全民教育：环境正义主张对我们这一代及下一代人类，以文化多样性之肯定及经营为基础，加强社会及环境议题之全民教育。

（17）改变生活形态，减少耗费资源及废弃物：环境正义主张我们每一个人均应更加珍惜地球的有限资源，减少不必要的消耗及废弃物，并发挥良知、改变生活形态，以确保我们这一代及后世自然资源之永续及健康。[1]

这 17 条原则成为逐渐壮大的环境正义运动的指导性文件。加之"环境正义运动的高涨和学者、专家对环境正义激烈的讨论，促进了美国政府于 1994 年 2 月 11 日颁布了《对少数民族和低收入人群实施环境公正的联邦条例》"，其中要求"联邦政府为了达到环境正义的目标，必须关注少数民族和低收入阶层在社区的环境和人类健康状况"[2]。随着环境正义运动的发展，环境正义问题也成为环保运动的重要内容，其"除了要求公平地分配经济发展所带来的环境负担意义以外，还要求公平地分配环境保护所需的成本，公平地分享环境保护所带来的成果。同时，纠正和结束地区和国际层面的环境不公正也是现代环境正义运动的一项重要内容"[3]。

---

[1] 李培超、王超：《环境正义刍论》，《吉首大学学报（社会科学版）》2005 年第 2 期，第 28—29 页。

[2] 李奕、韩广、邹甜：《浅议美国的环境公正》，《中国环境管理》2004 年第 3 期，第 26 页。

[3] 杨通进：《环境伦理：全球话语 中国视野》，重庆出版社 2007 年版，第 356—357 页。

二、环境正义的性质解读

环境正义就其性质而言，可表现为环境程序正义、环境分配正义和环境矫正正义。

（一）环境程序正义

环境程序正义作为环境正义的一个维度，与程序正义有着密切联系，但也不能简单地等同之。要明确环境程序正义的基本内涵，首先需要澄清何谓程序正义。罗尔斯（Rawls）高度肯定程序正义的价值，指出正义是程序正义之结果。相较于程序的确定性而言，结果的不确定性非常大，因此只要程序本身是正义的，那么无论它所达成的结果是什么，它们也都是正义的。[1] 萨托利（Sartori）指出，平等对待和平等结果本身就多种多样，而且在基本方法上背向而驰。平等对待所要求的是不管人类存在怎样的差别，他们在若干方面应当得到平等对待；平等结果所主张的是人类不应当有差别，而且应当复原到早期的无差别状态……然而平等对待并不导致平等结果，反之，平等的最终状态需要不平等对待。坦白地说，真相是要想得到平等结果，就要受到不平等对待。[2] 一言蔽之，只有程序正义才会带来结果正义。

程序正义没有明确统一的界定，但多强调平等地依法参与和行动。例如，赵旭东认为，程序正义是一种法律精神或法律理念，正当的程序是任何法律决定的必经之路和必备条件，程序的正当性体现为特定主体根据法律规定和法律授权所做出的与程序有关的行为。[3] 美国国家环境保护局（EPA）对环境正义的定义也是从程序正义角度进行的界定。既强调对公民环境权的尊重与维护，也体现对民主决策及公众参与的重视。

基于已有的研究，可以明确环境程序正义并非平等分配某种环境利益或机会，而是涉及环境利益或负担划分的决策过程，该过程能够对利益相关者的关切予以平

---

[1] 姚大志：《一种程序正义？——罗尔斯正义原则献疑》，《江海学刊》2010 年第 3 期，第 32 页。

[2] 万尼·萨托利：《民主新论》，冯克利、阎克文译，上海人民出版社 2008 年版，第 385 页。

[3] 赵旭东：《程序正义概念和标准的再认识》，《法律科学》2003 年第 6 期，第 90 页。

等关心和尊重。在多数情况下，导出结果的程序是否公正在很大程度上决定了结果是否正义。环境程序正义的实现需要在环境决策中鼓励动员弱势群体的民主参与、协商，不仅要求注重民主参与环境决策的过程，而且要关注环境决策的过程是否旨在产生公平的结果。[1]

泰勒（Tatar）认为，话语权、尊严、信誉和中立性是影响人们感知过程公平与否的四个具体因素。当人们在决策过程中享有话语权、充分参与、受到相应尊重、信任决策者能够保持公正、相信决策过程没有偏见时，人们便会相信程序是公正的。[2]根据泰勒对程序正义基本要素的总结，结合环境正义相关理念，可以将环境程序正义的要素归纳如下：首先，应保障公众充分而有效地参与环境决策过程，尤其要保障弱势群体参与决策的机会，确保环境利益相关者意见表达渠道畅通，确保弱势群体在环境决策中的话语权；其次，在环境决策过程中，要充分认真聆听不同利益群体的主张和心声，不因身份、地位、种族、民族、性别、年龄、职业、宗教等社会性特征的影响而有所偏重或忽略，尊重人们的差异，同等接收和重视他们的意见；再次，环境决策过程应信息透明、公开公正，让人们对政府产生信赖感，相信环境决策过程公正无偏斜；最后，在环境决策过程中，政府要秉持公正、客观中立的原则，排除利益集团等相关因素干扰，合理分析环境利益和负担在不同群体之间的影响进而理性决策。[3]

（二）环境分配正义

绝大多数正义理论关注的核心问题即是分配问题。环境分配正义是确定环境利益的划分和环境负担的承受该如何实现社会公正的问题。其主要内容是在各公民、群体、地区之间实现环境利益的公平分享、环境负担的公平分摊、环境风险的公平负担和环境责任的公平分配。美国环境伦理学家温茨在《环境正义论》中指出："与

---

[1] 李春林、王耀伟：《环境正义的多维属性探究》，《河北工业大学学报（社会科学版）》2019年第1期，第53页。

[2] Tatar J R, Kaasa S O, Cauffman E. "Perceptions of Procedural Justice among Female Offenders Time Does not Heal all Wounds". *Psychology, Public Policy, and Law*. 2012, 18 (2), pp.268-296.

[3] 李春林、王耀伟：《环境正义的多维属性探究》，《河北工业大学学报（社会科学版）》2019年第1期，第54页。

环境正义相关的首要议题涉及到分配正义……环境正义的焦点在于，在所有那些因与环境相关的政策与行为而被影响者之间，利益与负担是如何分配的。它的首要议题就包括了我们社会中的穷人和富人之间进行环境保护的负担分配，同样，也要在贫国和发达国家之间，在现代人与后代人之间，在人类与非人类物种尤其是濒危物种之间，对自然资源如何配置。"[1] 温茨不仅明确了环境正义的本质是分配正义，而且阐明了环境正义的适用范围。由此可以看出，环境分配正义有利于缩小贫富之间、强弱之间的差距。布尼安·布赖恩特（Bryant）也认为环境正义应该以分配正义为主，他从共同体可持续发展的视角出发，认为环境正义是有关"公共机构的政策、法规、决策以及文化规范与行为所支持的可持续发展，如此才能够保证共同体中的人们在一个安全、滋养且富有生产力的环境下互动、生活"[2]。他的观点体现了以分配正义促成可持续发展的立场。

不同群体之间因制定分配规则考量的出发点不同，关于环境利益和负担的分配方式、方法以及结论也大相径庭。如何分配环境利益与负担没有绝对标准，分配正义也是相对而言的。那么环境分配正义能否实现呢？罗尔斯的"最少受惠者的最大利益"原则或许能够提供一定启示。罗尔斯认为，平等的原初状态对应于传统的社会契约理论中的自然状态，是用来达到某种确定的正义观中的纯粹假设状态；在一种无知之幕的背后选择正义的原则，可以保证任何人在原则的选择中都不会因为自然的机遇或社会环境中的偶然因素得益或受害。[3] 然而，在实践层面，这种观点很难立足。"无知之幕"的理想条件在制定环境利益和负担分配规则时几无可能，换言之，环境决策者多少都会受到利益诱导、绩效考核等因素影响。亚里士多德早就告诫我们，所有关于分配正义的理论都具有歧视性，问题在于哪一种歧视是公正的？

无论承认与否，现阶段的环境分配正义主要涉及环境风险的分担、环境伤害的承受、环境责任的承担、环境负担的分摊等。高污染、高消耗的工业生产造成的环境损害最终会转嫁到无辜者身上，高消费、高享受的生活方式造成的资源浪费最终

---

[1] [美]彼得·S.温茨：《环境正义论》，朱丹琼、宋玉波译，上海人民出版社2007年版，第4页。

[2] Bryant B I. *Environmental Justice: Issues, Policies, and Solutions*. Washington, D.C.: Island Press, 1995, p. 23.

[3] [美]约翰·罗尔斯：《正义论》，何怀宏等译，社会科学出版社1988年版，第26页。

会分摊到贫困者头上。环境分配正义必须慎重考虑行为主体所承担的义务和造成的环境负担对等，所得利益与对环境的有益程度对等。因此，分配正义必须考虑让那些从环境污染、资源消耗中受益更多的人，承担更多的环境责任，让那些从中受益较少，甚至无辜受害者承担较少的环境责任，必要时还要给予补偿或赔偿。

总之，环境分配正义需要注重种际、代际、区际、群际之间的公平，走上可持续发展之路。需要在遵循社会发展规律的前提下，客观分析不同世代、地区、群体所受环境负担的影响差异、环境风险承受能力的差异及环境破坏与环境责任的对等关系的差异等，最大限度地考虑和权衡弱势群体的利益，尽可能地将环境责任进行量化分析，责任配给因人而异，允许多种分配方式并存。

（三）环境矫正正义

环境矫正正义涉及对环境违法行为的公正惩罚，对其所造成的环境损害的公正处理，以及承担弥补自己致损的过错责任。虽然其补救办法可能具有补偿正义（即财产损害赔偿足以使环境受害者恢复到损害发生之前的状态）的意味，但"矫正"一词表示仅凭财产损害赔偿无法弥补不公正行为导致的损害。[1] 布拉德（Bullard）在其环境正义框架中主张对环境污染制造者严格问责，由污染者承担举证责任以便于对环境损害的受害者进行损害赔偿，这就是环境矫正正义的体现[2]，即环境污染的制造者不能仅仅赔偿了之，还要承担举证责任，承受问责。

环境矫正正义是针对环境利益和负担分配结果显失公平、环境决策过程有失公正，进行再调整以达到一种平衡状态的最终保障。简言之，通过对结果不公的现象或行为进行矫正以实现最终结果正义之目的，即为环境矫正正义。具体而言，环境矫正正义主要是对环境领域中存在的环境侵权损害问题进行修复，对环境恶物的不公平分配带来的可能后果予以矫正。环境矫正正义的一般实现路径是向造成环境损害后果的污染者、生产者和污染保护伞的提供者追偿，利用违法者自身的资金去弥补环境损害，在污染者自身资产不足以弥补环境损害结果的时候再行动用环境保护

---

[1] Todd J. "Trade Treaties, Citizen Submissions, and Environmental Justice". *Social Science Electronic Publishing*, 2017, 44 (1), pp. 89-146.

[2] Bullard R D. *Environmental Justice for All*：*It's the Right Thing to Do*. J.envtl.l. & Litig, 1994, pp. 281-300.

公益基金。资金动用的方式不是直接对环境污染受害者进行金钱补偿，而是把资金用于改进生产工艺、提高资源利用率、开展污染治理、恢复受损环境等方面。环境矫正正义是对环境法以环境污染损害的预防为主、治理为辅的基本理念的补充，其通过对特定环境损害行为的违法者进行追溯性制裁以求达到惩戒效果。

环境矫正正义的"矫正"功效对环境正义的实现有着不可替代的作用。矫正不公或缺失都将造成环境侵权责任失衡，致使环境非正义蔓延和社会不公事态的扩大，因而环境矫正正义是环境正义实现的最终保障。[1]

三、环境正义的时空阐释

从时空角度阐释环境正义呈现出的是一个宏大而具体的场景。在空间线索上，国内环境正义与国际环境正义复杂交错；在时间线索上，代内正义和代际正义争论不休。拓展开来，甚至还包括种内正义和种际正义。环境社会学更强调从人际关系的角度来审视环境正义。

（一）代内环境正义

代内环境正义是指同时代的人们在对待和处理环境资源时产生的正义问题。根据代内这一时间定位，可以从空间维度划分出国内环境正义和国际环境正义。

1. 国内环境正义

国内环境正义是单一国家内部不同民族、种族、性别、阶级或地位的人们在享用环境或负担损害上的正义性问题。其核心任务在于减少国内因不平等的社会关系而导致的不平等的环境影响，使所有人都享有平等的环境权利。在民族国家范围内，环境非正义问题非常普遍，利益群体和地域不平等是国内环境正义问题的主要体现。

（1）群体不公正：

群体层面的环境问题是社会性因素（例如阶层、性别、种族、地位等）与环境权益、责任分配的关系问题，即前者怎样影响后者、后者如何反映前者。长期致力

---

[1] 关于环境程序正义、环境分配正义和环境矫正正义的相关内容，可详细参阅李春林、王耀伟：《环境正义的多维属性探究》，《河北工业大学学报（社会科学版）》2019年第1期，第50—56页。

于土著民族权利恢复运动的上村莫明指出，地球环境问题并不是同时且平均地对所有人产生影响和冲击，这是对人类社会内部差别和压迫社会弱者的反映。朱莉·施（Julie Sze）指出，环境正义是一项政治活动，与环境种族主义的公共政策问题相关。[1]卢克·科尔（Luke W. Cole）等人认为，"环境正义"这一术语比环境种族主义的使用更加广泛，出现在"受到毒物攻击的社区的现行政治经济中，包括种族和阶级两个层面"[2]。

种族与环境污染在地理分布上关系密切。美国社会学家布拉德揭示了北美原住民的现状，印第安人的土地已成为废物扔弃的首选之地。美国环境种族主义的出现既源于对原住民、少数族裔的歧视，也是寻求"最无力抵抗路径（path of least resistance）"的结果。一些企业和地方政府在选择废弃物存放地点时，会首先考虑阻碍或成本，挑选那些不太会抵制废弃物存放或土地极其便宜的地方（这些地方往往也是抵制力弱小的地方），致使欠发达地区或少数族裔集聚地更容易遭受有毒废弃物侵害。[3]

从社会政治和经济新殖民的视角以及生态帝国主义的历史语境来看，这一过程可以被视为一种"垃圾帝国主义"。某些偏向性的保护措施以践踏弱势族群的利益为基础，本质上是一种环境种族主义行为。印第安保留地变成"环境牺牲区"，其在社会和生态方面的双重脆弱性造成了"新殖民种族主义和环境恶化之间的概念联合"[4]，使"对种族的压迫与对环境的压迫互为关联，并相互支撑"[5]。

---

[1] Sze J. "From Environmental Justice Literature to the Literature of Environmental Justice". Joni A,et al. *The Environmental Justice Reader: Politics, Poetics and Pedagogy*. Tucson: University of Arizona Press, 2002, pp. 163-180.

[2] Cole L W, Foster S R. *From the Ground up: Environmental Racism and the Rise of the Environmental Justice Movement*. New York and London: New York University Press, 2001, p. 15.

[3] 周杰灵、严火其：《集约化养猪环境正义：美国北卡州经验及启示》，《自然辩证法研究》2019 年第 2 期，第 71—77 页。

[4] Hartmann S B. "Feminist and Postcolonial Perspectives on Ecocriticism in a Canadian Context: Toward a Situated Literary Theory and Practice of Ecofeminism and Environmental Justice". Catrin G, et al. *Nature in Literary and Cultural Studie: Transatlantic Conversa—tions on Ecocriticism*. Amsterdam: Rodopi, 2006, pp. 87-110.

[5] Curtin D. *Environmental Ethics for a Postcolonial World*. Lanham: Rowman & Littlefield, 2005, p. 145.

在"社会达尔文主义"思想的影响下，美国社会直到20世纪80年代还有人把贫穷、不幸、饥饿与无能、鲁莽、懒惰联系在一起，认为弱者受强者排挤，并处于艰难和痛苦的境地都是上帝的旨意，是他们咎由自取的结果。在这些人看来，"垃圾"一样的人就该跟垃圾待在一起，以此体现出上帝的伟大和远见卓识。大卫·哈维（David Harvey）指出，那种认为只有被视作垃圾的人才能消化垃圾的逻辑，将弱势群体同污染、败坏、不洁及堕落相联系，使其形象刻板化，并受到污蔑。[1]被蔑视及承认缺失或扭曲的道德体验同有毒废弃物一样，在现实生活中会给弱势群体带来伤害，并且往往会激起人们的反抗。[2]

这里的弱势群体，在美国包括有色人种、非裔美国人、西班牙人、贫困社区居民等，在日本主要指从事传统产业的阶层，例如渔民、半农半渔民等。通常而言，主要是有色人种、少数族裔、农民、贫困者、女性等，归纳起来可划分为环境资源匮乏群体、环境利益受损群体、环境风险承担群体和环境污染受害群体四种类型。[3]大量实证研究证实了他们与环境损害和污染之间的关联紧密。强势群体有机会和条件去影响决策，而弱势群体的民意代表较少，发言力量也微弱。因此弱势群体的人们常常成为环境破坏与污染的最直接受害者。国内外关于环境抗争的研究也多反映出抗争主体的弱者身份。

（2）地域不公正：

在国家内部，存在因政策关注差异、地域发展水平差异、地域经济社会发展的地位和影响差异等因素而产生的环境非正义问题，主要表现为城市将污染严重的工业产业向城郊转移，将大量生产生活毒物、废弃物等向农村排放处理，以此保证城市良好的生态环境，但却牺牲了农村的自然生态环境，严重危害村民的生产和生活。

城乡二元社会结构直接影响城乡环保政策制定、环保设施建设的不公正。环境保护政策重点考虑城市，例如更可能利用政策安排将垃圾处理厂设置在乡村附近，垃圾采取集中处理，将环境风险转嫁给少数人以保护多数人的利益。城市公共环保

---

[1] [美]大卫·哈维：《环保的本质和环境运转的动力》，马丁译，南京大学出版社2002年版，第304—305页。

[2] [德]阿克赛尔·霍耐特：《为承认而斗争》，胡继华译，上海人民出版社2005年版，第168页。

[3] 刘海霞：《环境正义视阈下的环境弱势群体研究》，中国社会科学出版社2015年版，第5页。

设施的投入量也远远高于乡村，包括生活垃圾处理系统、污水排放系统等，乡村始终处在追随城市步伐而从未平行发展或是超越的状态。甚至在环境保护专项费用方面也是城市多乡村少。

冯仕政指出，社会政治、经济资本在城市与乡村的不均衡分布拉大了城市与乡村居民抵抗环境风险能力的差距，政治经济社会资本以及强大的社会网络资源一定程度上可以改变环境风险分配的格局。研究发现认知水平越高、社会关系网络越庞大的城市人群对环境危害做出抗争的可能性越高，反之则沉默。[1]

与城市居民对环境风险认知程度高、行动力强不同，农村居民对环境危害的反应更多受制于乡村经济、政治结构和人情关系网络。乡村作为兼具乡土底色与经济理性的生活共同体，同住一个村的共同体意识使村民面对环境污染首先表现出了容忍态度，同时乡村企业提供就业就会，创造经济利益，村民的经济考量进一步遏制了村民对环境危害的抗衡冲动，当然这与村民并未深刻体会到环境污染的严重危害直接关联，符合费孝通指出的差序格局下以私为中心的行为逻辑。[2]日本学者户田清指出，社会结构中的精英主义是人们在享受环境利益、遭受环境损失以及在环境责任分担上的不公正的起源，环境问题上的不公正起因于不平等的社会结构，要解决环境正义必须要首先实现社会正义。[3]

2. 国际环境正义

国际环境正义是指各地区、各国家享有平等的自然资源的使用权利和可持续发展的权利。然而，基于不平等的国际政治经济秩序，发达国家与发展中国家之间的环境非正义也愈演愈烈。沃勒斯坦的"世界体系理论"有助于理解国际环境不公正的根源。沃勒斯坦根据各国在世界政治经济体系中的地位，把全球诸国划分为"核心、半边陲和边陲"三个层次，这种全球结构体系具有相对封闭性，三者的地位相对稳固。国际政治经济结构的不平等导致各国在环境问题上的不平等。半边陲和边陲国家对

---

[1] 冯仕政：《沉默的大多数：差序格局与环境抗争》，《中国人民大学学报》2007 年第 1 期，第 122—132 页。

[2] 孙旭友：《"关系圈"稀释"受害者圈"：企业环境污染与村民大多数沉默的乡村逻辑》，《中国农业大学学报（社会科学版）》2018 年 02 期，第 63—70 页。

[3] 洪大用、龚文娟：《环境公正研究的理论与方法述评》，《中国人民大学学报》2008 年第 6 期，第 75 页。

于核心国而言，既是廉价自然资源的来源地，也是废弃物转移地。发达国家对发展中国家制定单边"绿色壁垒"，限制发展中国家的出口贸易。[1]

（1）国际环境非正义的表现：

发达国家通常凭借着相对经济优势与环境开发条件，在全球范围内输出环境成本、巧取环境资源，造成严重国际环境污染与资源分配不均问题。一方面，富有国家以较少的人口消耗浪费着最多的资源，并制造大量废弃物；另一方面，贫穷国家被迫承受各种污染与环境破坏，却得不到充足的资金和技术补偿。

国际环境非正义首先表现为利用发展中国家对环境红利的依赖，以"自由贸易"的方式将资源密集型产业转移到发展中国家。西方发达国家在工业化即将完成的时候开始了污染治理，并构建了国家内部的社会补偿机制。时至今日，他们只将企业总部和研发中心留在环境良好的国内，将一些高耗能重污染的产业向发展中国家转移。有资料显示，自20世纪60年代以来，日本将国内60%以上的高污染产业陆续转移到东南亚以及拉美等欠发达国家和地区。美国也将40%以上的高污染、高消耗产业转移到其他国家。[2] 发展中国家的自然资源被过度消耗，生态环境被严重污染。

发达国家向发展中国家出口垃圾和有毒废弃物，在清洁自身环境的同时，把发展中国家变成自家的垃圾场。1991—1994年，美国向10个国家出口了2600万吨有毒杀虫剂。据联合国环境署统计，发达国家产生的有害废物占全球产生量的95%。从1997年到2005年的八年间，英国运往中国的垃圾数量涨了158倍，仅2005年就向中国运送垃圾190万吨。美国每年要把将近60%的电子垃圾出口到中国。美国也曾与几内亚政府签订协议，约定几内亚五年内接受来自美国的15吨有毒废物，美国就以"处理费"之名提供六亿元美金的资金支持。由此可见，发达国家的"发达"是以牺牲发展中国家的环境资源为代价的，正如戴维·佩珀（David Pepper）所隐喻的那样，发达资本主义的这个"优雅的超出寻常的饭店的精美外观，只有通过一系列日益肮脏和令人恶心的后房和厨房才能成为可能"[3]。

---

[1]　[美]伊曼纽尔·沃勒斯坦：《转型中的世界体系》，社会科学文献出版社2006年版。

[2]　梁巍：《后发展国家生态环境困境的反思及其应对》，《哈尔滨师范大学社会科学学报》2019年第4期，第17页。

[3]　[美]戴维·佩珀：《生态社会主义：从深生态学到社会正义》，山东大学出版社2012年版，第111页。

发达国家凭借经济和技术上的优势，"巧取"发展中国家的自然资源，独占环境收益并进行污染输出。一些贫困国家在无奈中成为被富国操纵的市场以及廉价劳动力和生产资料的来源地。尽管发展中国家可以借鉴发达国家的经验治理污染但是却没有足够的资金以及技术支持，尽管一些发展中国家可以依赖发达国家提高GDP，但是却会由于能源环境制约而不能持续，由于资源环境的过度破坏而被抵消。中国作为世界上最大的原料出口国，全世界 80% 以上的药品都依赖中国的原料药，这使得我国的自然植被和物种多样性遭到严重破坏。

如此一来，发展中国家面临的环境成本压力陡然而升、难以承受。资料显示，在 2003—2011 年，发展中国家的环境成本高达 20.79%—23.02%，而发达国家的环境成本仅为 3.99%—4.22%[1]，两者差距明显。造成这种差别的原因是多方面的，发展中国家自身要承担一定责任。环境政策相对宽松、环境执法疲软，工业生产技术相对落后、能源利用率低，政府基于财政需求而做出饮鸩止渴的行为 [2] 等，都是发展中国家面临的制约。但是，更重要的原因还在于发达国家实施的"生态殖民"。

（2）生态帝国主义作为其根源：

探究发展中国家生态危机的本质和根源不难发现，全球化背景下发展中国家遭遇了"生态帝国主义"的"生态殖民"。生态学马克思主义者阿格尔（Agger）指出，资本主义向发展中国家输出自然污染产业的做法本身就是对殖民统治思想的延续。佩珀也强调发展中国家在生态环境方面有着天然的劣势，资本主义国家能够利用国际贸易中的不平等规则，通过市场手段损害发展中国家的生态环境。

福斯特（Foster）对生态帝国主义的分析尤为深刻。他认为不能单纯地从生态学角度去理解生态帝国主义，它是与政治、经济、文化密切相关的政治经济现象。"帝国主义"与"资本主义"两个概念密不可分。帝国主义的扩张是资本主义寻求利润的必然选择，都是资本主义体系的一部分。"资本不管不顾，只一味进行指数式的扩张，强行实施毁掉地球的策略，全球生态危机的日益加剧正是这种快速全球化的

---

[1] 梁巍：《后发展国家生态环境困境的反思及其应对》，《哈尔滨师范大学社会科学学报》2019 年第 4 期，第 17 页。

[2] Pellow David N, Adam Weinberg, and Allan Schnaiberg. "The Environmental Justice Movement: Equitable Allocation of the Costs and Benefits of Environmental Management Outcomes". *Social Justice Research*. 2001, 14(4), pp. 423-439.

资本主义经济不可控制的破坏性结果。"[1]

资本在全球化的过程中依据发展程度的差异，把世界各国区分为中心国家、半外围国家和外围国家。发达资本主义国家处于中心地位，对半外围和外围的欠发达国家实施经济剥削，掠夺资源是其最常规的手段。外围国家出于经济上的原因，必然屈服并依附于、受制于处在中心位置的发达国家。在此基础上，福斯特深刻揭露了生态帝国主义的具体行径："第一，掠夺外围国家的资源，并改变各国所依赖的整个生态系统；第二，攫取和转移与资源相关联的大量人口和劳动力的流动；第三，通过制造和利用欠发达社会的生态脆弱来强化帝国主义的控制；第四，向外围国家倾倒垃圾，实现污染转移；第五，最终形成了资本主义与环境关系的'新陈代谢断裂'，限制资本主义自身的发展。"[2]

资本主义国家出于利益的需要会不断推进自身的扩张，在某些极端情况下，会为了掌控更多的自然生态资源而不惜发动战争。奥康纳（O'Connor）就此指出，后发展国家深陷于资本主义的"不平衡的联合发展"。在资本主义发展过程中存在严重的不平衡的地缘发展态势。一方面，在资本主义国家垄断式经济发展模式下，后发展国家同发达资本主义国家之间对生产原料的占有存在不平衡；另一方面，在"西方中心主义"所引导的生态殖民主义行为模式下，发达资本主义国家对后发展国家资源的掠夺与占有加剧了两者发展的不平衡。

奥康纳认为，在贸易全球化发展的带动下，世界各国的经济发展被联系成为一个整体。发达资本主义国家拥有明显的经济、科技发展优势，可以用更低廉的成本去掠夺后发展国家的资源和劳动力，这不仅极大提升了发达资本主义国家资本积累的规模和速度，也进一步刺激了其掠夺后发展国家的动力和欲望。"资本主义的劳动分工同维护自然界正常运作的外在条件存在着矛盾。发达资本主义国家占有了当今世界绝大多数的经济、科技和人口资源，对于自然环境的本真运作造成严重负担，同时，由于生态殖民主义行为，对于后发展国家在物质生产资料、劳动者等方面的剥削，使得后发展国家的生态资源同样受到破坏，这种情况的延续必然会压缩自然

---

[1] 贾学军：《福斯特生态学马克思主义思想研究》，人民出版社 2016 年版，第 204 页。
[2] 贾学军：《福斯特生态学马克思主义思想研究》，人民出版社 2016 年版，第 204 页。

环境可恢复和改善的空间。"[1]

发达国家与后发展国家的不平衡的联合发展是一个双向过程，即后发展国家劳动人口向城市或发达国家的转移和资本以及相应技术使用向后发展国家的输出。[2] 这种联合发展的后果对于发达国家和后发展国家而言差别甚大。在城市化进程的推动下，后发展国家的人口大量流动到城市或发达国家。对于人口流入地而言，人口大量集中导致竞争加剧，可支配收入相应减少，工作环境标准和福利标准也随之降低。而在人口流失地区，生态环境的保护和维护难以为继，导致生态危机的产生和加剧。与此同时，发达国家的资本和技术也不是盲目流向后发展国家，而是会选择投入到对环境产生严重污染的产业，这同样会导致当地生态环境问题的加剧。一言蔽之，"不平衡的联合发展"一定会导致自然生态环境破坏的加剧。后发展国家因难以摆脱"不平衡的联合发展"而面临巨大的生态压力。

不难发现，在学者们的论述中，生态帝国主义具有帝国主义的所有特质，处于中心地位的资本主义世界无所不用其极地对外围国家进行殖民化的帝国主义统治。发达资本主义国家凭借其后隐蔽的强大的资本力量，不仅像传统帝国主义那样利用强大的军事力量和经济实力压制外围国家，而且借助政策议题设定、理论话语阐释、技术信息供给等方式予以辅助，确立并维护其先驱性或领导性地位。在经济全球化背景下，资本已从生态角度再现其剥削的本性，一切生态资源只被视为可以带来利润的工具而已。资本主义框架下的"不平衡的联合发展"加剧了后发展国家乃至全球自然生态环境的破坏，在它们共同作用下，自然生态被推向了毁灭的境地。

（二）代际环境正义

与代内正义关注同代人或当代人之间的正义问题不同，代际环境正义主要关注的是当代人与后代人之间的环境正义问题。

1. 代际环境正义的提出与争议

当代人是否应当对未来后代承担环境责任的问题，超出了传统的正义问题域。

---

[1] Connor James O'. *Natural Causes: Essays in Ecological Marxism*. The Guilford Press, 1998, p.190.

[2] 贾学军：《福斯特生态学马克思主义思想研究》，人民出版社 2016 年版，第 204 页。

传统意义上的"我们"都是指现实的、客观存在的、有血有肉的，可以直接面对面或借助媒介工具进行互动的人，是生活在相同时空维度的"我们的世界"的人们。传统的正义理论不考虑当代人与未来人之间虚拟的人际关系。随着可持续发展理念的兴起，1972年联合国斯德哥尔摩人类环境大会首次提出"我们不是继承了地球，而是借用了子孙的地球"的观念，认可了当代人对后代人的责任和义务。1987年，世界环境与发展委员会在《我们共同的未来》这一著名报告中，首次把"可持续发展"明确界定为"既满足当代人的需要，又不对后代人满足其需要的能力构成危害"。时至今日，这一理念已在全球范围内达成普遍共识，即环境问题的解决需要一种面向未来的价值思维，需要提倡代际正义。

事实上，代际正义的论争非常激烈，毕竟这不是一种现实的人际关系，后代人处于一种缺场状态而没有在当下决策的话语权。争论的焦点主要有三个。其一是"不知情的争论"。否定代际正义的人认为，我们对未来人一无所知，他们是谁，他们会成为什么人，他们有什么样的利益、需要、喜好等，在这种不知情的情况下，要如何确定我们对未来人的责任和义务，这样做有什么意义呢？肯定者则认为，我们可以推己及人，按照生命存在的最低限度的要求来确定他们的需要，包括干净的水、空气，适宜的气候，免遭有毒物质和疾病的伤害等。其二是"不存在受惠者的争论"。否定代际正义的人认为，作为当代人义务受惠者的后代人目前尚不存在，当代人无法对不存在的人尽义务。况且单方面强调当代人对未来人的责任和义务对当代人而言是不公平的，因为未来人不存在，他们无法对当代人承担责任和义务，这是违背对称性原则的。支持者则认为，代际正义不要求以具体而确定之受惠者的存在为前提，它强调的是当代人对后代人的责任意识。后代人可以区分为"可能的人"与"未来的人"。"可能的人"不一定会出现，但是"未来的人"一定会出现。他们对当代人无法承担义务，但他们也不会伤害当代人。第三是"时间不确定的争论"。否定代际正义的人认为，当代人无法确知自己的决策究竟会对未来的哪一代人产生不利影响，讨论当代人对后代人的责任不切实际。支持者则指出，尽管我们不知道环境危害会对哪一代人产生影响，但是这就犹如在一列长途行驶的列车上安装了定时炸弹一样，虽然不知道炸弹爆炸的具体时间，但乘坐这趟列车的旅客始终处于巨大的风险之中，坐立不安。从这个角度看，当代人破坏环境的行为是不道德的。[1]

关于后代人权利可能性问题的学术争论在今天逐渐烟消云散，学界普遍认识到，代际正义只能是"作为公平的正义"，而不可能是"作为互利、互惠的正义"[2]。当代人需要遵循情感主义的路线，把后代人视为当代人生命和精神的延续，像关心和尊重我们自身权利那样关心和尊重后代人的权利，反思人类自身和环境的关系，热爱人类世代以来赖以生存的地球，我们才能够作为后来人，守护好祖先传承下来的净土；作为前辈人，为子孙后代看护好他们将要继承的碧水蓝天。

2. 代际环境正义的内涵

代际正义思想的产生与发展根植于人类社会现代化的发展进程中，是当代社会正义理论建构的必备项。环境政治学家多布森（Dobson）明确指出："至少从 20 世纪 70 年代开始，任何没有对将未来世代纳入正义共同体的可能性进行讨论的正义理论，都是不完整的。"[3] 自罗尔斯以来，代际正义研究引发了学界的广泛关注。

罗尔斯认为，代际正义问题是"不计时间地同意一种在一个社会的全部历史过程中公正地对待所有世代的方式"[4]。Victor M. Muniz-Fraticelli 指出，罗尔斯用公平正义的平等主义来阐释代际正义的内涵容易遭受两个方面的责难。首先是"后代身份不确定问题"，罗尔斯用个人在社会中占据地位的相关性避开了"身份不确定问题"的陷阱。其次是"正义的双向互惠性在代际无法体现"的问题，罗尔斯认为代的延续是单方向利益流动的观点值得商榷，因为代际间经济交换是双向互惠的。[5]

迈耶（Meyer）从广义和狭义两个角度界定代际正义。广义的代际正义是肯定后代人或者前代人对当代人享有正当权利，当代人对后代人或前代人则要承担相应义务。这意味着代际正义在时间向度上既可以指向过去，也可以指向未来。狭义的代

[1] 杨通进、汤剑波：《伦理学研究进展》，见中国社会科学院哲学研究所编：《中国哲学年鉴 2007》，哲学研究杂志社 2007 年版，第 91—92 页。

[2] 杨通进：《罗尔斯代际正义理论与其一般正义论的矛盾和冲突》，《哲学动态》2006 年第 8 期，第 62 页。

[3] Dobson Andrew. *Justice and Environment: Conceptions of Environmental sustainability and Dimensions of Distributive Justice.* Oxford: Oxford University Press, 1998, p.6.

[4] 罗尔斯：《正义论》，中国社会科学出版社 2009 年版，第 229 页。

[5] 柯彪：《国内外代际正义研究述评》，《许昌学院学报》2016 年第 4 期，第 45 页。

际正义只强调现在的世代对未来的世代负有正义义务。迈耶的广义代际正义论与罗尔斯的观点颇为相似，而对代际正义的狭义理解则被多数学者所接受。

例如，德国后代人权利研究基地秘书处认为：代际正义旨在对于儿童和后代人有这样的可能，满足他们的需要和愿望必须至少和现在的世代所享有的能力一样大。日本学者岩佐茂认为："代际正义是指为子孙后代留下良好的环境，这是关系到人类持续生存的问题。"[1] 周敦耀认为代际正义是制度伦理的一个重要部分，是当前一代与未来几代人的机会平等和待遇对等的原则，集中表现为资源的合理储存问题。[2] 刘雪斌认为代际正义是"当代人（present generations）和后代人（future generations）之间怎样公平地分配各种社会和自然资源、享有和传承人类文明成果"的正义问题。[3] 廖小平认为，代际公平与代内公平一样，可以体现在代际权利和义务的公平分配上，也可以在政治、经济、文化的各个领域体现出来。当然，它最原初的本义是指当代人与后代人在资源分配上的公平和当代人在环境保护上对后代人所应尽的义务。[4]

上述关于代际正义的思考本质上都会指向自然环境资源在代际消费积累时所形成的代际储存率和社会资源的关系状态。换言之，代际正义本身包含代际环境正义的基本维度，除此之外还涉及政治、经济、文化等领域各种资源的分配。代际环境正义要求当代人在享受环境带给我们的利益和福祉的同时，要保持环境的完整性和可持续性，不能剥夺后代人生活在安全、干净和生物多样性的自然环境之权利以及享用环境资源的权利，要保障后代人至少有和当代人一样享用自然权利的机会。要实现代际环境公正，就必须满足两个先决条件：一方面要从对自己后代的关怀延伸到对下一代甚至许多代人类子孙的关怀；另一方面须从过度重视金钱财富转变为高度重视生态财富。只有这样，才能实现当代人与后代人之间的平等。

3. 代际环境正义的实现路径

代际环境正义的实现首先需要明确当代人在环境正义问题上的道德主体地位及

---

[1] ［日］岩佐茂：《环境的思想和伦理》，冯雷、李欣荣、尤维芬译，中央编译出版社 2011 年版，第 160 页。

[2] 周敦耀：《试论代际正义》，《广西大学学报（哲学社会科学版）》1997 年第 3 期，第 29—32 页。

[3] 刘雪斌：《代际正义研究》，科学出版社 2010 年版。

[4] 廖小平：《论代际公平》，《伦理学研究》2004 年第 4 期，第 25—31 页。

其伦理价值。杨盛军从个体主体、群体主体和类主体三个层次分别探讨了环境道德建构问题。[1] 首先，个体主体要从自觉的个体主体走向自由的个体主体。自觉认识是个体自由实现的基础，在环境代际正义这一范畴中，个体自觉仍需提升，必须认识到自由不是随心所欲，我们既有"免于……的自由"，也有"去做……的自由"。[2] 这意味着个体自由一方面要受到自然与他人的约束，尊重自然，保护自然，不侵犯他人的生态权益，维护自然与人的和谐共生关系；另一方面要发挥主动性、能动性，合理利用自然，满足并维护个体权益。当自觉的环境代际意识和自律的环境保护行为在更高层次上实现统一，个体自由便得以实现。

其次，在群体主体层面，道德建构的目标是从道德意识的自觉走向道德实践的自律。在环境代际正义视域下，自律意味着在自由之上束之以理性的认识和行动。群体主体必须理性地认识各群体之间、当代人与后代人之间、群体与自然环境之间的相互依存关系，确立起协调各方关系的指导思想和操作原则：在当代群体生存与发展关系中，必须以生存优先，发展次之；在代际关系中，必须以当代群体生存优先，后代群体的生存次之；在当代群体发展与后代群体生存之间，当以后代群体生存优先，当代群体发展次之。最重要的是，自律的群体有智慧和勇气将这些原则付诸实践，积极主动地采取各种行动，寻找各种办法，在当代群体之间、当代人与后代人之间创造公平、公正、合理的群体关系和代际关系。

最后，在人类主体层面上，人类必须超越狭隘的人类中心主义，把人类自身视为自然的一部分，回归到人与自然的互生关系中。正如恩格斯所说："人来源于动物的事实已经决定人永远也不能摆脱兽性。所以问题永远只能在于摆脱得多些或少一些，在于兽性与人性的程度上的差异。"[3] 人与自然是不能分离的，自然孕育万物，人类只是万物之一。但是另一方面，人又异于其他物种，人类的自主性、能动性与创造性使我们有能力与自然进行交往，对其他物种产生影响。人类的自觉就是对这种关系的正确把握，将人类融入自然的生态系统中，彼此平等而和谐。

---

[1] 关于三个层次的环境道德主体，详细参见杨盛军：《环境代际正义的实现——论三种伦理主体的道德建构》，《吉首大学学报（哲学社会科学版）》2009 年第 3 期，第 5—9 页。

[2] [美] 以赛亚·柏林：《自由四论》，陈晓林译，台北：台北联经出版事业公司 1985 年版，第 243 页。

[3] 《马克思恩格斯全集》（第 20 卷），人民出版社 1972 年版，第 110 页。

伴随主体的道德建构，代际环境正义所面临的最实际问题还是道德责任的落实路径问题。在这个问题上，功利主义、义务论、契约论和关怀伦理都进行了相应的论证，但也都遭遇了难以克服的理论困难。归根到底在于宏大叙事的话语思维模式掩盖了环境问题的复杂性，环境危机常常被视作人类整体行为的后果，把每一世代都作为一个利益共同体来对待。这种做法忽视了当前世代并非一个利益一致的整体，以及未来世代的具体身份也有所不同这一基本事实。尤其当考虑到代际传承的因素时，未来世代的地位和处境必然会受到当前世代的影响，未来世代中个体的权益处境很大程度上决定于"谁之后代"。[1]

人类社会世代关系的客观事实是数代共存（至少有三代），基于人类本性与认识能力的有限性，人们能够关怀的主要是子辈与孙辈。关注当前共存世代的权益，并不与关心未来世代的权益相矛盾，因为未来世代的权益是依赖于当前世代的。这样一来，当前世代与未来世代的代际环境正义问题就被转化为当前共存世代之间的正义问题，有助于克服当前世代与未来世代的正义关系理论所面临的诸多困难：身份与偏好的确定性、契约的互利性与相互性以及正义话语的谈判结构的缺乏等，能够比较好地得到理解与付诸实践。一言蔽之，人们对自己的孩子负有直接义务，一代一代皆如此，对后代权益的关怀自然就实现了。

---

[1] 郁乐、孙道进：《谁之后代，何种正义？——环境代际正义问题中的道德立场与利益关系》，《思想战线》2014 年第 4 期，第 137—138 页。

行动者—网络理论

　　行动者网络理论（Actor-Network Theory, ANT）是 20 世纪 80 年代中后期出现的一种科学实践研究方法，其创立者是法国科学哲学家和科学知识社会学家、巴黎学派的代表人物拉图尔（Bruno Latour）。该理论试图消除传统哲学中社会与自然以及主客体间存在的隔阂，注重微观行动与宏观结构的结合，为研究知识与社会间的联系提供新的理论方式与平台。

　　拉图尔在其代表作《重组社会》一书中指出社会科学应当完成三个任务："展开（deployment）"，即如何通过追踪生活世界中的各种不确定性来展现社会世界；"稳定（stabilization）"，即如何跟随行动者去解决由不确定性造成的争论，并将处理办法承继下来；"合成（composition）"即如何将社会重组为一个共同世界，这涉及社会学的政治相关性问题。该理论包含行动者（agency）、转义者（mediator）、网络（network）等核心概念。

一、社会科学的三个任务

（一）颠覆传统社会学

　　拉图尔认为对社会学的 socio- 和 -logy 两个部分的双重误解是传统社会学存在的主要问题。首先，"社会的"（social）一词的使用严重混乱，它既可以作为形容词，代表一种物质的类型，又可以意指一种运动，如组合、连接。其次，基于对建构主义的误解，对"科学"（-logy）一词的使用也存在问题。传统社会科学认为科学的便是实在的、真实的，建构总是与人为的、虚假的联系在一起，建构意味着我们用"在社会中制造出的其他材料"替代了"组成事实的东西"，说"某事是被建构的"就意味着"某事是不真实的"，因此科学与建构始终处于对立的位置。拉图尔指出，如果从原初含义的角度来理解建构，就会发现科学本身具有鲜明的"人造"属性，与建构主义相互关联而非严格对立。

传统社会科学之所以会呈现出这种混乱是因为它为自身设立了三个任务：第一，记录具有独创性的社会成员建造社会的各种方式；第二，通过限制发生作用的实体范围来解决关于社会的争论；第三，试图通过提供某些政治行动的替代物来解决"社会问题"。在拉图尔看来，这三个任务本身没有问题，但是不能在短时间内同时实现，需要确定一个先后次序来逐个完成。如果同时推进两个任务或三个任务，那么诸多可能性和不确定性将会被大大省略掉，导致无法真正地认识社会。

传统社会学是一种社会的社会学（sociology of the social）。尽管传统社会学派别众多，各个派别之间也存在差异，但基本上都是将社会作为一种与生物、心理、法律、科学、政治等区分开来的特殊现象、特殊领域。社会的社会学认为社会是包含所有具体领域的整体域，所有领域都嵌入在社会中，一旦某个领域存在难以解决的特殊问题，就会求助于"社会因素"。这种做法本质上是将社会作为解释的起点，用社会解释社会。在这种视角下，法律、科学、技术、宗教、组织、政治、管理等每一种行为都能够被回溯到它们背后同样的社会组成部分，并通过社会得到解释。

区别于传统社会学，拉图尔所倡导的是另一种范式——联结的社会学（sociology of associations）。这种范式认为，"社会"根本就不存在，没有一个独特的现实领域能够被表示为"社会的"或者"社会"，没有所谓的"社会秩序""社会维度""社会情境"，没有某种社会力量能够用于解释其他领域不能描述的剩余特征，把社会因素注入其他科学领域并没有什么意义。每个行动者都有自己的判断力和能动性，他们知道自己在做什么，也没有嵌入什么社会情境。在这种视角下，行为的背后一无所有，社会作为许多异质性事物之间的联系，恰恰是最应该解释的东西，是解释的终点。这便是"行动者网络理论"。

这种理论与一般网络理论的不同之处在于它不设定一种网状的社会联系，而是用于描述的一种工具，是绘制网络的那支铅笔。[1] 拉图尔坚持将社会看作一种运动过程，社会科学的传统目标——展开争论、解决争论以及界定形成集体的正确过程——可以通过追踪联系逐步实现。行动者网络理论的英文简写"ANT"恰好与蚂蚁（ant）同形，非常形象地反映出拉图尔所要求的追踪者的特征，即不带目的、专心于眼前、认真工作、寻找联结，虽略显笨拙但十分贴切。[2]

（二）追踪生活世界中的不确定性

拉图尔从群体、行动、客体、事实的性质以及如何书写文本五个方面讨论了生活世界中的不确定性问题。

第一个不确定性提出群体处于不断的形成中。拉图尔认为所有的社会集合体都始终处于产生、消失、分类和重置的状态中，不存在任何既定的群体。群体的形成或再形成过程便是群体这一概念唯一的意义所在，联结的社会学要探究的正是群体的形成和变化过程。我们可以追溯行动者在聚合和分解群体的活动中留下的种种踪迹，包括群体代言人的行为、一个群体为自己设立的对立面、群体用各种方式为自己划定的边界等；也可以探寻社会科学的各门学科和社会新闻等实体在群体的存在、延续、衰落或者消失过程中的作用等。这样就可以探明群体是如何被各种各样的方式和途径制造出来并被宣告存在的。

第二个不确定性探讨行动被超越的问题。在日常生活中，行动者都会感受到驱使自身采取行动的各种力量，但是这些力量绝非社会力量。行动本身并不是一件连续的、受控制的、运作良好、边界明确的事情，而是不断被借用、分配、影响、控制并转变，行动充满了不确定性。联结的社会学认为，行动的不确定性主要来源于"网络"，在对行动展开探究时，要跟随行动者去体会促使他们行动的各种力量，注意行动者自己的表达和使用的术语，而不是急于用社会科学的语言来替代或归结它们。分析者并不拥有能够将行动者的语言包含于其中的更高级、更抽象的元语言。每个

---

[1] 拉图尔认为，传统的网络理论就是铅笔绘制出的那张网，是表达的对象，而他的网络理论是那支铅笔，是表达的工具，它是关于如何研究或如何不研究，以及如何让行动者表达他们自己的一种理论，并不涉及它所要描述的对象的形状。

[2] 吴莹、卢雨霞、陈家建：《跟随行动者重组社会——读拉图尔的〈重组社会：行动者网络理论〉》，《社会学研究》2008年第2期，第219—221页。

行动者都有自己的元语言，分析者只能使用次语言去关注它们，并对行动者的语言进行反思性理解。

第三个不确定性基于扩展了的行动者概念，探讨客体的行动。传统观点认为，长久的社会联系是在某种社会材料或基本社会技能（如面对面地互动）的支持下建立的，社会联系只存在于人际互动的过程中。拉图尔批驳了这种观点，认为应当将行动从有意识、有目的的人类行动中扩展开去，充分考虑到客体的行动。客体必然对事物形态发生作用，对社会联系产生影响，每个客体都是转义者而不是中介者。联结的社会学强调主客体不能简单地分离，行动是主体与客体间异质性的联系，只有在二者的异质性联系中才能找到行动。

第四个不确定性基于事实角度与关注角度的区分。拉图尔认为，传统的"社会解释"并没有注意到实体之间真正的联系，而只是用某种社会材料去替代有待解释的对象。这种做法实质上是在社会与自然之间设定了一条人工边界，社会解释只能从事物背后的"社会世界"中寻找答案，非人类的实体被排除在事物之间的联系之外。拉图尔指出，要搞清楚事物之间的联系，就必须解除"自然"对"事实"的独占，在社会解释中赋予"客体"和"物"能动性。存在于社会与自然间的人工边界一旦去掉，非人类的实体就会凸显出来。这种做法有助于更多地关注物质提供的多样生活。这种关注的角度对于彻底更新"经验主义"的含义，并进而彻底更新"自然"与"社会"之间的区分大有助益。

第五个不确定性探讨了在追踪了上述四个不确定性之后，研究者该如何书写文本的问题。联结的社会学重视文本的书写问题，因为追踪的行动者类型和数量众多，容易导致研究内容混乱、研究范围漫无边界以及研究进程拉长。拉图尔建议研究者应当保留几种笔记，包括：调查问询的日志、按年代次序和范畴化的方法记录的项目和范畴、随时随地的笔记，以及这些书写的说明对行动者产生的效果的记录。因为所有的行动者都是转义者，所以这些记录不是单纯地描述它们的表象，而是展开它们互动的过程。[1]

---

[1] 吴莹、卢雨霞、陈家建：《跟随行动者重组社会 —— 读拉图尔的〈重组社会：行动者网络理论〉》，《社会学研究》2008年第2期，第223—225页。

（三）稳定与合成

稳定与合成是确保联结能够被追踪的重要步骤。稳定关涉的是社会学的经典问题，即如何联结宏观和微观。宏观层面的"社会"是一种混合了 18 世纪的"利维坦"和 21 世纪的"集体"的古怪变形，它假设了自身客观存在、独立运作的神秘性质。在拉图尔看来，存在于事物背后的"社会"是不存在的，实际上只有国家与集体的二维之分，将"社会"引入二者的关系中，只会消解待解释的对象，使问题复杂化。他提出要保持世界的扁平化，即只有国家和集体二维，社会悬浮于对国家的寻找与对集体的搜寻之间，只是集合体漫长历史中的一瞬。

社会的问题在于如何构成集体。面对面的互动总是存在溢出性，任何互动都不会仅仅局限于特定条件和情境，而是会超出当下涉及的因素，与其他时间、地点、行动者发生关联。传统社会学在解释互动时，总是在两个相对的立场间跨越，一端是用一种全球性、整体性框架来解释行动的溢出，另一端是回到溢出之前的地方性互动中。对此，拉图尔认为这两种方法都无法解决面对面互动的溢出性问题，只有通过行动者网络完成几项任务才能找到正确的出路。首先需要重新定位全局性，切断从互动自动导向背景的通路；其次要重新界定地方性，理解互动如此抽象的原因；第三要将前两者所揭示的地点连接起来，强调构成将社会理解为联结的这一定义的各种工具。

合成是一个"政治认识论"问题，意指诸多集合的组合如何在同一个集体中更新自己的存在感。科学与政治应当是和谐的，而不是"重影"。联结的社会学既不会将政治扩展得无所不在，也不会对不平等与权力斗争视而不见。拉图尔指出，行动只有在那种充分展开的、夷平化的、精简的领域内才是可能的。规划、结构化、全局化等问题和过程在这些领域内通过社会内部的各种微小渠道得以展开和运行，而且其影响依赖于大量隐蔽的不可见力量。

拉图尔认为，一方面我们要去寻找能够记录下新的联结类型的方式，另一方面要去探究令人满意的组合方式。科学和政治在 ANT 中实现了同一。ANT 可以构造一个既公正又有政治参与的学科。它可以通过充分展开行动者的不确定性而更接近于公正，也可以通过使各种组合起来的集合成为一个共有世界而形成一种政治参与。

二、行动者网络理论的主要内容

（一）实验室研究方法

拉图尔将人类学的观察引入实验室研究，对科学家和工程师们如何解决争论、如何获得科研投资、如何通过引证来防御论文被攻击等大量实际工作方式进行了档案式记录，把"盟友、资源和网络"这些在科学的通常意义上"非常规"的词语用于对科学的分析之中。在拉图尔的揭示下，实验室研究描述了"正在形成中的科学"，而不是"已经形成的科学"或者"既成科学"。

实验室研究提供了探究科学研究的一种新途径，即不能只相信科学家们发现了什么、公布了什么，而是要观察科学家们开展工作的实际过程。如果将人类社会的各个领域都看作实验室，把实验室研究方法应用于社会研究，就能够清楚揭示出社会事实的建构过程。概括而言，实验室研究的特点在于对过程和行动的关注，对直接观察的强调以及对现场观察的重视。实验室研究也有其局限性：研究停留在实验室场域而无法顾及网络系统；只关心事实而非理论；以及并不试图重建研究人员的内心世界和实际经验。

从根本上讲，实验室研究与传统的人类学方法并没有什么两样。它将本来只是对着异域部落的人类学式的观察转向了人类学家自身所处的社会，转向了被人们当作客观真理的科学理论的生产过程，这种理论以前往往只是被人们"怀着一种崇敬的心态去研究其他的文化"而不加质疑的黑箱。[1]

（二）广义对称性原则

"广义对称性原则"是 ANT 最核心、最鲜明的理论主张。这一原则的提出立足于对实验室研究中的发现。拉图尔研究了法国巴斯德杀菌法的产生过程，发现正是因为巴斯德成功地将炭疽杆菌、农民、兽医、内科医生等"行动者"纳入其网络之

---

[1]　朱峰：《政府型论坛现象的案例研究：行动者网络理论的视角》，知识产权出版社 2012 年版，第 20—21 页。

中，将人类与非人类的行动者联合在一起，才使他的实验室成为那些要驱除炭疽病灾难的潜在盟友的必经之点，共同构建了炭疽疫苗这样的技术。他对卡龙的圣布里厄湾的扇贝养殖案例的研究进一步表明，知识在行动者网络中产生，它受到社会实体和自然实体（扇贝）的双重影响，取决于两者之间的相互协调和控制。在此基础上，拉图尔认为，实验室就像一个庞大的"文学铭写"系统，它应用自身各种机器、人员的组合，对从外部输入的动物、化学试剂、能量和信息进行加工，最后输出那些可能被接受也可能被拒绝的科学论文。自然和实在并不是解决科学争论的决定性因素，科学家之间的磋商才是解决争论的关键。这种磋商与人们日常生活中的经济、政治磋商一样，都要诉诸修辞术。在拉图尔看来，科学活动是知识被构建的社会舞台，科学不能被放在独立于文化、价值的纯粹实验逻辑中加以说明，而应当把认知因素和社会、文化等情境引入到科学中。

因此广义对称性原则要求对称地看待自然和社会的作用，同样的术语既可用来探讨从事科学史研究的成功者和失败者，也可用来探讨自然和社会。拉图尔还提出用准客体或杂合物来同时解释自然和社会，这是一种非自然（客体）、非社会（主体）、非主客体的混合的第三种实体。自然和社会之间的区分不是确定无疑的，科学在改变我们观念的同时，也在制造和再制造自然和社会。对称地看待自然和社会，以及准客体的提出就是广义对称性原则的基本内涵。

（三）三个核心概念

行动者（agency）、转义者（mediator）、网络（network）是"行动者网络"理论的三个核心概念。这三个概念也出现在传统社会学的讨论中，但是在拉图尔这里，它们却获得了新的内涵和外延。

"行动者"具有能动性与广泛性两个特征。拉图尔认为不能把行动者看作处于某个特定位置以完成该位置预设功能的人，行动者不是一个占位符，不是一个黑箱（black box），行动者的行动及其产生的后果都是不可预测的。如果行动者不能造成任何差异，那他就一定不能被称为行动者。任何行动者都是转义者（mediator）而不是中介者（intermediary），任何信息、条件在行动者这里都会发生转化。

"行动者"具有更广泛的内涵，它不仅指行为人（actor），还包括许多非人的物体（object），例如观念、技术、生物等，它们可以通过代言人来表达利益诉求。

在拉图尔这里，行动者意指一切通过制造差别而改变事物状态的东西，行动既是人与人、物与物之间的同质性联系，也是人与物之间的异质性联系，他就此化解了人与物之间的不可通约性。ANT 要求到行动的过程中去寻找行动者，每次行动都需要重新解释说明"行动者"是什么。

研究者如果想要更好地研究社会世界，就不能提前自行选择哪个行动者更为合理，而应参与到行动者的活动中。因为"行动者"包含许多非人的因素，行为人在行动过程中对这些因素哪些是错误的、陈旧的、荒谬的，应该被撤走，哪些应当被加入，都会有自己的判断。只有切实参与到行动者的活动中，才能够更好地理解这一判断和选择的过程。此外，研究者也不能用自己的元语言化约行动者的语言，行动者有一套自己的元语言，研究者应跟随行动者，使用次语言去理解行动者的元语言。行动者才是真正定义、整理社会的主体，研究者所要做的是追溯争论间的联系，而不是试图解决任何给定的矛盾。总之，ANT 对待行动者的态度是：尊重行动者的能动性和多样性，研究者只是负责记录与描述。

"转义者"概念是要表达一种对待行动者的态度，由于行动者包含了行为人和许多非人的物体，它实际上是把传统观念中的主体、客体都囊括其中，所以这种态度也就是对待所有事物的态度。"转义者"不同于中介者，中介者就像一个黑箱（例如电脑），虽然其内部构成多且复杂，但是它的运转只是为了把意义和力量毫无改动地转运（transport）出来，限定它的输入就足以确定其输出。转义者却不同，它没有固定的面貌，可以被算作一个单位，也可以算作没有，或一个，或几个，甚或无限多。人们无法通过输入的信息准确预测其结果，转义者会改变（transformation）、转译（translation）、扭曲（distort）和修改（modify）它们本应表达的意义或元素。人们必须时刻考虑到它们的这种特性，即使一次陈词滥调的对话也有可能成为一条极其复杂的转义者链条，因为对话中的激情、意见和态度，情况在每一个拐点上都有可能发生改变。拉图尔认为，传统社会学多将人或物看作中介者而忽略其转义的作用，具有决定论倾向，而联结的社会学或ANT则认为所有行动中动员的都是转义者。这种态度的区别决定了两种社会学在对待群体的行动、行动者、客体（object）和关怀角度（matters of concern）时会采取完全不同的做法。

"网络"是一系列的行动（a string of actions），所有的行动者，包括人的（actor）、非人的（object），都是成熟的转义者，它们在行动，也就是在不断地产生运转的效果，每个点都可能成为一个歧义。传统社会学中的网络，要么是纯技术意义上的，如互联网；要么是一种人类行动者之间非正式联结的表征（representation），如格兰诺维特（Granovetter）所阐释的结构化网络。拉图尔所提出的网络与此两种都不同，它是一种描述连接的方法，强调工作、互动、流动、变化的过程，所以应当是 worknet，而不是 network。[1]

网络不仅是具有一定功能的行动者聚合体，还是动态变化而富有政治色彩的过程。行动者网络是通过转译来建构的，转译的过程就是网络建构的过程。转译有"五个关键点"：问题呈现、利益赋予、征召、动员、异议。行动者网络的建立需要各主体之间有共同的强制通行点（Obligatory Passage Point, OPP），并借此使每一个主体都能获得各自的利益。通过这些转译的关键点，每个行动者主体都能被转译，由此共同构成一个无缝的异质网络。[2]

三、行动者网络理论在环境社会学研究中的应用

环境社会学对 ANT 的接纳动力主要来自于 ANT 提供了一种化解自然与社会在传统社会学研究中二元分裂状态的可能性。它的广义对称性原则、对物质性客体的关注、对行动者内涵的扩充、对异质网络概念的发展、对科学与政治关系的重建等都对社会学分析人—社会—环境的关系提供了可行而有效的路径。

（一）拉图尔对疯牛病案例的分析

疯牛病的正式医学名称是牛海绵状脑病（BSE），人类社会对疯牛病的认识一度陷入误区，认为疯牛病不会对人类健康产生危害。其依据在于实证主义的学科划界标准，认为人和动物存在物种障碍，其疾病界限是截然分离的。专家们不愿评价自身专业范围之外的风险，政府无法从专家系统中获得关于人类库鲁病、克—雅氏病

---

[1]　关于三个核心概念，详细参考了吴莹、卢雨霞、陈家建：《跟随行动者重组社会 —— 读拉图尔的〈重组社会：行动者网络理论〉》，《社会学研究》2008 年第 2 期，第 221—223 页。

[2]　Callon M. "Elements of a Sociology of Translation: the Domestication of the Scallops and the Fishermen of St. Brieuc Bay". J Law (ed.) *Power, Action, and Belief: A New Sociology of Knowledge?* London: Routledge & Kegan Paul, 1986, pp.196-223.

研究的足够信息，导致未对朊蛋白变异学说给予应有的重视。而朊蛋白变异正是人畜共患疯牛病的原因。1996 年以后，随着人类克—雅氏病例的增加、死亡案例的出现以及事态的不断激化，科学界才不得不承认朊蛋白变异与疯牛病之间的因果关系，在大众媒体的持续发酵下，政府最终接受了朊蛋白变异假说，并正式将其作为科研项目。

贝克从疯牛病危机的产生与解决过程中得出了一个结论，诉诸公众是解决风险的途径，公众是解决问题的单一秩序基础。拉图尔就此指出，贝克忽视了朊蛋白，忽视了使疯牛病问题得以呈现的整个物质世界，以及构成物质世界的多元本体基础。[1]他认为，疯牛病是一种本体论意义上的转译结果。诸多非人类行动者（朊蛋白、牛、实验室仪器等）和人类行动者（牛养殖户、消费者、政府官员、专家、媒体人等）共同组成了导致疯牛病出现的行动者网络。通过考察异质行动者间的属性交换（即为转译），可以发现行动者之间的联结。网络之所以能点化为黑箱，使假说变为事实，就在于转译之后所有行动者的属性都发生了交换。例如，原先只是人类库鲁病、克—雅氏病起因的朊蛋白，现在成了要为牛群瘫痪负责任的朊蛋白；原先恪守学科界限的微生物学家也被造就成人畜共患的疯牛病问题专家。[2]

在拉图尔看来，网络的形成最终要诉诸于政治磋商，不仅是人们之间的磋商，还有人与自然的磋商，这就是所谓的"自然的政治"。自然的政治在经历了困惑、磋商、等级排序之后，必将进入到制度闭合的最终阶段。此时，"权力的安排无法通过事先把它们列入'事实'或'价值'的分类范畴而净化议题，它不得不与这种多样性达成协议，并通过一系列痛苦的调整与谈判而走向结局。已经不再可能有'事实问题'的逃逸路径……当最终发现这种解决方案时，所有与朊病毒、克—雅氏病、肉类配送系统，以及传染病理论相关联的议题，都将稳定下来，并将成为集体的真正成员"。"它们的存在、它们的重要性、它们的功能将不再是讨论的主题。今后，朊病毒及其附属物就会具有一种带着固定边界的本质……那么，朊病毒及其附属物

---

[1]　江卫华、蔡仲：《风险概念之演变 —— 从贝克到拉图尔》，《自然辩证法通讯》2019 年第 5 期，第 108 页。

[2]　[法]拉图尔：《自然的政治》，麦永雄译，河南大学出版社 2016 年版，第 212—214 页。

将被完全内化，而集体则会发生深刻的改变。朊病毒会变成自然。"[1]

在上述论述中，拉图尔不仅解释了疯牛病危机的成因，而且明确了化解风险的途径。风险与科学是同构的，风险意味着集体将经受来自外部行动者的考验，科学则意味着已经接受了足够的考验。追踪出外部行动者（如朊蛋白）并将其转译到集体中来，就意味着科学地化解风险。

（二）其他学者的尝试

Mardsen 和 Murdoch 等运用 ANT 分析合作或冲突常用的概念工具"必经之点"以及卡龙提出的转义的四个阶段（问题呈现、利益赋予、招募和动员），对英格兰乡村地区空间使用冲突进行了深入研究。研究发现，ANT 及其 OPP 概念作为冲突分析的理论框架具有独到之处：

将行动者的联结活动作为分析的核心有助于透过微观行动审视宏观事件；把人类与非人类的因素统合起来有助于将地理、空间等因素一同纳入对冲突的分析之中；对行动者的限定、识别，对它们长期目标的考察事实上是把文化与意识形态的因素也考虑进来；不断招募、转译新的行动者，这一过程有助于理解政治运动或事件发生变化的本质。他们在对乡村地区禁猎者和狩猎者双方冲突及政策制定展开分析时，借用 OPP 概念识别出支持禁猎和支持狩猎的两方行动者及其被招募进网络从而形成联结的过程，指出将政府部门招募进网络是禁猎方最终获得胜利并促使禁猎政策出台的原因所在。当然，研究面临的主要困境还在于行动者的识别一定程度上简化了冲突问题的复杂性。

对英国格拉斯哥鸟类生态、加纳爬行动物的研究，应用非人类行动者（动物）与人类行动者相互作用的研究框架，提出了针对城市生态系统研究与保护的建议。对英国城市污水淤泥用于农田的实施方案的研究则应用了 ANT 关注非人类行动者的特点，研究指出有关管制与定价的知识决定网络秩序中两个相互竞争的关键行动者。对加纳海滨某灌溉工程的研究运用了 ANT 的空间联结分析方法，指出灌溉技术其实是各个不同联结尺度上社会和文化情境作用的结果。Rodger 以南极地区为案例地，将行动者网络应用于野生动物旅游的科学定位研究。对广州市海珠区果树保护区土

---

[1]　[法]拉图尔：《自然的政治》，麦永雄译，河南大学出版社 2016 年版，第 216—217 页。

地利用冲突治理的研究，分析了不同阶段各种社会行动者通过协商和谈判而建立纵横交织的网络形成资源共享、互惠合作机制的过程。

严格地说，ANT 作为一种理论范式对环境社会学的影响主要集中于某些领域（城市的网络分析、乡村地理学、旅游学）和某类问题（冲突、政策、集聚等）上。ANT 的影响主要表现为运用 ANT 进行研究设计，提高对某些问题深入研究的能力。具体表现在两方面[1]：第一，在研究中接受 ANT 的广义对称性原则和对非人类行动者的强调，能够强化对地理和旅游事项中技术、环境、动植物乃至物品、关系的关注程度，有助于解释复杂现象中多重因素的作用，而不再仅仅把对人的分析置于其他行动者之上。第二，借鉴和引入 ANT 的过程研究视角和独特的网络概念，能很好地描述某些问题的演变联结与关系，在描述中实现对问题的解释，从微观的行动者分析自然导引出宏观体系的成因，突破了已有研究原因 / 结果、微观 / 宏观二分法的分析套路，开拓了对某些问题的新的研究路径。

---

[1] 朱峰、保继刚、项怡娴：《行动者网络理论（ANT）与旅游研究范式创新》，《旅游学刊》2012 年第 11 期，第 28 页。

环境话语理论

话语（Discourse）与意识形态一样，是意义、符号和修辞的一个网络，作为一套理解世界的共享方式，致力于使现状合法化。在福柯的思想中，话语、知识和权力构成了一个联系紧密的三角关系，话语把人类建构成主体，同时又消解人的主体性，使人类"屈服"于主导知识体系或意识形态的规训。特定的环境话语意味着由特定的知识体系所搭建起来的"环境观"，例如绿色政治环境观认为政体架构的改变是以"政治的方式"解决环境问题的唯一"革命途径"；而工具理性主义环境观则认为工业的力量最终能够解决一切环境矛盾，任何以保护生态为由而拒绝"工业步伐"的行为本质上都属于"生态恐怖主义"。

不同的环境话语在这样的政治建构与学术建构下，都以某种模式化的想象与规格作为典范，用一种排他的方式去规约"环境"的含义，对异己的声音做出修正，以保持自身的完整性。尽管围绕环境话语的研究多元多态，但它们本质上都能够提供一套理解自然—社会关系的理念与方法。

一、多学科视野中的环境话语

由于环境话语分析的独特性，很多学科都对其做出了积极回应。语言学家们把环境话语当作一种新型的话语形式引入话语分析领域。Harré, Brockmeier 和 Mühlhusler 创造了一个包罗万象的术语"Greenspeak（绿色话语）"，意指通过书面语、口语或图片等语言形式来构建、表达并协商环境问题话语。Mühlhausler 和 Peace 把环境话语定义为一种探讨人类与自然环境间关系的语言形式。他们认为，作为一种新型话语，环境话语的特点在于关注自然种群和人类在全球语境下所遭受的危害，因此它可以被看作社会成员对全球环境变化的一种理解。[1]

在传播学领域，Luhmann 最早提出了环境传播的概念，将之界定为："旨在改变社会传播结构与话语系统的任何一种有关环境议题的传播实践与方式。"Cox 提出了环境传播的七大研究及实践领域，其中排在第一位的研究领域是环境修辞及环境话语研究。他认为传播学领域中的环境话语是对我们周围世界的解释，它们是具有思想、信念和实践的深层结构，使我们能够明白人类与环境的关系为什么以它们现有的形式存在。Benton 和 Shor 进一步指出环境是一种社会构建，环境话语是动态的，影响着人类与环境的关系。

在政治学领域，环境被当作一个概念出现在政治学和国家的政策制定中始于 20 世纪 60 年代，环境政治（environmental politics）也应用而生。学者们认为环境政治涉及多方人员，他们会用自己的话语表达自己的立场和关注点，因此话语研究是该领域必不可少的内容。环境话语是一种社会实践，它代表着一定的立场、观点和态度。

受福柯话语理论的影响，环境传播的反话语（Counter-Discourse）研究开辟了一条与话语研究相对应的道路。它从主流文本与话语中寻找其矛盾与冲突，对其进行重新解读或者解构，把被压抑或被边缘化的社会主体或环境理念重新加以放大和阐释，通过抗拒主流环境话语的方式形成一种对抗性的话语体系。这一方向的环境话语研究关注与话语和话语生产有关的社会政治问题，通过对话语的分析揭示其背后的权力、控制和支配关系。例如，Carvalho 对 1985—1997 年间发表在英国《卫报》《泰晤士报》以及《独立报》上有关气候变化的新闻报道进行了系统分析，认为新闻媒体的科学话语构建带有明显的意识形态立场，从而对民众产生不易察觉的控制作用。坎特尔和马斯卢克从底层身份、权力和距离的角度出发，开创性地探索环境反话语事业中的"草根政治"理念。[2]

尽管各学科领域对环境话语的理解和定义各有不同，但是仍然具有一般性特点：

---

[1] Mühlhausler P & Peace, A. "Environmental discourses". *The Annual Review of Anthropology*, Vol. 35, No.1, 2006, p.458.

[2] 刘涛：《环境传播的九大研究领域（1938—2007）：话语、权力与政治的解读视角》，《新闻大学》2009 年第 4 期，第 100 页。

①环境话语具有口头、书面或多模态的语言形式；②环境话语表达并构建人类与自然环境的关系；③环境话语是一种社会实践，具有社会性和政治倾向性。

二、环境话语体系发展的三个阶段

20 世纪 60 年代以来，国际社会建构起了一系列清晰的全球环境话语体系以有效地认知全球环境问题、应对全球环境事务，它们表达了国际社会对全球环境问题及相应事务的信念、价值、通则与共识。全球环境话语体系的变迁大致经历了生存主义（Survivalism）、可持续发展（Sustainable development）、生态现代化（Ecological modernization）三个阶段。[1] 这些话语体系自形成以来业已经历并可能会继续经历一种持续的变迁过程。

（一）生存主义话语阶段

1. 形成的历史背景

20 世纪 50 年代，欧美资本主义国家进入到一个经济高速发展的"黄金时期"，同时也是一个环境危害急剧加深时期。工业与社会发展对资源的高消耗和污染物的高排放造成了一系列环境危害，包括 1952 年伦敦烟雾事件、20 世纪 60 年代蔓延整个欧洲地区的酸雨污染等。欧美各国科学界、政界、社会公众面对日益严重的环境危机，展开了对环境危害问题的思考与探讨。

1962 年，美国海洋生物学家蕾切尔·卡逊（Rachel Carson）在经过 4 年时间的调查后出版了《寂静的春天》一书，深刻揭露了杀虫剂 DDT 的环境危害，认为杀虫剂和肥料等化学制品的使用会对整个生态系统、公众生命，乃至于整个人类造成严重损害，使我们毁于人类所创造的科技成就当中。该书在美国和欧洲引起了强烈反响，引发了广泛争论，推动了欧美公众环境危机意识的普遍觉醒和环保运动的兴起，意味着生存主义话语的形成。[2] 此后的六七十年代，尤其是 70 年代初期，有关环境方面的著述或报告大量涌现出来，其中较为著名的成果有罗马俱乐部的研究报告《增

---

[1]　郇庆治：《环境政治国际比较》，山东大学出版社 2007 年版，第 35—54 页。

[2]　Carson Rachel. *Silent Spring, anniversary edition*. Boston: Houghton Mifflin Company, 2002.

长的极限》、加勒特·哈丁（Garrett Hardin）《公地的悲剧》、爱德华·戈德史密斯（Edward Goldsmith）的《生存的蓝图》、芭芭拉·沃德（Barbara Ward）与勒内·杜博斯（Rene Dubos）的《只有一个地球 —— 对一个小小行星的关怀和维护》等。

另一方面，20 世纪 70 年代 OPEC 的石油禁运也导致欧美国家经历了一场严重的能源危机，造成了欧美国家经济上的较大波动和公众心理上的巨大恐慌。但随着能源危机的结束，公众的注意力又逐渐转向了具有巨大污染风险的核能开发与利用问题上。[1]

2. 关注的主要问题

生存主义集中探讨的问题是：地球的资源和承载能力是否有限？人口与经济的增长是否也有限？现有的资源使用和工业生产模式是否危害环境并因而危及人类的生存？它们是否应受到约束？所有问题的焦点都指向了"限制"一词，包括各种业已遭受的限制和可能要施加的限制。[2]

生存主义明确承认"限制"的存在。哈丁在《公地的悲剧》中强调，对有限的公共稀缺资源的无限制使用将危及社会整体的生存。[3] 戈德史密斯等人在《生存的蓝图》中也指出，如果放任这种趋势发展下去，这个星球上人类生存的基础总有一天会崩溃，至少，在我们下一代的一生之内是不可避免的。[4] 罗马俱乐部在《增长的极限》中更明确地警告说，地球的资源和承载能力是有限的，世界人口和资本若以现在的增长模式发展下去，整个世界范围内人口和经济的增长将在未来 100 年内达到极限，引发大规模的环境恶化和生态失调，世界将面临一场灾难性的崩溃。[5] 此书因其对人类生存问题的深切忧思而使生存主义话语达致顶峰。

---

[1]　Graham Jr, Otis L. (ed.). *Environmental Politics and Policy, 1960s-1990s*. University Park. Pennsylvania: The Pennsylvania University Press, 2000, pp. 7-9.

[2]　蔺雪春：《变迁中的全球环境话语体系》，《国际论坛》2008 年第 6 期，第 6—10、77 页。

[3]　Hardin, Garrett. "The tragedy of the commons". *Science* 162, 1968, pp.1243-1248.

[4]　[英] 戈德史密斯：《生存的蓝图》，程福祜译，中国环境科学出版社 1987 年版，序言。

[5]　Pestel, Eduard. "Abstract for The limits to growth", 2007-04-24, http://www.clubofrome.org/docs/limits. rtf.

3. 对策主张

生存主义主张，鉴于经济增长和人口扩张必然遭受全球环境的限制，人类若想生存就必须学习更多知识以了解自身所遭受或可能遭受的这种限制，要在环境与增长之间做出明智的取舍，更要建构某种统一的管理体制来适度约束现有的人类社会，唯有如此，限制问题才能获得解决。正如沃德与杜博斯在《只有一个地球》中所反问的，"我们难道不明白，只有这样，人类自身才能继续生存下去吗？"[1]

总体而言，生存主义通过对"限制"问题的强调，流露并渲染了一种社会即将停滞、末日即将来临的悲观情绪，为整个社会营造了一种危机感、紧迫感，迫使政界、科学界以及社会公众从国际国内两个层面去思考、讨论相应的政策、法律乃至激进的环境保护运动等形式以应对环境危机所引发的各种问题。

（二）可持续发展话语阶段

1. 形成的历史背景

进入 20 世纪 80 年代，世界上多数国家的经济发展进入低迷期。发达国家出现经济衰退现象，广大发展中国家经济停滞不前、债务负担沉重，并出现大面积的社会贫困。另一方面，环境灾害事件不断发生，所造成的生态破坏甚至毁灭性风险给全球经济与社会发展蒙上了阴影。生存主义的悲观限制论也在理论层面施加了巨大压力。

面对种种不利局面，人类社会开始寻求突破困境的方法，对如何看待环境、经济、人类社会之间的关系？环境保护与经济增长、社会发展是否内在地彼此对立、无法调和？为了环境是否应当停止增长？停止增长社会又如何得以发展？这种发展可以持续下去吗？等一系列问题重新展开了深层追问和思考。因为生存主义对这些问题的回答十分明确，即维系人类的生存环境最为重要，为此经济"零增长"、社会停滞不前都在所不惜。

---

[1] 芭芭拉·沃德、勒内·杜博斯：《只有一个地球——对一个小小行星的关怀和维护》，吉林人民出版社 1997 年版，第 260 页。

2. 演变历程

"可持续发展"概念最初出现在《世界自然保护大纲》中，世界自然保护联盟（IUCN）、联合国环境规划署（UNEP）、世界自然基金会（WWF）等国际环境组织共同提出了这一理念，认为人类可以通过管理生物圈来同时确保当代人与后代人的利益，既能满足当代人的最大持续利益，又能保持其满足后代人需要与欲望的潜力。1983 年，第 38 届联合国大会决定成立世界环境与发展委员会（WCED），时任挪威首相的布伦特兰夫人（Gro Har-lem Brundtland）担任首任主席。在布伦特兰夫人的主持下，WCED 就如何看待环境与发展的关系等问题进行了专门调查与研究。[1]

1987 年，WCED 向第 42 届联合国大会提交了著名的研究报告《我们共同的未来》。该报告明确指出，经济与生态问题并不必然对立，需要在决策中将经济和生态考虑结合起来。人类只有坚持"可持续发展"战略，才能够使发展持续下去。WCED 把可持续发展界定为"既能满足当代人的需要，又不对后代人满足其自身需要的能力构成危害的发展"[2]。这一定义获得了国际社会的广泛认可，被视为可持续发展话语确立的标志。

1992 年，联合国环境与发展大会（UNCED），也即第一届地球峰会在巴西里约热内卢召开。与会代表广泛讨论了有关可持续发展的问题，会议将有关可持续发展的原则或精神纳入所通过的环境宣言《21 世纪议程》中，为全球可持续发展事业做出了规划，使可持续发展话语达致顶峰。

3. 对策主张

可持续发展话语的核心主张是，人类可以通过有效管理和改善技术和社会组织来突破制约，制约不是绝对的。[3]环境与经济、社会乃至科技之间是相互协调和统一的，环境保护、经济增长、社会公正可以共同发展，长期持续，达到一种"正和"的结果。可持续发展作为一个全球目标，需要人类以一种整体联结的思维和集体努力一起实

---

[1] 蔺雪春：《变迁中的全球环境话语体系》，《国际论坛》2008 年第 6 期，第 7 页。

[2] 世界环境与发展委员会：《我们共同的未来》，王之佳、柯金良等译，吉林人民出版社1997 年版，第 52 页。

[3] 世界环境与发展委员会：《我们共同的未来》，王之佳、柯金良等译，吉林人民出版社1997 年版，第 10 页。

现。诚如 WCED 在其报告中所说的那样，"不仅地球只有一个，而且世界也只有一个"[1]。

总体而言，可持续发展话语认为人类仍然可以持续不断地发展或进步，这在很大程度上缓和甚至突破了"限制"问题，表露出一种谨慎乐观、让人安心的态度或情绪，这与生存主义所表现出的紧迫感、危机感截然不同。在愈发广泛和深入的探讨中，可持续发展话语愈发深入人心，它引领人类逐步走出生存主义所引发的悲观氛围。

（三）生态现代化话语阶段

1. 形成的历史背景

可持续发展概念提出之后，由于人类所处历史境况的不同，在政策实践或社会行动上，人们对可持续发展产生了一系列疑问：可持续发展究竟意味着什么，什么应当是可持续的，为谁而持续，以什么样的方式持续？诸如此类。从某种程度上说，人们仍然在一种价值追求或者说远景追求的层面上关切可持续发展。另一方面，20世纪 90 年代初，苏联及东欧社会主义国家相继发生剧变，两极对峙的冷战格局结束，经济全球化进程加速到来。自由市场在世界范围内快速扩张，资本的流动性、经济的竞争力成为各国政经界共同追求的目标。与此同时，全球层面上的环境危害充分显露出来，国际社会对环境问题"全球性"特征的认识逐渐明晰。在这种背景下，人们开始思考在经济全球化的浪潮中还能否追求和实现可持续发展的问题。

2. 发展历程

生态现代化实际上在 20 世纪 80 年代初期就已经出现在北欧、中欧、西欧的几个国家了。耶内克、胡伯、摩尔等学者相继提出，可以把生态现代化作为解决环境难题的替代性思路，将重点从环境问题的政策法律监管与事后处理转向环境问题的预防和通过市场手段克服环境问题。[2] 在经济全球化的背景下，生态现代化对人们的

---

[1] 世界环境与发展委员会：《我们共同的未来》，王之佳、柯金良等译，吉林人民出版社 1997 年版，第 49 页。

[2] 郇庆治：《环境政治国际比较》，山东大学出版社 2007 年版，第 42—43 页。

疑问给予了较为合理的解答，加之它在欧洲发达国家的成功实践，从 20 世纪 90 年代中期开始，它成为一种全球性的主流话语。

1995 年，世界可持续发展工商理事会（WBCSD）试图通过理论探讨和示范项目引导工商企业，以高水平的资源与环境管理不断提高经济效益，并同时获得生态效应和社会效益。2002 年，约翰内斯堡可持续发展世界首脑大会（WSSD）即第二届地球峰会把生态现代化的许多理念纳入所通过的宣言及具体执行计划中。2002—2007 年的 6 次《联合国气候变化框架公约》（UNFCCC）缔约方大会也愈加关注生态现代化理论所倡导的市场工具、融资机制、环境友好的技术开发与转让等可操作措施的运用，对经济与社会层面广泛的能力建设和适应策略更加注重。[1]

3. 核心主张

生态现代化理论认为，真正可持续的经济增长、可持续的社会福利与环境保护是一致的，可持续的经济增长是促进或保证社会和环境可持续的前提，反过来，严格的环境标准或生态可持续原则也将真正促进或有益于经济的可持续发展并提升经济竞争力。[2] 因此，经济增长与环境保护并不矛盾，两者完全可以实现共赢，可持续发展的追求仍然值得期待。更重要的是，环境退化是个结构问题，人们只能通过专注于如何组织经济来解决它，那种试图寻求一种完全不同的制度来取代现有政治经济体制的做法是行不通的。生态现代化的实现需要经济重组、工商组织的积极参与、平衡考虑政府与市场的作用、可靠的技术革新等一系列条件的满足。

从根本上说，生态现代化的核心观念在于沿着更加有益于环境的路线改组资本主义的政治经济，对资本主义实施生态调整。但从更广阔的视角看，也可以将之视为是对人类当代社会面临的生态挑战的另一种解释，即"市场经济压力刺激和有能力国家推动下的更新，可以在促进经济繁荣的同时减少环境破坏，而不必对现行的经济社会活动方式和组织结构做大规模或深层次的重建"[3]。

相较于可持续发展的远景追求，生态现代化更注重政策实践和实际行动。它在新时代背景下，将可持续发展的目标与追求阶段化、具体化、操作化，它从更加实

---

[1] 蔺雪春：《变迁中的全球环境话语体系》，《国际论坛》2008 年第 6 期，第 8 页。

[2] 郇庆治：《环境政治国际比较》，山东大学出版社 2007 年版，第 45—46 页。

[3] 郇庆治：《环境政治国际比较》，山东大学出版社 2007 年版，第 48 页。

际的意义上使人确信，发展将会继续，社会仍将进步。

三、环境话语的分类

环境话语一开始便是被置于工业社会中长期占统治地位的工业主义的背景中。工业主义长期以来忽略或者压制环境关切，即便我们今天称为环境议题的问题得到思考，那通常也是从工业过程的输入这一角度来考虑的。因而，环境话语不能简单地接受工业主义的术语，而必须与这些术语区分开来。

（一）文化维度的环境话语类型研究

在对环境话语进行话语分析的研究上，文化维度的环境话语类型研究是环境社会学的研究重点，研究者从不同角度对环境话语进行分类和探讨。赫恩德和布朗为环境话语的分析条理化进行了基础性的探索，他们根据文本体裁的不同，将环境话语进行区分，建立了"环境话语修辞模型"，该模型由规制话语、诗意话语和科学话语三种不同类型的话语构成，其构成方式如图4。规制话语把自然视为一种资源，它是由那些负责决策和制定环境政策的权力机构散布的。政策制定者通常依赖于技术性的数据和专家的证言，因此规制话语常常建立在科学话语的基础之上。在科学话语中，自然是一个通过科学方法建构起来的认知对象。与科学话语相对的诗意话语以强调自然的美丽、灵性和情感力量的描述为基础。赫恩德和布朗指出这三种主要的环境话语并非相互排斥的、纯粹的，而是相互融合、渗透，因而研究者能寻求到的最多是一种"主导趋势"[1]。

图 4　环境话语修辞模型

---

[1]　Herndl C G and Brown S C. "Introduction". C.G. Herndl and S.C. Brown (eds) *Green Culture: Environment Rhetoric in Contemporary America*. Madison, WI: University of Wisconsin Press, 1996, p. 12.

布鲁通过对环境哲学文献和美国环境主义历史的研究，对美国环境运动的话语框架进行了分类，从文本内容的层面上区分了九种类型的话语：不言而喻的命运，野生动物植物管理，保育，保存，改良环境正义，深层生态学，环境正义，生态女性主义和生态神学。由此布鲁指出，环境话语的多重性使得每个话语框架的拥护者相互割裂，互不理解[1]，没有一个统一的声音对全国的运动进行领导，从而导致美国环境运动的支离破碎，无法有效地从根源解决环境恶化问题。

（二）环境话语分类的新尝试

约翰·德莱泽克在其著作《地球政治学：环境话语》中明确使用类型学方法，按照环境意识形态的差异，对环境话语进行了区分（如表3）。环境话语分类的第一个向度是改革主义的或是激进主义的。第二个向度基于从工业主义中的区分既可以是平凡乏味的，也可以是充满想象力的这一事实。这种平凡乏味的区分在相当程度上把工业社会所设定的政治经济棋盘视为理所当然。在这一格局下，环境难题主要被视为既存的工业政治经济所遭遇的麻烦。需要采取行动，但并非指向一种新的社会类型，所涉及的行动可能是相当剧烈的和激进的。正如我们将会看到的，有些人相信，为了有效地回应环境问题，经济增长必须被控制。但是，这些人支持或倡议的措施本质上是由工业主义决定的。

相比之下，充满想象力的区分试图重新界定这个棋盘。尤其是，环境难题被看作是机会而不是麻烦。对这个棋盘的充满想象力的重新界定可以消除旧有的困境，即不把环境关切视为经济关切的对立面，而是将二者视为潜在和谐的两个方面。环境开始被置于社会及其文化、道德和经济体制的核心，而不是被看作一种孤立于体制之外的难题的来源。这种区分是充满想象力的，但追求改变的程度可以是小规模的和改良主义的，也可以是大规模的和激进的。正如我们所能看到的，充满想象力的改良主义认为，能够从这种工业社会遗留下来的基本政治经济结构中找到有能力应对环境问题的方法；而充满想象力的激进变革者认为，需要对这种政治经济结构进行整体性的变革。这两个向度的结合——改革主义者对激进主义者和平凡乏味的

[1]　Brulle R J. *Agency, Democracy and Nature: The U.S. Environment Movement from a Critical Theory Perspective*. Cambridge, MA: MIT Press, 2000, p.273.

对充满想象力的 —— 就产生了如表 3 中的四个单元。

表 3　环境话语的分类

	改革主义者	激进主义者
平凡乏味的	生态理性主义	生存极限主义
充满想象力的	生态现代主义	绿色激进主义

生态理性主义环境话语承认现存的政治经济体制的合法性，主张通过政策，尤其是公共政策的调整来应对环境难题。具体而言，各种进入政府体制的环境主义刺激，或者通过市场为环境损害和收益确定合适的价格标签，或者通过行政国家使环境关切和专家在其运行过程中实现制度化等，都能够为扩展自由民主政府解决实际问题能力的方式提供动力，进而推动公共政策的相应调整。其所主张的化解方式不是"革命式"的，而是"改良式"的。在生态理性主义环境话语内部，关于何种方式更适合解决环境问题存在着实质性的分歧，具体可进一步划分为行政理性环境话语、经济理性环境话语和民主实用主义环境话语。

行政理性主义环境话语倡导专家在解决环境问题中的核心作用。经济理性主义环境话语强调借助市场的价格与竞争机制来实现环境资源的合理配置，应对现在及未来可能出现的环境危机。民主实用主义环境话语强调在自由资本主义民主的基本制度框架下，借助民主理念、民主程序和组织架构来化解环境危机。

生存极限主义环境话语源于马尔萨斯在人口学理论中所蕴含的"承载极限"的思想。其基本观点是，经济和人口的持续增长将最终达到地球上生态系统和自然资源所能承载的极限。从追求目标来看，极限话语是激进的，它以工业化政治经济中权力的全面再分配和不同于永久经济增长的全面再定位为目标，是对现存社会发展逻辑的否定。从实现路径来看，极限话语又是平凡乏味的，它认为只能从工业主义设定的可能选择中找到解决方法，尤其强调行政人员、科学家和其他负有责任的精英对现存体制的更大控制权。

生态现代主义环境话语主张将经济增长、社会公平和生态保护、代际平等在全球范围内永久地联结起来。根据时代背景、话语方式与行动理念的差异，又可以分为可持续性环境话语和现代性环境话语。可持续性时代开始的标志是 1987 年《我们共同的未来》（布伦特兰报告）的出版。报告宣称："本质上来讲，可持续发展是一种变化的过程。在这个过程中，资源的开发、投资倾向、技术方面和制度改革这四方面是相互协调的，而且共同促进人类生存发展的现实需求及其未来想象。"[1] 可持续发展并不明确指代现实结果、行动举措和制度体系，它是一种话语系统，强调人类有能力使发展一直持续下去，既保证当代社会全面发展的生存需要，又不会危及未来后代对资源的需要。增长与发展的概念以这样一种方式被重新定义，可持续性成为有关讨论所围绕着的中轴。但是可持续性在确切意义上并未达成共识，不同的环境话语及利益团体均试图在可持续发展过程中注入自身的话语特征及利益考量。现代性环境话语也始于 20 世纪 80 年代初，伴随生态现代化概念的提出而逐渐发展起来。该话语强调用绿色生产技术框定整个社会的经济、政治和社会制度，强调准确计量经济行为的环境成本及收益，实现生产方式的绿色转型。

绿色激进主义环境话语既是激进的，也是充满想象力的，是一个有多元主体参与的话语集合。参与主体包括绿党、生态马克思主义者、生态社会主义者、深层生态主义者、生态女性主义者、后现代主义者等。由于主体的多元性，绿色激进主义环境话语也存在诸多流派。尽管主体和流派甚多，但是它们有共同主张，即在维持资本主义政治框架下寻求某种激进的变革路径，反对工业社会的基本结构以及环境被概念化的方式，寻求关于人类、人类社会及其在地球上位置的各种替代性解释。

绿色激进主义话语的激进性和想象力在一定程度上造就了其深刻的内部分裂特征。在美国，社会生态学活动分子与深层生态主义者展开了论争，前者拥有一种田园生活的想象和社会正义的关注，后者更倾向于没有人类的自然风景。在德国，围绕是采取街头抗争还是议会活动的战略问题，绿党的基要主义派在与绿党的现实主义派的论争中最终败北。在任何情况下，绿色浪漫主义者与绿色理性主义者、个体生物权利的支持者与整体主义的思想家、绿色生活方式的支持者和那些优先强调绿色政治的人们总是意见相左。这些争论激烈而持久，却正是绿色公共领域的具体表现。绿色激进主义希冀，伴随这一绿色话语空间的形成，顺畅的对话与协商将会在全社会形成对政治、经济和社会诸结构变革与手段上的共识。

---

[1] World Commission on Environment and Development. *Our Common Future*. Oxford: Oxford University Press, 1987, p. 46.

约翰·德莱泽克认为，这四种范式全都拒绝工业主义，但它们都致力于与工业主义的话语交战——即使仅仅为了与工业主义保持距离。这也就是为什么它们与工业主义及其辩护者的论战往往比它们之间的论战更加突出。[1]

四、环境话语分析的研究方法

环境话语是探讨人类与所生存环境关系的语言形式，它涉及人类语言与世界的关系。随着环境话语的发展及其影响的不断扩大，学术界也对环境话语本身展开了相应研究，在对环境话语的研究中有三种主要的研究方法，即生态语言学的方法、生态文化多样性的方法和批评话语分析方法，也有学者把批评分析或生态批评分析纳入生态语言学的范畴。

（一）生态语言学的方法

生态语言学是语言学研究的一个新领域，作为语言学与生态学相结合的产物，它"旨在探索语言多样性和生态多样性以及语言在环境问题上的影响和作用"[2]。生态语言学研究有三种突出的方法。一是"语言生态"（language ecology）的方法，这种方法以任何一种语言与其环境发生相互关系的研究为研究对象，关注人为的、语言相互竞争的政治生态，注重探索语言多样性与生物多样性，着力于调查、记录及拯救地球上濒危语言，强调适者生存的原则。二是对隐喻的研究。生态语言学认为有关生态系统的隐喻已经由语言系统扩展到了普遍的文化系统。环境话语大量使用隐喻的主要原因包括对所涉及事物的求新解释、环境话语使用者之间相互冲突的表达以及对环境理解的局限性等。Mills 指出在过去的一千年中，西方社会出现了三种有关自然的隐喻：中世纪时期自然是上帝书就的一本书；文艺复兴时期自然是人类身体的反应；现代社会自然是一部机器，从时钟演变为蒸汽机再演变为计算机。[3]三是生态批评方法。修辞研究和批评分析是生态批评分析的两个主要来源。生态批

---

[1] [澳]德赖泽克：《地球政治学：环境话语》，蔺雪春、郭晨星译，山东大学出版社2008年版。

[2] 王晋军：《生态语言学：语言学研究的新视域》，《天津外国语学院学报》2007年第1期，第56页。

[3] Mills W T. "Metaphorical vision: changes in western attitudes to the environment". *Annals of the Association of American Geographers*, Vol.72, No.1, 1982, pp. 237-531.

评方法主要关注对语言系统内部的批评，如对词汇和句法中有关"人类中心主义"（anthropocentrism）[1] 的批评，并在此基础上提出与生态相和谐的"绿色语法"（green grammar）模式[2]。

（二）生态文化多样性的方法

Luisa Maffi 认为生态文化多样性涉及生命多样性的生态多样性、文化多样性和语言多样性三个方面，这三个方面在复杂的社会生态适应系统中相互关联。简言之，生命多样性包含动植物及生态系统的多样性、人类文化和语言的多样性。她指出，语言是生态文化多样性赖以存在的一个重要因素，它不仅是文化传承得以实现的重要条件，也能够反映人类言语社区的生物多样性。在生态多样性较丰富的区域，语言多样性也会较丰富，因而文化多样性也会更明显。[3] 总之，这种方法侧重从语言多样性的角度来考察文化多样性，如对濒危语言及少数民族语言及其文化的考察等。

（三）批评话语分析方法

批评话语分析主要关注与话语和话语生产有关的社会政治问题，试图通过对语言表层形式的分析来揭示隐藏在话语中、不易被人察觉的权势、控制和支配的关系。批评话语分析理论较为复杂，流派众多，其中 Maarten Hajer 教授创立的后福柯话语分析框架（辩论式话语分析，argumentative discourse analysis）被学者们广泛接受。这种分析框架建立在福柯的话语理论的基础之上。福柯把话语、知识和权力紧密联系在一起：话语是由知识生产的规则决定的，这些规则明确了话语的内容及话语有效性的程度；话语结构是社会权势的一种形式，它把常识性的东西自然化为特定的观念、态度和实践，社会控制即为"真理的效力"（effect of truth）。后福柯的学者

---

[1] Halliday M A K. "New ways of meaning: the challengeof applied linguistics". Püts M. (ed.) *Thirty Years of Linguistics Evolution: Studies in Honour of René Dirven*. Philadelphia and Amsterdam: John Benjamins, 1992, pp. 59-95.

[2] Goatly A. "Green grammar and grammatical metaphor, or language and myth of power, or metaphors we live by". *Journal of Pragmatics*, Vol. 25, No.1, 1996, pp. 53-60.

[3] Maffi L. *On Biocultural Diversity*. Washington, DC: Smithson. Inst. Press, 2001.

们对福柯的话语观进行了解读，并把它用于话语分析之中。[1]

五、国内环境话语经验研究

近十年来，环境话语在我国学术研究中逐渐受到关注，对西方环境话语研究成果的介绍性和评价性研究较多，整体处于引入和学习借鉴的起步阶段。当前已有的经验性研究主要集中于语言学、传播学和政治学学科领域，社会学领域经验研究较少。

部分文献根据各时期的国家重大事件，主要分析了主流环境话语的历史发展脉络，并对其进行了反思，以寻求未来的发展方向。整体来看，我国的主流环境话语依次经过了由"污染难免"到"环境保护"的话语出场阶段；从"可持续发展"到"生态环境建设"的话语转型阶段；从"生态文明"到"绿色发展"的阶段。[2] 在主流环境话语随时代变迁不断转向时，全球化不可抑制地以一种资本、话语权力的方式从西方流向东方，又从东方逆袭西方。随着各国民族主义、国家主义的日益突显，生态和技术等多方面危机加重威胁着人类社会的发展。而新世界主义语境的出现，为旧的社会发展范式提供了新思路，指出了环境从"可持续"向"可再生"的全新发展路径。[3]

另一方面，在大众传媒快速发展的当下，新媒体成为环境话语的新载体和新的传播手段。在这样的社会背景下，官方话语主体也同样利用这一全新载体对主流环境话语进行了传播，《人民日报》作为我国官方党媒正是其中典型代表。韩岩在其研究中从2013年12月份《人民日报》官方微博发布的关于雾霾的文本入手，指出新媒体环境下我国官方党媒的环境话语的三个特点：贴近民生、沟通受众，贴合微博语境、文风前卫，以及诉诸理性、诉诸感性。

另一个较为集中的环境话语经验研究领域主要集中于环境话语中我国政府与其他话语主体的权力竞争与分割。研究表明，我国政府在话语权力分割中始终占有强

---

[1] 王晋军：《国外环境话语研究回顾》，《北京科技大学学报（社会科学版）》2015年第5期，第31—32页。

[2] 王宽：《新中国70年来中国共产党生态话语构建的基本历程与经验启示》，《理论导刊》2019年第9期，第4—11页。

[3] 徐迎春、虞伟：《从环境"可持续"到"可再生"：新世界主义语境下的环境话语转向》，《浙江学刊》2019年第1期，第144—149页。

势话语权地位，但同时也离不开与其他话语主体的互动与合作。陶贤都在其研究中通过对报纸媒体土壤污染报道文本的分析，指出政府、专家、企业、NGO 以及公众各方的话语权并不平等，其中政府占据最主要的话语权地位，专家学者积极介入议题报道，而 NGO 和公众的话语权较为弱势。[1]徐迎春在其研究中通过分析中国政府的生态话语和《人民日报》的相关文本，指出主流媒体和政府在内容和形式的意义建构上都具有隐秘的互动。媒体通过"生命""安全""战斗""财富"等隐喻构建"低碳"保护的绿色神话，形式上通过媒体的编排、栏目设置、报道方式以及政府话语实践，通过环境框架注入和典型故事导入等隐性方式构建起"低碳"保护的绿色意义。这一切看似与自然相关，实际是特定政治文化中的人为建构，形成互动的权力关系。而同时在政府内部，也同样存在环境话语权地位的分割。[2]李亮在其研究中指出在环境话语上，国家与地方政府存在话语权地位分割的现象，甚至地方政府的环境话语与国家具有一定程度的矛盾。他认为国家环境话语与地方政府环境话语的不一致既是社会转型过程的结果，也是生态行政理性主义的必然后果。他从民主实用主义角度为中国政府未来的环境话语建设提供了新路径，为中国生态文明建设提供了新思路。[3]

总体而言，近十年来我国学者梳理并借鉴国外环境话语理论，关注我国环境话语现状，进行了具有中国本土化的环境话语经验研究，但与国外相关研究相比，我国环境话语的相关研究仍存在关注不足、研究不成熟等问题。当前我国国内环境话语研究多从政府或主流媒体的视角出发，以主流环境话语发展走向和话语权力地位的分割为主要研究内容，其中话语权力地位的分割主要以福柯的后结构主义话语分析为理论基础。对公众、社会组织等其他话语主体关注较少。我国的环境话语研究具有很大的发展空间。

---

[1] 陶贤都、李艳林：《环境传播中的话语表征：基于报纸对土壤污染报道的分析》，《吉首大学学报（社会科学版）》2015 年第 5 期，第 108—114 页。

[2] 徐迎春：《隐秘的互动：政府环境话语和主流媒体的"低碳"神话建构》，《浙江传媒学院学报》2015 年第 6 期，第 34—42 页。

[3] 李亮、郭辉：《常州毒地事件中政府环境话语分析》，《南京林业大学学报（人文社会科学版）》2016 年第 2 期，第 58—63 页。

风险社会理论

风险自古有之，它随人类的发展而发展，特别是进入现代社会以后，地质灾害、极端气候、疫病肆虐、核泄漏、战争与恐怖主义等"天灾""人祸"使人们认识到"风险"是关系到全人类生存发展及前途命运的重大问题。人们日益感受到风险社会给人类带来的是全球的、难以预测的、无法挽救的、不再被限制的伤害。风险社会理论正是针对这一严峻现实展开的思考，有助于人类从环境和生态风险角度反思与重构资本主义现代性。

一、"风险"的诸多理解

西方学者从不同视角出发形成了一些富有启发性和前瞻性的风险理论。勒普顿（Deborah Lupton）从"视角"概念出发，把关于风险的理论研究区分为风险社会视角、风险文化视角和风险治理视角。[1] 金（Jens O. Zinn）和泰勒—顾柏（Peter Taylor - Gooby）在《风险：一个跨学科研究领域》一书中将社会风险研究的主要路径归纳为：统计—概率路径、心理测量路径、社会学方法研究路径和风险的社会放大框架。[2] 我国学者夏玉珍、卜清平也从风险理性选择理论、风险感知理论、风险文化理论、风险社会理论、风险系统论、风险治理理论六个方面梳理了风险理论学说

---

[1]　[澳]狄波拉·勒普顿：《风险》，雷云飞译，南京大学出版社 2016 年版，第 8 页。

[2]　[英]彼得·泰勒 - 顾柏等：《社会科学中的风险研究》，中国劳动社会保障出版社 2010 年版，第 17—39 页。

的总体架构。[1] 上述分析框架，实则存在内在关联，本章在现有分类的基础上，进行一定程度的合并归纳，从三个方面对学者们从不同理论预设、不同视角、方法论基础出发对"风险"的理解进行介绍。

（一）风险的客观释义

"风险"概念最初源于早期航海贸易，特指在航海时遇到礁石、风暴等客观危险，后被延伸到保险领域，并获得了专业的法律定义。"风险"概念因此获得了它最原初的属性，即客观性，换言之风险是不以人的意志为转移的客观存在。

1. 客观的、可预测的、可计算的风险

在这种风险观之下，风险被认为是客观存在的损失的不确定性，因而可以预测。在对风险事故进行足够观察的基础上，可以通过客观概率较为科学地描述和定义这种不确定性，使用统计—概率的风险研究方法来评估由技术引发的社会风险，并且用量（价值）来衡量各种结果。面对客观风险，人们往往以成本—效益为原则，会在考量其成本与收益的基础上做出理性选择，实现风险最小化而收益与利润最大化。这种方法适用于那些因果关系清晰、预期后果可测量的风险。

在贝克看来，这正是阶级社会风险的性质。在阶级社会，人类创造的文明可以把各种决策的不可预见的后果转换为可预见的后果，把不可控制的事情转换为可控制的事情，通过有意的预防性行动及其相应的制度化措施可以有效避免各种副作用。[2]显然，这种风险概念以空间、时间和社会方面明确界定的后果为前提，体现了控制的要求。生活在阶级社会的人们可以明确感知到风险，坚持对因果关系进行严格验证是阶级社会科学理性的核心。

2. 客观的、不可预测的、无法计算的风险

以贝克、吉登斯等人为代表的客观主义流派侧重于从制度、技术和结构视角来认识和应对现代风险。现代社会风险"是现代化、技术化和经济进程的极端化不断

---

[1]　夏玉珍、卜清平：《风险理论方法论的回顾与思考》，《学习与实践》2016 年第 7 期，第 90—97 页。

[2]　[德]乌尔里希·贝克：《自由与资本主义》，路国林译，浙江人民出版社 2001 年版，第 121 页。

加剧所造成的后果"[1]。工具理性与价值理性、科学理性和社会理性的分裂，造成了技术性风险（生态灾难风险、化学产品风险、基因工程风险等）和制度性风险（经济危机、政治失灵和社会治理失效等）前所未有地增多，现代性最终走向了它的反面。所有这些自反性现代化的后果，预示着风险社会的到来。

风险社会的风险具有全球性、不可感知性和无法计算性，不同于阶级社会风险的地域局限性、可感知性和可计算性，两种社会的风险性质截然不同。风险社会的风险虽然是客观存在的，但却不是具体的物，不能被明确感知，需要借助知识、正反两方面专家和公众的参与、对因果关系的推测、费用的分担及责任分配而获得确立。风险社会的各种风险（包括核物理的、化学的、生态的和基因工程的）既不能用时间和空间加以限制，又不能按照因果关系、过失、责任的既存规则来担责，也不能被补偿和保险。[2]风险在风险社会居于核心地位。

工业社会中人们的生产、生活方式是引发风险最重要的因素。贝克对风险的内涵和外延进行了全面界定。内涵层面，风险的概念是反映过去、现在和未来关系的话语，可以被界定为"系统地处理现代化自身引致的危险和不安全感的方式"[3]。外延层面，虽然风险不等于破坏，却也意味着破坏。风险介于安全与破坏的中间地带，处在信任不再与还未破坏之间的临界状态。从根本上说，风险的概念既不是完全意义上的事实判断，也不是纯粹意义上的价值判断，它兼具二者的特点，或可认为它是处于两者之间的独特概念范畴。

（二）风险的主观释义

风险社会研究的主观主义流派以拉什为代表，拉什提出了以审美自反为核心的自反性现代化理论，廓清了风险文化的概念和现代化困境的成因。这一流派认为风险是社会主体心理认知的结果，不同文化背景对风险有不同的解释话语，不同群体对于风险的应对有自己的理想图景。"风险社会"概念无法准确描绘出人类当前面临的境况，现代社会风险的大量涌现昭示着人类对风险认识的加深。

---

[1] [德]乌尔里希·贝克：《自由与资本主义》，路国林译，浙江人民出版社2001年版，第125页。

[2] [德]乌尔里希·贝克：《世界风险社会》，吴英姿、孙淑敏译，南京大学出版社2004年版，第101页。

[3] [德]乌尔里希·贝克：《风险社会》，何博闻译，译林出版社2004年版，第40页。

从文化角度阐释风险，拉什并非第一人。英国社会学家玛丽·道格拉斯（Mary Douglas）与美国政治学家艾伦·维尔达夫斯基（Aaron Bernard Wildavsky）合著的《风险与文化》一书对公众不断增强的风险意识和关注科技风险的新现象进行了解释，指出在当代社会风险既无增加，也未加剧，只是更多地被意识到而已。他们开启了风险分类学的领域，确立从主观体验的角度来分析风险并帮助不同群体感知和选择风险的研究路径，并明确提出"风险文化"这一概念。道格拉斯和维尔达夫斯基所关注的实质是由社会价值和文化所建构的风险，他们强调不仅要从道德和政治的角度分析风险的含义，也要考虑产生风险的社区的独特性，每一个社区的权威、承诺、边界与结构形式决定了风险被建构和内在作用的方式。[1] 拉什基于道格拉斯等学者的研究，从批判贝克等人的"风险社会"理论出发，提出了"自反性现代化"理论。他认为，社会的现代化程度越高，能动者对生存状况的反思能力就越强，改变社会现实的可能性就越大；并且这种能动者主体已经从专家系统的确定性判断转向了社会边缘群体的审美自反。[2] 风险在当代的突显更是一种文化现象，而不是一种社会秩序。

（三）风险的其他释义

卢曼从系统论出发，认为现代社会的发展过程就是一个社会系统不断分化的过程，这一过程充满了复杂性和偶然性，人们面对的是一个深不可测的世界，认知永远存在盲点。这些都无可避免地会带来风险，而且风险具有不确定性和不可认知性。

福柯从来没有研究过风险问题，但是他的"治理术"理论构成了风险治理理论的核心基础。通过对近代历史档案的研究，福柯发现近代以来君主极大改变了社会治理的方式。在 18 世纪的欧洲，随着行政国家的出现，国家开始从人口与社会的角度对待他们的公民，通过干预、管理和保护来实现财富、福利和生产力的最大化。福柯认为，权力者对于秩序的理解可以借用"安全配置"与"生命政治"这一对概念来表达。在利益政治框架下，秩序的正当性来自于财富、福利和生产力的最大化。

---

[1] [英]大卫·丹尼：《风险与社会》，马缨、王嵩等译，北京出版社 2009 年版。

[2] 王伯承：《西方风险社会理论困境与中国本土化启示》，《内蒙古社会科学（汉文版）》2015 年第 6 期，第 28 页。

社会发展中最大且不能容忍的风险即为对实现这一目标的威胁。在福柯那里，风险是一种近代社会治理术中的手段或策略，而不是一个纯粹客观或实体化的威胁。勒普顿也指出，"从这个视角来看，风险可被理解成实施管制权治理策略，并通过这一策略对人口和个人实施监视和管理，实现新自由主义的目标"[1]。这种监视与管理以科学的名义来操作，看似人性、温暖，实质却"是一种道德技术。推断一个风险就是去操控时间、约束未来"[2]。

现代风险治理理论极大继承了福柯的思想，风险被理解为政府使用其规训权力的一种战略。在这个意义上，学者们所关心的不是风险的本质，而是那些使风险具有可计算性和可知晓性的知识形式、统治性话语、专家、技术与制度。概括而言，借助专家判断把某类人归入风险人群而隔离起来，以保证社会秩序处于正常化状态中；或是通过延缓或终止某类被赋予风险属性的事项来保证社会利益的最大化。[3]

显而易见，学术界对于风险的理解，基于心理学、人类学、政治学、社会学等学科视角，形成了不同的理论观点。这其中，以贝克、吉登斯等学者为代表的社会学阐释，由于突出了社会结构、制度和技术要素而格外具有影响力。他们的基本主张是，在发达的现代化国家，工业生产导致的无法预测的后果转变为全球生态困境，这已经超越了单纯的环境问题，本质上是工业社会本身的一种意义深远的制度性危机。

二、自反性现代化与风险社会

"自反性现代化"指涉的对象是现代社会自身，它是一个与工业社会的"经典现代化"相对的批判性概念。贝克指出，风险的产生是自反性现代化的后果，"风险的概念直接与反思性现代化（即自反性现代化）相关"[4]。"反思性现代化"不仅是风险社会理论的核心概念，还提供了反思性的研究方法。只有在准确把握工业社

---

[1] [澳] 狄波拉·勒普顿：《风险》，雷云飞译，南京大学出版社 2016 年版，第 71 页。

[2] Ewald F. "Insurance and risks". Burchell G, Gordon C and Miller P (eds). *The Foucault Effect*: Studies in Governmentality. London: Harvester/Wheatsheaf, 1991, pp. 197-210.

[3] 韩宗生：《风险社会理论范式的批判性阐释》，《华东理工大学学报（社会科学版）》2018 年第 2 期，第 37 页。

[4] [德] 乌尔里希·贝克：《风险社会》，何博闻译，译林出版社 2004 年版，第 19 页。

会和传统风险内涵的基础上，才能够更好地理解自反性现代化与风险社会。

贝克认为，现代性的发展是分阶段的。他将现代性分为第一现代性和第二现代性。前者对应着 20 世纪后半叶之前的古典工业社会，后者对应于现在业已形成的新的社会形式 —— 风险社会。

（一）第一现代性与传统风险

第一现代性是用来描述以民族国家社会为基础的现代性。主要从地域意义上来理解社会关系、网络、共同体等概念。第一次现代性的典型特征可概括为：集体生活方式、可控制性、充分就业、进步和对自然的开发。[1] 用于分析第一次现代性的概念框架立足于以下三条原则：原则一是社会学的观念及其概念都根植于民族国家的地域局限性；原则二是强调集体化社会对个体的控制和影响；原则三是确定西方社会的功能先进性。

第一现代性对应的是古典工业社会（阶级社会），社会运作的逻辑是如何以不平等且合法的方式分配社会生产的财富。社会财富分配是为了满足人们对稀缺物品的渴望。阶级社会的发展动力仍旧与平等理念相联系。社会发展的理想是每一个人都能够分享社会进步的好处。人们关心的是如何获得好的东西。

阶级社会也存在风险。阶级社会的风险有三大特征。其一，阶级社会的风险存在于"在自然和传统失去它们的无限效力并依赖于人的决定的地方"[2]。阶级社会的风险具有地域局限性、可感知性和可计算性。由于风险和后果局限在特定区域且只对部分人员产生影响，采用保险手段可以抵御生态危害。在阶级社会，认识和消除风险的一种有效方法就是"污染者补偿原则"，但需要对因果关系进行严格的科学验证。

其二，阶级社会的风险只是作为"残余风险（residual risk）"而存在。处于工业社会阶段的民族国家虽然承认风险的存在，也承认现代化的后果和自我危害被系统地制造出来，但是由于把追求进步和秩序作为中心任务，风险始终没有成为公共讨论的主题或政治冲突的中心。工业社会的自我同一性强化了由已做出的决策所带

---

[1] 郑莉：《现代性论争的缘起、困境与出路》，《马克思主义与现实》2007 年第 1 期，第 142 页。

[2] [德]乌尔里希·贝克：《自由与资本主义》，路国林译，浙江人民出版社 2001 年版，第 119 页。

来的危险，并同时使之合法化为"残余风险"[1]。

其三，阶级社会的风险也附着在阶级模式上，从这个意义上讲，风险参与巩固了阶级社会。风险像财富一样，与阶级结构内在关联，只是财富在上层聚集，风险在下层聚集；在阶级地位上，是存在决定意识；在风险地位上，是意识（知识）决定存在。

（二）第二现代性（自反性现代性）

第二现代性又称"自反性现代性"或"激进的现代性"，它以一种意想不到、不着痕迹的方式削弱着第一现代性的根基，并改变着它的参照框架。在第一现代性中最基本的关于可控制性、确定性或安全性的想法土崩瓦解了。一种与社会发展的早期阶段不同的新的资本主义、新的经济、新的全球秩序、新的社会和新的个人生活正在形成。[2] 贝克认为这不是后现代性，理论界所面临的任务是修正社会学，以便为社会和政治的再造提供一个新的框架。[3]

"自反性现代性"的内涵是创造性地自我毁灭整整一个时代——工业社会时代，简言之即为"自我对抗"（self-confrontation）。这种创造性毁灭的对象是第一次现代化的胜利成果，它意味着工业社会形态将被另一种现代性在抽离之后重新嵌合，这实际是开辟了通向另一种现代性的道路。贝克指出，一个新的社会时代即将到来，因为它不是源于资本主义的危机，而是源于资本主义的胜利成果，因此可以不通过发生革命或暴力冲突来实现。从一个社会时代到另一个时代的过渡可以是无意的、非政治的，可以绕过所有政治决策场所、路线冲突和党派论战。这意味着社会结构力量的削弱不是由阶级斗争，而是由正常的现代化过程和持续推进的现代化过程引发的，进步可能转化为自我毁灭。[4]

在《自反性现代化》中，贝克、吉登斯、拉什展开了对自反性现代化理论的激

---

[1]　[德]乌尔里希·贝克：《世界风险社会》，吴英姿、孙淑敏译，南京大学出版社2004年版，第96页。

[2]　[德]乌尔里希·贝克：《世界风险社会》，吴英姿、孙淑敏译，南京大学出版社2004年版，第2—3页。

[3]　Beck. *World Risk Society*. Cambridge: Polity Press, 1999, pp. 1-2.

[4]　[德]贝克、[英]吉登斯、[英]拉什：《自反性现代化》，赵文书译，商务印书馆2001年版，第5—6页。

烈对话，充分诠释了自反性现代化理论的内容。他们对自反性现代化的共同结论是：西方工业社会模式在现代化进程中，逐渐走向全球化、自反性。自反性的到来成为不可争议的事实。[1] 但是，他们对"自反性"的理解却不尽相同。首先，关于自反性现代化的主体。贝克认为是结构本身，结构使行动成为可能。吉登斯认为是科学家和普通人以及制度和机构，更多关注"专家系统"和"制度自反性"的作用。拉什认为主体应该属于个人能动者和集体能动者。其次，关于自反性现代化的媒介。贝克认为非知识，是内在动力，是想不到的；吉登斯认为属于知识；而拉什认为属于知识、制度之外的惯习、习性。不过在关于自反性现代化的后果上，三人倒是达成了共识，即风险的产生。

（三）风险社会作为自反性现代化的后果

根据贝克等人的观点，第一现代性解决的是传统社会的风险，但也产生了新风险。这些新风险的不断累积构成了反思的现代性（或晚期现代性、高级现代性、激进的现代性等）的特征。当风险成为一个时代的特征和社会的特征，"风险社会"即宣告来临。

1. 贝克关于风险社会的观点

自反性现代性对应着风险社会。风险社会面临着大量的在发达的现代性中系统地产生的风险和威胁，如何避免、减弱、改造或疏导它们即成为风险社会的核心关注，由此风险的分配便是风险社会的核心原则，风险生产的逻辑统治着财富生产的逻辑。风险分配处理的是人们力图规避的现代化的负面影响问题。换言之，人们更关心的是技术—经济发展本身产生的问题，现代化正在成为它自身的主题。风险社会奉行不安全的价值体系，人们关心的是如何预防或避免坏的东西，人们因为焦虑、害怕而自我约束、自我限制。在全球性风险的推动下，风险分配会出现不同于阶级分配的逻辑，逐步呈现平均化局面。

风险社会的风险因为具有全球性、不可感知性和无法计算性而居于现代文明的核心。工业社会的风险支配了公共、政治和私人的讨论，风险意识被普遍接受，而

---

[1] ［德］贝克、［英］吉登斯、［英］拉什：《自反性现代化》，赵文书译，商务印书馆2001年版，第174页。

进步意识原则上已被打破。风险如此多又如此难以确认责任主体，会产生一种"有组织的不负责任"（organized irresponsibility）现象，即那些参与制造当代社会中危险的公司—政策制定者—专家的联盟又建立了一套话语来推卸责任，他们把自己制造的危险转化为某种"风险"。"有组织的不负责任"实际上反映了风险社会中现代治理形态所面临的两个困境：第一，尽管现代社会形成了一套高度发达、关系紧密且几乎覆盖人类活动的各个领域的制度体系，但是在风险社会来临之时，它们难以承担起事前预防和事后解决的责任，显得无能为力；第二，就人类环境而言，几个世纪以来环境破坏的责任主体无法准确界定。各种治理主体反而积极地为自身"有组织地不承担真正责任"的行动寻求法律和科学层面的辩护。[1]

总结而言，贝克认为风险与风险社会是现代性的产物，具有现代性的本质特征，但又具有"混合性"或"融合性"特征。具体表现为：①风险概念所要表述的是一个特定的中间阶段的特性。这个阶段居于安全和毁灭之间，处于此阶段中的人们的思想和行为决定于对有危险的风险的"感知"。可以用"不再信任／安全，但还没有毁灭／灾难"来描述风险的现实状态。因此，风险只是一种可能性或潜在性，是一种"虚拟的现实"。②风险概念逆转了过去、现在和未来的关系。过去已经无力决定现在，可怕的未来对今天投下的危险阴影越多，由今天揭示出的风险引发的打击也就越大。③风险陈述既不是单纯的事实主张，也不是价值主张。它有时同时是两者，有时又是介于两者之间的一种"数字化的道德"（mathematized morality）。风险直接或间接地与文化定义及一种可接受的或不能接受的生活标准相关。所有的风险陈述都处于真实的事实和并不存在的未来之间。④风险概念与风险社会、人为的不确定性相联系，是一种独特的"知识与不知的合成"：一方面是利用经验知识对风险进行评估；另一方面，则是在风险不确定的情况下决策或行动。从这个意义上讲，人为的不确定也有双重含义：首先，大多数人正面接触到的更多更好的知识，成为新风险的来源。在开拓更多更新的活动领域的同时，科学也同时创造了新类型的风险。其次，风险来自于或存在于"不知"（无知）。⑤风险既是本土的又是全球的，或者说是"全球本土的"，这是一种新类型的风险。在这样一个世界风险社会，只能是难以控制危险，

[1] 参见杨雪冬：《风险社会理论述评》，《国家行政学院学报》2005 年第 1 期，第 88—89 页。

而不能预测风险。这种新风险的超越国界的动力，不仅在国际上适用，而且它也存在于国内，这意味着制度的界限不再完全发挥作用。现代化第一阶段的控制逻辑从根本上受到质疑，世界风险社会变成自我批判的社会。⑥风险是"人为的混合物"，它包容了政治学、伦理学、数学、大众传媒学、技术、文化定义和观念。我们正生活在一个超越我们的两分框架的"混合世界"，其中自然与文化之间的明显界限已然消失。我们正在建立、生活在一个构想出的虚幻文化世界，它的特性已经超越了自然与文化之间的差异。[1]

2. 吉登斯关于风险社会的观点

与贝克相比，吉登斯的风险社会理论更强调制度性风险，并且关注风险社会对个人日常生活的影响。吉登斯指出，高度现代性的世界是一种机遇与风险并存的世界，生活在这个世界中的人们要面对诸多由人为不确定性带来的问题。这个世界的风险与现代制度发展的早期阶段相比，存在三个方面的不同。其一，启蒙运动引发了人类社会的长足发展，现代制度愈益成熟，人类对社会条件和自然干预的程度越来越深，这一切都是人为不确定性的来源。现代性对人类生活的影响具有两面性，一方面它降低了某些领域和生活方式中的风险性，另一方面它也导入了一些以前所知甚少或全然无知的、源于现代性社会体系的全球化特征的新的风险参量。在吉登斯看来，在全球化的过程中，现代性的四个制度支柱都可能带来后果严重的风险：世界资本主义经济会产生经济崩溃，国际劳动分工体系会造成生态恶化，世界民族国家体系会带来极权主义，世界军事秩序会诱发核大战的爆发。其二，风险的产生及影响更加难以预测，原有的方法无法解决这些问题，启蒙运动所明确的知识越多，控制越强的思路对它们基本无效。其三，其中那些"后果严重的风险"具有全球性，几乎可以影响到全球每一个人，甚至人类整体的存在。针对风险社会的这些变化，吉登斯强调新风险的出现并不意味着现在的社会生活比以前更危险，而是人们的自我保护意识增强了。

吉登斯认为，当代世界的风险环境在客观和主观两个方面发生了相应变化。首先是风险的客观分配格局的改变，具体而言包括：高强度风险的全球化（例如核战

---

[1] 薛晓源、周战超：《全球化与风险社会》，上海科学文献出版社 2005 年版，第 137—142 页。

争的威胁），具有全球影响的突发性风险，人化环境或社会化自然带来的风险（比如知识对物质环境的影响），影响无数人生活机会的制度化风险环境的发展（例如投资市场）等。其次是对风险的理解的变化，包括：风险意识本身成为一种风险；风险意识的分布趋于均匀，公众对风险的了解越来越多，进而对其熟视无睹，同时公众也意识到专业知识具有局限性。

风险环境的变化带来了风险的个人化。每个人选择的数量都在不断增加，包括对自己的身体和后代。任何一种选择都会产生风险，并且风险又因选择的差别而不同。因此对于个人而言，风险既是普遍的，也是独特的。风险的个人化是对风险制度化的一种弥补。个人风险意识的提高有助于公众主动采取自我保护的措施，并积极参与现有制度的改革。

风险的个人化意味着风险意识和风险认识水平的提高，但是个人在风险认知上仍然遭遇着双重困境。困境一是个人风险意识的提高和对风险了解的加深并不意味着他在面对风险时总能做出理性反应，往往在某些后果严重的、可能会发生的风险面前，个人会非理性地反应过度。典型的例子是人们对交通事故习以为常，却对核战争充满恐惧，而实际上交通事故发生的概率要远大于后者。吉登斯对此的解释是，后果严重的风险具有独特属性，由于其包含的灾难危险巨大，人类社会不敢贸然出错，所以人类对高后果风险的真实经验较少。困境二是个人在风险判断上越来越信任依赖专家系统，但是专家系统本身对风险的认知和解决存在着内部争议，个人会因此质疑其权威性并选择更加个人化的风险应对方式。例如医学界对"吸烟有害健康"的判断缺乏统一性，导致人们做出个性化选择。[1]

吉登斯关于风险对个人生活的影响的微观分析，极大丰富深化了我们对风险社会的认识，他的分析能够直接推导出更多的具有操作性的政策措施。

三、风险社会的治理

在贝克和吉登斯的论述中，与阶级社会相比，风险社会发生了根本性的转变：从自然风险转向人为风险，从个别风险、区域风险转向全球性风险，从物质利益风

---

[1] 杨雪冬：《风险社会理论述评》，《国家行政学院学报》2005年第1期，第89—90页。

险转向文化风险、道德风险、理论风险等非物质风险，从单一风险后果转向多重风险后果，从单一风险主体转向多重风险主体。风险的应对方式也自然而然从简单转向综合。[1]

（一）贝克 —— 亚政治

贝克认为，治理现代风险需要二次启蒙（即生态启蒙），就是通常意义的再造政治，也叫作亚政治（subpolitics）。"亚"表示这种形式的政治是非正式的、未被制度化的。亚政治意即"直接"政治，它建立在自下而上生成的市民社会的基础上，绕过代表性的意见形成机构（政党、议会）和法律认可保护，是一种特有的对政治决策的个人参与。这个概念从狭义上看，意味着其内涵是置于民族国家层面之下的，但在广义上是跨越并超越了民族国家的跨国政治。亚政治的核心元素具有多样性特点，比如大众媒体、公民自发组织、新社会运动、持批判态度的知识分子等，都是亚政治体系的积极参与者。

亚政治不会改变传统政治系统的主导地位，但它将会对政府的体制性改革和功能的有效发挥产生重要影响。亚政治包含五个方面的内容：第一，要破除专门知识的垄断。人们必须树立一种正确的观念，即行政机构和专家不是万能的、无所不知的，他们很多时候不能够准确地了解对每个人来说什么是正确的和有益的。第二，团体参与的范围必须根据社会的相关标准开放，实现管辖权的开放，不能仅由专家来确定。第三，所有参与者必须意识到，决策不是由外部制定好的，要实现决策结构的开放。第四，专家和决策者之间的闭门协商必须传达到或转化为多种能动者之间的公开对话。第五，整个过程必须达成并遵循一致的规范，实现自我立法和自我约束。[2]

贝克认为，应该反思和改革现今的政治制度，促进科学技术相关领域的决策以制度化的措施来重新政治化、道德化。强有力且独立的法庭与媒体在亚政治的控制体系里是两大核心支柱。但是，亚政治体制的建立仅靠这两大支柱是远远不够的，作为补充性的前提条件，政府必须从方法论上具备自我批判与反思的可能性。

---

[1] 庄友刚：《从马克思主义视野对风险社会的二重审视》，《探索》2004年第3期，第132—133页。

[2] ［德］贝克：《从工业社会到风险社会》，王武龙编译，《马克思主义与现实（下篇）》2003年第3期，第66—70页。

亚政治是贝克为解决生态危机提供的具体政治方案，不过他也一再强调，这一政治方案的实行要建立在特定前提之上，即意识形态伴随生活方式的改变而变化。社会必须具有一种反思现代化的思维方式和行为方式，能够对生态问题的根源及其生产、现代化的生活方式进行全面反思、重构，才可能成功地应对全方位的生态挑战。

（二）吉登斯 —— 生活政治

随着个人、制度以及社会的反思性提高，简单现代性也在向反思现代性转变，这种转变反映在政治上就是从解放政治向生活政治的转变。解放政治是以阶级为基础的，其目的是把个人和群体从其生活机遇的束缚中解放出来，既包括打破过去的枷锁，也包括克服某些个人或群体对其他个人或群体的非法统治。解放政治关心的是减少或消灭剥削、不平等和压迫，只关注正式的政治制度和体制，没有把与生活有关的各种决策包括进去；只关注自主，忽视相互依存和团结。因此，本质上讲，解放政治是一种生活机遇的政治。对比而言，生活政治是以个人为基础的，关注的是个人的选择和决策，要解决的是"集体人面临的挑战"。它是"生活方式的政治"，是认同的政治、选择的政治、自我实现的政治。[1] 它不仅包括个人生活，还包括社会生活的各个方面。

吉登斯的观点是倡导自反性现代化来应对制度化和个人化的风险，认为应该对现行的政治体系、组织结构以及专家系统的垄断进行改革，以实现从"解放政治"真正转向以责任、信任、认同和选择为基础的"生活政治"。现代社会正在进行传统的重建，反思性现代化在这个进程中能够获得能力与资源进行社会风险的化解。[2] 反思性现代化要求人们对现代秩序中存在的极限和矛盾加强适应。[3] 反思性从根本意义上说是用来界定所有人类活动特征的 [4]，反思性现代化是解决风险的有效方案。现代性的反思是对社会发展阶段进行修正的敏感性，之所以修正正是源于新的知识信息。

---

[1] [英]吉登斯：《现代性与自我认同》，赵旭东等译，生活·读书·新知三联书店1998年版，第14页。

[2] [英]吉登斯：《现代性的后果》，田禾译，译林出版社2000年版，第52页。

[3] [英]安东尼·吉登斯、[英]克里斯多弗·皮尔森：《现代性：吉登斯访谈录》，尹宏毅译，新华出版社2000年版，第199页。

[4] [英]吉登斯：《现代性的后果》，田禾译，译林出版社2011年版，第32页。

对民族国家而言，规避风险的主要方式有：预防原则、大胆积极行动、风险预警机制、保险、福利等路径。但是这些组织和制度方面的举措在推行过程中出现了很多问题，更无法应对全球性现代化危机：极权主义力量的增长、核冲突或大规模常规战争、生态环境的破坏或灾难、经济增长力量的崩溃。面对这样的严峻形势，根本出路在于对现代化进行反思。

认可世界主义。世界主义是解决风险社会困境的一个良方，努力消除民族国家界限，接受多样文化习俗，全球化同时也带来民主的广泛传播。在全球化秩序下世界性民族主义作为唯一民族认同形式，是与全球化秩序呼应相一致的。全球性公民社会有利于团结多方力量更好地克服风险危机事件，因为这种公民社会打破了各个民族国家之间的界限，将各个民族国家紧密联系起来，团结协作，携手共同抗击风险带来的冲击。[1]

建立世界性民主扩展和全球统理结构。世界性民主的管理权不仅仅向全球层次集中，而且也向各个地区散播。[2] 努力缩小全球不平等和发展差距，建立强大有序的全球统理结构，积极发展经济在一定程度上有助于解决风险问题，特别是生态风险问题。

建立风险评估体系。吉登斯指出，个体积极开拓未来的目的在于使得自己成为生活规划中不可动摇的固有部分，我们只能有限度地侵入未来世界，并且我们面临各种难于预料甚至不可预料的风险威胁。在此背景下，风险评估被每个个体在实践意识水平上建立起来，因个体差异，风险评估含有主观性甚至惰性。吉登斯认为对风险进行评估的重任不能完全委托给科学家去执行，因为风险的评估工作必须客观，不能掺杂任何个人主观性。[3] 此外，正确管理科学技术、增强人们的风险意识等都是吉登斯给出的非常具体而实用的方案。

与贝克、吉登斯突出组织—制度框架不同，拉什认为既然制度是现代性困境的根源，用制度治理风险徒劳无益。因此，他以审美自反逻辑来进行改革，其结果是

---

[1] [英] 安东尼·吉登斯：《第三条道路》，郎友兴译，浙江大学出版社 2000 年版，第 141—143 页。

[2] [英] 安东尼·吉登斯：《第三条道路》，郎友兴译，浙江大学出版社 2000 年版，第 153—154 页。

[3] [英] 安东尼·吉登斯：《第三条道路》，郎友兴译，浙江大学出版社 2000 年版，第 219 页。

建立在信息和交流基础上的新式社群，又叫作自反性社群。这种社群有利于缓解个体单独面对危机时的恐慌感，提高个体化社会成员的本体性安全感，并以亚政治运动为手段，传播应对现代性危机的文化，并以此反抗带来现代性危机的文化。[1]

四、"风险社会"对我国的启示

风险社会并不是一个历史分期意义上的概念，而是对目前人类所处时代特征的形象描绘。风险社会是一个认知概念，同时作为一种正在出现的秩序和公共空间，它更具有现实性和实践性。风险社会中的风险是"平等主义者"，不放过任何人，因此风险社会的秩序并不是等级式的、垂直的，而是网络型的、平面扩展的。风险社会的结构不是由阶级、阶层等要素组成的，而是由个人作为主体组成的。风险的跨边界特征使得有明确地理边界的民族国家难以独力支撑治理任务，它要求更多的治理主体出现并达成合作关系。

风险社会带给整个人类社会的影响是深刻、全面和不可回避的。在风险社会的阴影下，社会发展的效率和稳定机制将受到严重威胁。在贝克看来，世界"风险共同体"已然成为全人类的历史命运。中国是一个正在崛起的大国，大国崛起将会带来什么新的风险？贝克在《风险社会》一书中多次强调，风险是发展的副产品。然而，贝克在分析世界风险社会的生成、表现与治理特点时并没有看到中国社会风险治理的独特性。中国作为一个发展中的社会主义国家，在社会风险治理的价值理念、思维方式、治理目标、治理路径以及治理机制上都与西方发达资本主义国家存在差异。当代中国社会风险治理应坚持科学发展，重塑风险价值理念，通过对自身实践活动结果的自我反思、自我批判、自我校正以及自我调控的形式实现自由自觉的发展。在当代中国整体发展转型升级中，始终不渝地坚持进步与平衡相统一、创新与自律相统一、自觉与自信相统一、真理与价值相统一、系统治理与分散治理相统一等多种原则。以行为归化机制、发展约束机制、利益协调机制、环境"强化"机制为主要治理机制。在风险治理的全过程中，并不纯粹以资本的逻辑为动力，而更多的是坚持以人为本的治理理念。在世界风险社会语境下，中国作为一个负责任的大

---

[1] 童星、张海波：《中国转型期的社会风险及其识别》，南京大学出版社2007年版，第28页。

国，如何加快制度建设，推进理论创新，努力化解当今时代各种现代性风险，使当代中国能够经得起各种现代性风险的挑战，同时也为和谐世界的构建做出积极努力，值得我们去研究、去思考。至少要着重突出以下几点：

第一，要增强责任意识。风险社会带来的极大不确定性使民众对政府的工作充满期待。在这种情况下，政府要责无旁贷地承担起风险管理的责任。勇于承担责任要求政府在思想上强化责任意识，行动上积极化解风险，勇于承担风险带来的后果。

第二，要促进危机管理常态化。以往应急式的危机管理方式已不能适应风险社会的现实需要，实现危机管理常态化成为政府必然的选择。危机管理常态化是把危机管理作为政府日常管理活动的重要组成部分，建立常设的危机管理机构，实现危机管理活动的日常化。实现危机管理常态化也有助于政府及时发现和防范各种风险，从而把握危机管理的最佳时机。

第三，要提升自我认知能力。为了克服政府知识的有限性，避免因政府行为不当带来的风险，政府应保持一种谦逊和好学的态度，保持政府行为的开放性，建立灵活的政府机制，不断增进政府的认识水平和管理能力，适当减少政府对社会事务的干预。

第四，提高政府对风险的预测能力。在风险发生之前准确预测并有效防范风险是提高风险管理效能的关键所在。政府行为要保证前瞻性与科学性的统一。在瞬息万变、复杂多变的社会环境中，准确预测是科学决策的前提和基础。

第五，建立多元合作机制。风险社会的不确定性和政府知识、能力的有限性使得提高政府行为的前瞻性和科学性只能部分缓解风险社会的治理困境。对风险社会的有效治理，既要强调政府的基本责任，还要充分发挥其他社会主体的智识和功能，建立广泛的治理风险的社会合作机制。

日本环境社会学理论

日本于 19 世纪 80 年代开始产业现代化时期，二战以后进入以重工业、化学工业急剧发展为特征的高速增长期。此一时期，日本创造了世界经济发展的奇迹，同时也经受了生态环境的严重污染与退化。20 世纪世界十大环境公害中有四个都发生在日本。在这种现实逼迫下，日本的环境社会学较早发展起来，形成了本土特色，在国际环境社会学界具有一定影响力。

日本学者舩桥晴俊和寺田良一将日本环境社会学的发展分为两个时期。第一个时期是 1945—1985 年，区域发展导致的环境和污染问题日趋严重，这期间日本遭遇了环境四大公害问题。此一时期，日本发展起来的环境社会学理论有受益圈和受害圈理论、受害结构论和生活环境主义理论。第二个时期是从 1986 年到现在，环境问题呈现全球化趋势。主要理论有社会两难论、公害输出论和环境控制系统论等。[1]

一、公害型环境问题时期的理论

（一）受益圈和受害圈理论

"受益圈和受害圈理论"主要是围绕大规模公共基础设施建设中，受益者与受害者对"公共性"概念的不同理解，以及如何建立平等型而非剥夺型的共同性问题

---

[1]　[日]舩桥晴俊、寺田良一：《日本环境政策、环境运动及环境问题史》，罗亚娟译，《学海》2015 年第 4 期，第 62—75 页。

而发展起来的。20 世纪 70 年代末 80 年代初，由梶田孝道、舩桥晴俊、长谷川公一等人组成的研究小组，聚焦新干线问题最严重的名古屋市沿线环境公害问题，以受益群体与受害群体的博弈为轴线，展开了深入的社会学分析，并最终出版了《新干线公害——高速文明的社会问题》一书。

该书描述了新干线公害的形成、危害以及不同利益群体的博弈。日本东海道新干线是为了迎接东京奥运会而建设的重要工程，它将日本带入高速文明时代，成为日本经济增长与社会繁荣的象征。但是与这一工程相伴而生的环境公害，包括严重的噪音、振动、电波干扰、阳光遮挡和沙尘侵扰等，也给沿线居民造成了巨大伤害。围绕这一环境公害，日本国内开始出现受益群体与受害群体之间的对立与博弈。受益一方由国有铁道公司与享受高速、准时、安全、舒适的新干线的乘客群体组成。受害一方则是居住在东海道新干线、山阳新干线沿线的多达 13 万户的居民。他们忍受着新干线带来的各种问题，生活、睡眠都被干扰，身体健康和精神健康一并受损。1974 年 3 月，不堪其扰的名古屋市 341 户居民向地方法院起诉国有铁道公司，对速度优先的高速文明与所谓的公共性提出质疑。环境公害逐步扩大并演变成为社会问题。[1]

研究指出，大型公共基础设施的建设产生环境公害时会产生两类人群，从中受益的人群或组织称为受益圈，由此受害的人群称为受害圈。受益者与受害者分属于不同的利益空间。受益者往往是非人格化的公共组织，环境保护的主体责任不明确，对受害者权益的剥夺行为是不自觉实施的；而受害者则是分散的、少数的、处于弱势的个人。两者基于不同的利益，站在相互对立的立场上评价环境问题，存在巨大分歧，造成严重的社会矛盾与冲突。[2]

现代社会的重要矛盾之一便是"高速文明"对应的经济价值与"生活品质"对应的环境价值的冲突。"公共性"概念是达成社会共识的共有基础，但是在大规模公共基础设施建设中，它在利益调节问题上常常会失灵。当一部分人所享受的便利性是以剥夺他人正当权利为基础时，公共基础设施也就失去了"公共性"的原初之意。日本国有铁路公司在公共性的名义下，把新干线公害的环境负荷转嫁给沿线居民，

---

[1] 李国庆：《透视日本环境社会学》，《环境保护》2011 年第 14 期，第 70 页。

[2] 李国庆：《日本环境社会学的理论和实践》，《国外社会科学》2015 年第 5 期，第 129—130 页。

造成了两个相互分离的利益群体，不存在重合的共同利益。受益者与受害者之间缺乏沟通与协调，由于缺乏利益返还的渠道与机制，受害者的损失无法从受益者获得的便利中得到减缓或抵消。由此可见，"公共性"在这一类环境公害中为公共工程提供了重要庇护，它赋予公共工程以正当性，并使之获得相对于其他利益相关方的绝对优先地位。受益一方可以轻易以"公共性"的名义免除加害者的责任，拒绝受害者的赔偿要求，提高受害者的忍耐限度，甚至搁置问题。[1]

在上述研究基础上提出的受益圈和受害圈理论不仅要分析受益圈的构成（包括哪些人群或组织，通常是那些强势的公共组织和社会群体），受害圈的构成（包括哪些人群，往往是分散的个体），以及这些人群或组织的社会背景和阶层结构，还要分析受益圈与受害圈的关系形态（"分离型"或"重叠型"）。[2] 在新干线公害中，受益圈与受害圈明显处于分离状态；而在垃圾处理场的污染问题中，受益圈与受害圈却存在重叠交叉。当受益圈和受害圈出现重叠的时候，环境问题的解决会比较容易。

该理论认为，强调使用价值的"公共性"理论在防止和解决社会纠纷上已不再是神圣原则。对于具有公益性的社会基础设施建设而言，不能仅考虑投资主体的利益，作为规范理念的"公共性"不应创造出新的受害群体，甚至拒绝他们合理的赔偿要求。基础设施的建设必须与各方相协调，形成"平等的公共性"，从根源上防止和减少受益群体与受害群体间尖锐的利益冲突。对于建立现代社会生活环境问题的价值评估而言，受益圈与受害圈理论有着重要意义，即面对多元化的公共环境利益，各主体如何通过公正、平等的协商找到对各方损失最小的解决之道。[3]

（二）受害结构论

东京都立大学的饭岛伸子教授在《环境问题与受害者运动》一书中，基于对栃木县足尾铜矿矿毒和熊本县水俣病的实地调查研究，从受害群体阶层特征角度探讨了"什么是公害受害者"的问题，提出了受害连续化理论——受害结构论。"受害结构"来自城市社会学的"生活结构"概念，用于分析组织、文化以及社会关系如

[1] 李国庆：《透视日本环境社会学》，《环境保护》2011年第14期，第70页。

[2] 卢春天、马溯川：《中日环境社会学理论综述及其比较》，《南京工业大学学报（社会科学版）》2017年第3期，第73页。

[3] 李国庆：《透视日本环境社会学》，《环境保护》2011年第14期，第70页。

何影响个体生活。"受害结构论"把受害结构划分为受害层次（从个人、家庭扩展到地域社会）和受害程度（从身体伤害、心理伤害延伸至社会关系冲击）两个向量。受害层次可分为四个层面，每个层面的受害程度强弱各不相同。受害结构即为由受害层次与受害程度规定的受害状态的构成。

受害层次包含四个层面。第一层面为健康与生命。个人健康乃至生命会直接受到公害的伤害，轻者身患疾病，健康受损，重者可能失去生命。对于个人而言这是最基本的伤害，由此派生出其他层面的伤害。第二层面为生活。这里的生活包括经济收入、生活水平、生活时间、生活空间、人际关系以及生活设计等生活结构构成要素。受害者的生活结构构成要素一旦失衡，家庭生计就会受到冲击，家庭内人际关系会随之紧张甚至断裂。第三层面为人格。健康伤害与生活结构受损会造成受害者精神颓废、人格受创、陷入人格解体状态，甚至可能丧失生存的欲望。此外，受害者在与非受害群体或组织（诸如污染企业、行政机构、医疗机构、地区非受害居民及新闻媒体等）的交往过程中常常感受到屈辱、悲伤、憎恶和愤怒，在孤立无助的情况下容易发生人格变异。第四层面为地域环境与地域社会。个人和单个家庭所受伤害不断累积和扩散，居民抗议活动受到压制，最终将演变为地区性灾害及公害污染的扩散。在受灾地区，不仅农田被污染，更有无数家庭受到冲击，人口剧减，村落社会解体，地域社会的存续基础发生动摇。

受害程度受到内因与外因的影响。内部因素包括健康受损程度、健康受损者在家庭中的地位、受害者及其家庭的阶层地位和社会团体支持力度四个方面。健康受损程度影响着一个家庭能否回归社会。如果家庭的经济支柱健康受损，将对子女教育、生活水平产生全面影响；子女健康受损则对家庭影响较小。受害者及其家庭的阶层地位可通过家庭经济能力、信息获得能力、制度保障等方面加以反映，它们对家庭救治状况有显著影响。社会团体在物质与精神方面的有效援助在某种程度上可以弥补阶层差异。影响受害程度的外部因素主要指污染企业、政府机构、医疗机构、一般市民以及媒体的应对态度。污染企业的漠视会给受害者本人及其家庭造成最深的伤害，政府和医疗机构迟缓和缺乏力度的对策可能加深伤害程度，媒体不恰当的报道和非受害居民的冷漠都将刺痛受害者敏感的神经。[1]

受害结构论强调，公害的受害群体具有明显的阶层性，多数来自社会下层，他们受到的伤害往往是最为严重的。由于不同阶层所受伤害层次和程度存在差异，对于受害原因的认知也不尽相同，要达成对公害治理的社会性共识将需要漫长的时间。饭岛伸子的研究有助于增强社会大众对受害群体的认知，有利于从社会层面寻找减少危害程度的方法和对策。

（三）生活环境主义

鸟越皓之、嘉田由纪子等学者于 20 世纪 70 年代末 80 年代初对琵琶湖周边环境进行了调研。他们发现环境治理科学模式对于环境领域中很多问题的处理与当地相关者及居民的想法存在巨大差异，甚至达到难以置信的程度。他们从当地居民处理问题的思维方式中获取灵感，将之提炼总结，最终提出"生活环境主义"。生活环境主义是一种尊重"当地生活"的智慧，从中挖掘并激活积极要素来解决环境问题的方法。它既能从生活的角度"安抚"自然，又能通过成果的反馈来改善并丰富当地人的生活。

1. 生活环境主义的特点

在生活环境主义之前，关于工业化过程中环境问题产生的原因及解决方式的思考形成了两种代表性观点：现代技术主义论和自然环境主义论。现代技术主义论认为，环境污染是工业化的伴生物，环境问题最终可以通过技术革新和国家制度来解决。自然环境主义论主张通过严格控制人类活动，减少对环境所造成的影响和危害，以此达到保护环境、维持生态系统的目的。与这两者都不同，生活环境主义尊重生活者的智慧，重视生活者的社会实践活动在解决环境问题上的重要性，主张从生活者的生活实际出发，从当地居民的生活历史和生活取向中寻找解决环境问题的答案。[2]

生活环境主义具有三大特色：体现了日本社会学实证研究擅长考察分析民众"生

---

[1] 此部分内容详细参考了饭岛伸子：《环境问题的被害者运动》，学文社 1984 年版，第76—105 页；转引自李国庆：《日本环境社会学的理论和实践》，《国外社会科学》2015 年第 5 期，第 125—127 页。

[2] 宋金文：《生活环境主义的社会学意义 —— 生活环境主义中的"生活者视角"》，《河海大学学报（哲学社会科学版）》2009 年第 2 期，第 18 页。

活"这一特点；吸收了二战后日本社会学参与观察式田野调查的科学特色；思想体系受到了中国、韩国以及日本传统思想、科学方法论的影响。[1] 其中，尤以第一个特点最为突出。生活环境主义对民众生活的考察特别重视"经验"和"历史的个性"。生活环境主义者认为，社会中的行动者在做出行为决策时，会受到很多因素的影响，包括个人动机、生活经验、人际关系以及许多无法道明的理由。这些因素都可以浓缩到"经验"这个概念里。"经验"不仅涵盖了深层因素，也具有时间特性。考察经验有助于深入挖掘个体行动决策的内在机制，做经验分析必然要触及并关注当事人的生活史以及他所生活的社区的历史，因此更有助于做出正确判断，有利于做出恰当的政策建言。

生活环境主义对生活者生活本身的重要性的强调主要是基于两个根本问题的考量，即当人与自然发生矛盾时，为什么要重视生活者的生活；当人与人在环境问题上发生矛盾时，为什么要强调生活者的立场。生活环境主义者对第一个问题的回答是，在人与环境无法和谐共处之前，分开考虑两个系统对双方都比较有利。在人与自然的互动中，人是主动方，人要生存下去，就必须学会与自然和谐相处，因此才会强调生活者的角度。可见，生活环境主义是关注如何搞好与环境的关系以便更好地生活下去的主义，而不是为了环境而环境的主义。对于第二个问题，生活环境主义者认为，围绕环境问题而发生人际矛盾的场景很多，牵涉其中的各主体在性质和规模上都有所差别，无论如何选择，由某一个主体单独做主总是存在诸多利弊，但是权衡而言，当地居民应该排在第一位，这是民主的体现和社会发展的结果。[2]

2. 生活环境主义的构成

生活环境主义模式包含所有论、组织论和意识论三个层次，可从中分别抽取"共同占有权""说法""生活常识"三个分析概念。个人所有权在资本主义社会中拥有至高地位，无论是经济系统还是整个法律体系都要遵守这一原则。与此相反，环境权则是那些没有私有权的人们以保护环境的名义去侵犯某些人的私有

---

[1] [日]鸟越皓之、闫美芳：《日本的环境社会学与生活环境主义》，《学海》2011年第3期，第44页。

[2] 宋金文：《生活环境主义的社会学意义——生活环境主义中的"生活者视角"》，《河海大学学报（哲学社会科学版）》2009年第2期，第20页。

权。这在资本主义社会根本无法获得法律的认可与保护。鉴于此，生活环境主义者认为，作为资本主义社会的一员，日本的法律同样坚持个人私有权的不可侵犯性，因此无法为环境权提供保障。只能够从地方政府身上寻找突破口，依据行政裁决权改善事态。事实上各个社区对于区内土地如何使用这些问题都有它自己的处理规则（local rule）。

"共同占有权"这一概念是对社区关于所有权和利用权的理解的融合。生活环境主义模式向执政机构揭示出各社区里存在"共同占有权"这一现实，并告诉政府工作人员，要想帮助当地居民过上好日子，就必须尊重这一权利。因此，通过行政裁决权坚守该权利是政府执政人员分内之事。由于"共同占有权"与各个社区内部规则（local rule）紧密相连，执政机构在制定环境政策时，需要调查清楚该社区内的所有（权）与利用（权）的相关规则，同时领会"共同占有权"的存在和它的强弱度，唯有如此才能够制定出适合于该社区的环境政策。

组织论关注的是居民意见中存在分歧的问题。在存在环境问题纷争的地方，居民意见通常并不一致。居民中的赞成派、反对派、附加某些前提条件的赞成派等不同派别对环境问题各执一词。只要居民意见不同，政府执政人员就无法采纳他们的意见。但这并不表示环境纷争无法解决。每个派别都会逐渐形成公共意见。"说法"（saying）不是个人的理论，而是派别内共有的理论，会因个人所属集团立场的不同而不同。说法在具备一定理论性的同时，更具有"追求正当性"的特点。面对某一具体的环境问题，起初居民的意见确实难以达成一致，但"说法"会逐渐取代个人意见（本意、本心）而慢慢理论化。最终，占了上风的"说法"会变成居民的主体意见，并影响到行政或开发者，从而获得自己对环境的决定权。因此，生活环境主义重视居民的意见和组织特性，考察各派别的"说法"和各派别构成人员的社会属性，并在此基础上明确全体居民都信服的理论。

意识论主要是对生活意识的分析。生活意识作为个人行为判断的基准，具体包括三个方面的内涵。其一是个人的经验认知（它不是指个人的具体生活经历，而是指通过生活经历知识化了的认知）。其二是生活组织（村落、社区等）内的生活常识。"生活常识"可定义为"人们为了更好地生活，在生活组织中逐渐形成的生活智慧的积累"。生活常识会对每个人的生活体验加以过滤，使之成形，成形后的生活体验最终将通过他们的行为具体表现出来。其三是生活组织外的通俗道德，它指的是国家创立的社会道德。在面对社会问题纷争时，生活者可以把这种通俗道德作为自己的意识判断基准，也可以作为说服他人的理论根据。[1]

3. 生活环境主义的理论意义

鸟越皓之先生在其《环境社会学》一书中系统分析了生活环境主义在人与自然的关系上、人与人的社会关系上的体现和应用，从而展示出生活环境主义在解决各种环境问题上的有效性。生活环境主义模式诞生于人口密度极高的日本，它顺应了人口密度较高地区也需要环境政策这一社会现实。该模式对人口密度较高的中国具有较强的借鉴意义。

《环境社会学》开篇即指出，现代社会人们对环境的认识已经发生了两个重要改变：一是从公害、环境破坏等"受害性环境问题"向如何将环境改变为更具魅力的"创造性环境"方面转变；二是政府（地方自治体）和国民与地区环境的关系由政府、自治体完全掌控环境的计划权和实施权到国民、当地居民更多地加入到环境的"参划与协动"中的变化。[2] 这两种变化说明，国民或者居民作为生活者在环境方面的作用在不断增强，但同时，生活者个人在环境行为和意识方面仍然存在很多问题。作者指出，这里实际上包含了一个社会学的常见命题，即个人与社会的关系问题。

生活环境主义实际上是一种把居民个体和群体生活作为行为主体来观察环境问题的方法论，而这个方法论与社会学方法论是一致的。站在当地人生活的角度来看待问题，就是在尊重生活者生活的基础上，不断总结和利用他们的智慧，确立正确的人与自然的关系。这就是社会学的眼光，也是生活环境主义所强调的观察问题的立场。[3]

---

[1] 生活环境主义的构成部分，详细参考了 [日] 鸟越皓之、闻美芳：《日本的环境社会学与生活环境主义》，《学海》2011 年第 3 期，第 46—49 页。

[2] [日] 鸟越皓之：《环境社会学》，宋金文译，中国环境科学出版社 2009 年版，第 1 页。

[3] 宋金文：《生活环境主义的社会学意义——生活环境主义中的"生活者视角"》，《河海大学学报（哲学社会科学版）》2009 年第 2 期，第 24 页。

二、环境问题全球化时期的相关理论

（一）社会两难论

"社会两难论"是日本海野道郎将数理社会学中的研究模式应用于垃圾问题研究时提出并被引进环境社会学之中的。其研究目的在于分析日常生活环境问题的产生机制与结构，特别适用于对城市日常生活环境问题的分析。海野道郎长期关注生活垃圾和化学洗涤剂使用造成的日常生活环境污染。日常生活环境污染与工业污染不同。在工业污染中，生产者和受害者是分离关系，工业污染造成对居民健康的严重损害，治理污染的责任在企业本身。但是在日常生活环境污染中，生产者和受害者往往主体重叠，受益群体与受害群体的构成具有重合性。例如，社区居民既是垃圾污染的生产者，又是受害者；汽车的使用者既是污染制造者也是受害者等。

对于这一现象的解释，传统经济学基于"理性自我中心主义"的假设认为，理性自我中心主义的个人从与己方便的角度做出行为选择，其结果不仅会损害公共利益，也会使自己成为受害者。其中尤以"公地悲剧"[1] 理论、"集体行动的困境"理论以及"囚徒困境博弈"理论为代表。日本学者在借鉴上述观点的基础上，提出了"社会两难论"。"两难"指个体合理性与集体合理性之间的背离现象，个人的行动对自己越有利，对社会就越不利。如果每一个人都有权使用资源，却无人有权阻止他人使用，就会导致资源的过度使用，造成"公地悲剧"。社会两难问题的产生是因为个人过于精明而非过于愚昧。[2]

学者舩桥晴俊把"社会两难论"界定为："在多个行为主体能够不受限制地追求自己利益的关系中，人们都在进行私人的合理行为，而他们行为的累积结果会导致集体财产的恶化，从而对各个行为主体和其他的主体产生不利的结果，具有这种

---

[1] 加勒特·哈丁（Garrett Hardin）的"公地悲剧"可以说是社会两难论的一个基本类型。所谓公地悲剧，是指作为理性个体，每个牧羊者都希望自己的收益最大化，为此牧羊者不顾草地的承受能力而增加羊群数量，其他人也纷纷效仿这一行为，最终导致公地的破坏。

[2] 参见李国庆：《透视日本环境社会学》，《环境保护》2011 年第 14 期，第 71 页。

结构的状况叫作社会两难论。"[1]该定义涉及两个核心概念："私人的合理行为"和"集体财产"。"私人的合理行为"通常是追求个人利益最大化的行为。在环境被破坏时，如果分析导致环境破坏的各个主体的行为特征，就会发现"私人的合理行为"这一特征。"集体财产"是多个主体可以同时使用的财产，如公共环境、公共资源、公共设施等。舩桥晴俊认为，对公共资源、公共环境（大气、景观等）、公共设施（道路、公园、堤坝等）等形式的集体财产可以进行相同逻辑的分析。他把社会两难的类型区分为商业捕鲸型、地表下沉型、工业排水型、道路拥挤型、汽车尾气公害型、高速公路公害型以及原型的公地型，并对这七种类型的社会两难进行了深入分析。

社会两难论对于分析那些致害主体多元化、受益圈与受害圈重叠的环境问题十分有效。不让陷入两难论的当事人自己解决，而是由共同认可的"他人"来裁决是避免两难困境的有效方法。这里的"他人"即为第三种力量，包括民间信仰（山神崇拜、河神崇拜）等社会规范。以生活垃圾为例，当在社区边界框定的空间内分析生活垃圾分类问题时，受益者和受害者的范围非常清晰，主体之间因共享部分利益而易于生成改变现状的动力机制。解决此类环境问题的关键是以社区为单位建立垃圾分类的规章制度和行为准则，将之内化于居民的行为之中，培养具有危机意识、成本意识、规范意识的理性行动者。[2]

（二）公害输出论

最早对公害输出概念进行界定的日本学者是饭岛伸子。在她的界定中，公害输出是指因国内公害管制严格而将企业转移到其他对公害管制相对宽松的国家，并给这些国家带来了公害或环境破坏的现象。日本的公害输出行为导致公害问题的地域影响不断扩大，公害由日本国内向其他落后国家转移，具有明显的国家间的致害与受害关系。从这个意义上讲，公害输出也是全球化产业转移的一个缩影。

舩桥晴俊、平冈义和等人基于原有的致害与受害关系研究，进一步发展了公害输出的理论观点。对于国家间的环境问题，应该在全球化，尤其是经济全球化的背景下来理解。公害输出可以区分为直接性公害输出和间接性公害输出。直接性公害

---

[1] 包智明：《环境问题研究的社会学理论：日本学者的研究》，《学海》2010年第2期，第88页。

[2] 参见李国庆：《透视日本环境社会学》，《环境保护》2011年第14期，第71页。

输出的典型表现是管制严格的发达国家向管制宽松的发展中国家转移污染工厂和工程，以此追求本国经济与环境的双赢。其前提条件是在世界经济一体化的过程中，各国对于环境污染的管制存在明显差异，发达国家较为严格，发展中国家相对宽松。在国际关系中，更多的是间接性公害输出。一方面，发达国家把发展中国家作为废弃物处理场，造成发展中国家的环境破坏；另一方面，发展中国家向发达国家出口低加工消费品，本身就是以破坏自身环境为代价的。这种不平等的国际贸易使得发达国家从消费中受益，发展中国家却成为环境问题的受害者。这是典型的南北问题。[1]

虽然"公害输出"这个概念几十年前便已提出，但日本学者较少从事公害输出问题的专门研究，所积累的研究成果也很有限。总体而言，公害输出论相对不够完善，在某种程度上，它是日本环境社会学理论中最不成熟的一个理论。

（三）环境控制系统论

环境控制系统论从解决论的视角研究环境问题。环境控制系统论的代表人物舩桥晴俊把"环境控制系统"明确界定为：是将由环境负荷的积累而在各个时期所产生的，或者会在将来产生的结构性紧张，转换成对于环境问题的解决压力，并推行实效性的解决努力；是将以环境问题的解决为要义的环境运动和政府环境管理部门作为环境控制主体，将接受这些主体控制行动的其他社会主体作为被控制主体的这种社会控制系统。[2]

环境控制系统论与生活环境主义在解决环境问题时关注地方生活和地方知识不同，它所倡导的是一种与环境政策密切关联的系统性控制。这种系统性控制由行政组织和社会运动相互作用形成的社会控制系统实施，目的是形成一系列社会规范以减少环境负荷的积累，从而克服环境问题中的社会两难问题。环境政策的社会控制获得成功的前提是，环境政策必须系统化和具有可持续的操作性。为此要满足三个条件：其一是对社会中所发生的新问题保持敏感，能迅速设定适当的控制目标以便解决问题；其二是政策决定应该基于社会整体的长远利益和某种普遍性价值准则；其三是这种基于某种普遍性理念的环境政策和控制主体要具有强大的主体性以免被

---

[1] 包智明：《环境问题研究的社会学理论：日本学者的研究》，《学海》2010年第2期，第89页。
[2] 包智明：《环境问题研究的社会学理论：日本学者的研究》，《学海》2010年第2期，第89页。

巨大的压力所左右。

总之，环境控制系统论重视在解决环境问题的过程中发挥社会或民间力量，以此约束市场对环境的危害，并补充政府在环境问题解决中的不足；重视培养全社会的环境保护意识和树立有利于环境问题解决的价值观念；重视解决环境问题的控制主体的能动性，通过法令、预算和组织等控制手段，对社会发挥控制作用。

近年来，环境控制系统论者的研究范围进一步扩大，涉及环境控制系统对解决环境问题的重要性和机制、环境控制系统对经济系统的介入、环境问题的历史变化等主题。环境控制系统论在日本环境社会学界的影响越来越大。[1]

三、日本环境社会学理论的特点及启示

日本环境社会学的发展起步较早，可以说是与美国的环境社会学同步发展起来的。经过近 70 年的发展，日本环境社会学逐渐形成了自成一体的理论体系，突显出鲜明的理论特色。

日本环境社会学理论的第一个特点是始终围绕日本本土的环境问题，本土化倾向显著。日本的环境社会学研究主要涉及的是日本的环境问题，比如分析环境公害方面的水俣病、骨痛病，分析日本的重工业、材料产业等影响环境的产业政策，关注"居民运动"以分析环境政策对环境运动的影响等。日本的环境社会学理论都是在解决本土环境问题的基础上发展起来的，具有明确的实用目的，意在解决迫在眉睫的具体问题。第二个特点是理论研究的范围相对狭小。这一特点主要是受到理论本土化的影响。日本环境社会学理论发展的根本目的是为解决环境污染和破坏造成的社会问题提供对策。这一点与欧美环境社会学理论更多思考整个人类社会与自然环境之间的矛盾，从人口、能源、饥饿、权力、运动与革命等多元视角展开分析存在很大差异。日本的民族文化以及二战后整个社会经济的高速发展所制造的繁荣兴盛在很大程度上影响了日本环境社会学理论思考的路径和视野。第三个特点是理论建构的层次较低。与欧美学者多层次、多角度运用和创建环境社会学理论不同，日本学者的思考和分析更多停留在原因分析与对策建议上，由此而形成的理论多属于

---

[1] 包智明：《环境问题研究的社会学理论：日本学者的研究》，《学海》2010 年第 2 期，第 90 页。

实证理论。

日本环境社会学研究及其理论发展遵循着自身逻辑，在国际环境社会学理论体系中独树一帜。其理论发展的思路对中国环境社会学研究和理论发展的最大启示就是立足本土，研究中国在社会转型过程发生的诸多环境问题和生态风险。中国的快速崛起与发展必须吸取日本现代化的教训，警惕工业化对生态系统和人民健康造成的损害。环境社会学要充分重视本土环境问题，同时结合中国国情和民族文化特质，建构具有中国特色的环境社会学理论。

此外，中国环境社会学理论的建构，必须拓展理论视角和研究范围，提升理论建构的层次。人类社会与环境之间的关系表现在很多方面，从学科发展的长远趋势来看，中国环境社会学理论的发展应该克服具体问题的局限，结合中国的制度优势、文化优势，从更高的立场和更广阔的视域出发给出关于解决本土环境问题和全球生态危机的中国方案。

主要参考资料

[美] 贝尔：《环境社会学的邀请》，昌敦虎译，北京大学出版社 2010 年版。

[德] 贝克：《风险社会》，何博闻译，译林出版社 2004 年版。

[德] 贝克：《自由与资本主义》，路国林译，浙江人民出版社 2001 年版。

[德] 贝克：《世界风险社会》，吴英姿、孙淑敏译，南京大学出版社 2004 年版。

[德] 贝克、[英] 吉登斯、[英] 拉什：《自反性现代化》，赵文书译，商务印书馆 2001 年版。

边燕杰、涂肇庆、苏耀昌：《华人社会的调查与研究 —— 方法与发现》，香港牛津大学出版社 2001 年版。

[美] 柏林：《自由四论》，陈晓林译，台北联经出版事业公司 1986 年版。

蔡禾：《城市社会学：理论与视野》，中山大学出版社 2003 年版。

陈阿江：《环境社会学是什么 —— 中外学者访谈录》，中国社会科学出版社 2017 年版。

陈学明：《二十世纪的思想库 —— 马尔库塞的六本书》，云南人民出版社 1989 年版。

崔凤、唐建国：《环境社会学》，北京师范大学出版社 2010 年版。

[英] 大卫·丹尼：《风险与社会》，马缨、王嵩等译，北京出版社 2009 年版。

[澳] 德赖泽克：《地球政治学：环境话语》，蔺雪春、郭晨星译，山东大学出版社 2008 年版。

[日] 饭岛伸子：《环境社会学》，包智明译，社会科学文献出版社 1999 年版。

复旦大学哲学系现代西方哲学研究室：《西方学者论——〈一八四八年经济学—哲学手稿〉》，复旦大学出版社 1983 年版。

高中华：《环境问题抉择论——生态文明时代的理性思考》，社会科学文献出版社 2004 年版。

[英] 戈德史密斯：《生存的蓝图》，程福祜译，中国环境科学出版社 1987 年版。

[英] 顾柏：《社会科学中的风险研究》，中国劳动社会保障出版社 2010 年版。

[美] 哈维：《环保的本质和环境运转的动力》，马丁译，南京大学出版社 2002 年版。

[加] 汉尼根：《环境社会学——社会建构主义的视角》，洪大用等译，中国人民大学出版社 2009 年版。

[德] 黑格尔：《黑格尔历史哲学》，潘高峰译，九州出版社 2011 年版。

洪大用：《社会变迁与环境问题——当代中国环境问题的社会学阐释》，首都师范大学出版社 2001 年版。

侯鸿勋：《孟德斯鸠及其启蒙思想》，人民出版社 1997 年版。

[德] 霍耐特：《为承认而斗争》，胡继华译，上海人民出版社 2005 年版。

[英] 吉登斯：《现代性的后果》，田禾译，译林出版社 2000 年版。

[英] 吉登斯：《失控的世界——全球化如何塑造我们的生活》，周红云译，江西人民出版社 2001 年版。

[英] 吉登斯：《第三条道路》，郑戈译，北京大学出版社 2001 年版。

[英] 吉登斯：《超越左与右——激进政治的未来》，李惠斌译，社会科学文献出版社 2009 年版。

[英] 吉登斯：《气候变化的政治》，曹荣湘译，社会科学文献出版社 2009 年版。

[英] 吉登斯：《现代性与自我认同》，赵旭东等译，生活·读书·新知三联书店 1998 年版。

[英] 吉登斯、[英] 皮尔森：《现代性：吉登斯访谈录》，尹宏毅译，新华出版社 2000 年版。

贾学军：《福斯特生态学马克思主义思想研究》，人民出版社 2016 年版。

[美] 卡逊：《寂静的春天》，吕瑞兰、李长生译，吉林人民出版社 1997 年版。

孔德新：《环境社会学》，合肥工业大学出版社 2009 年版。

[英] 劳森：《呼唤理性：全球变暖的冷思考》，戴黍等译，社会科学文献出版社 2011 年版。

[澳] 勒普顿：《风险》，雷云飞译，南京大学出版社 2016 年版。

李友梅、刘春燕：《环境社会学》，上海大学出版社 2004 年版。

刘传江、侯伟丽：《环境经济学》，武汉大学出版社 2006 年版。

刘海霞：《环境正义视阈下的环境弱势群体研究》，中国社会科学出版社 2015 年版。

刘雪斌：《代际正义研究》，科学出版社 2010 年版。

[美] 罗尔斯：《正义论》，中国社会科学出版社 2009 年版。

[美] 马尔库塞等：《工业社会和新左派》，任立编译，商务印书馆 1982 年版。

[美] 马尔库塞：《单向度的人》，刘继译，上海译文出版社 1989 年版。

[美] 马尔库塞：《现代文明与人的困境 —— 马尔库塞文集》，李小兵等译，上海三联书店 1989 年版。

[美] 马尔库塞：《爱欲与文明》，黄勇、薛民译，上海译文出版社 2005 年版。

[美] 马尔库塞：《审美之维 —— 马尔库塞美学论著集》，李小兵译，生活·读书·新知三联书店出版社 1989 年版。

[美] 马尔库塞、[英] 英卡尔·帕泊尔：《革命还是改良》，帅鹏译，外文出版局 1979 年版。

《马克思恩格斯选集》第 1 卷、第 2 卷、第 3 卷、第 20 卷、第 23 卷，人民出版社 1972 年版。

孟德斯鸠：《论法的精神》，许明龙译，商务印书馆 2012 年版。

[美] 米都斯等：《增长的极限 —— 罗马俱乐部关于人类困境的报告》，李宝恒译，吉林人民出版社 1997 年版。

[美] 莫里森等：《美利坚共和国的成长》（下），南开大学历史系美国史研究室译，

天津人民出版社 1991 年版。

[日] 鸟越皓之：《环境社会学》，宋金文译，中国环境科学出版社 2009 年版。

[美] 帕克、伯吉斯、麦肯齐：《城市社会学》，宋俊岭、吴建华、王登斌译，华夏出版社 1987 年版。

[美] 佩珀：《生态社会主义：从深生态学到社会正义》，山东大学出版社 2012 年版。

《普列汉诺夫哲学著作选集》第 1 卷、第 2 卷，生活·读书·新知三联书店 1961 年版。

[美] 萨托利：《民主新论》，冯克利、阎克文译，上海人民出版社 2008 年版。

世界环境与发展委员会：《我们共同的未来》，王之佳、柯金良等译，吉林人民出版社 1997 年版。

[英] 斯宾塞：《第一原理》，易立梅译，外语教学与研究出版社 2015 年版。

孙道进：《马克思主义环境哲学研究》，人民出版社 2008 年版。

童星、张海波：《中国转型期的社会风险及其识别》，南京大学出版社 2007 年版。

[法] 涂尔干：《社会分工论》，渠敬东译，生活·读书·新知三联书店 2000 年版。

[法] 涂尔干：《宗教生活的基本形式》，渠敬东译，上海人民出版社 1999 年版。

[法] 涂尔干：《原始分类》，汲喆译，上海人民出版社 2000 年版。

[法] 涂尔干：《社会学方法的准则》，狄玉明译，商务印书馆 1995 年版。

万玉松：《美国历任总统传》，河南大学出版社 1989 年版。

[德] 韦伯：《韦伯作品集·古犹太教》，康乐、简惠美译，广西师范大学出版社 2007 年版。

[德] 韦伯：《经济与社会》，林荣远译，商务印书馆 1997 年版。

[德] 韦伯：《学术与政治》，冯克利译，生活·读书·新知三联书店 1998 年版。

[美] 温茨：《环境正义论》，朱丹琼、宋玉波译，上海人民出版社 2007 年版。

[英] 沃德、[美] 杜博斯：《只有一个地球——对一个小小行星的关怀和维护》，吉林人民出版社 1997 年版。

[美] 沃勒斯坦：《转型中的世界体系》，社会科学文献出版社 2006 年版。

夏建中：《城市社会学》，中国人民大学出版社 2010 年版。

郇庆治：《环境政治国际比较》，山东大学出版社 2007 年版。

薛晓源、周战超：《全球化与风险社会》，上海科学文献出版社 2005 年版。

[日] 岩佐茂：《环境的思想和伦理》，冯雷、李欣荣、尤维芬译，中央编译出版社 2011 年版。

杨通进：《环境伦理 全球话语 中国视野》，重庆出版社 2007 年版。

《1844 年经济学哲学手稿》，人民出版社 2000 年版。

朱布楼：《可持续发展伦理研究》，江苏人民出版社 2006 年版。

巴特尔、冯炳昆：《社会学与环境问题：人类生态学发展的曲折道路》，《国际社会科学杂志（中文版）》1987 年第 3 期。

包庆德：《从"工业社会"到"生态社会"：生态现代化研究进展》，《内蒙古大学学报（哲学社会科学版）》2011 年第 3 期。

包智明：《环境问题研究的社会学理论：日本学者的研究》，《学海》2010 年第 2 期。

[德] 贝克：《从工业社会到风险社会》，王武龙编译，《马克思主义与现实》2003 年第 3 期。

蔡萍：《环境建构论的方法论意义》，《河海大学学报（哲学社会科学版）》2012 年第 2 期。

陈华兴、徐海晋：《自然的自然——试论 A·吉登斯的生态政治观》，《浙江学刊》2002 年第 6 期。

陈涛：《美国环境社会学最新研究进展》，《河海大学学报（哲学社会科学版）》2011 年第 4 期。

[日] 舩桥晴俊、寺田良一：《日本环境政策、环境运动及环境问题史》，罗亚娟译，《学海》2015 年第 4 期。

崔凤、唐国建：《环境社会学：关于环境行为的社会学阐释》，《社会科学辑刊》2010 年第 3 期。

丁烈云、李亚雄《从风险社会的权力视角看转型期的失业风险》，《甘肃社会科学》2008 年第 4 期。

董小林、严鹏程：《建立中国环境社会学体系的研究》，《长安大学学报（社会科学版）》2005 年第 2 期。

冯雷：《日本学者岛崎隆对马克思自然观的解读》，《马克思主义与现实》2007 年第 3 期。

冯仕政：《沉默的大多数：差序格局与环境抗争》，《中国人民大学学报》2007 年 01 期。

龚文娟：《社会经济地位差异与风险暴露 —— 基于环境公正的视角》，《社会学评论》2013 年第 4 期。

顾乃忠：《地理环境与文化 —— 兼论地理环境决定论研究的方法论》，《浙江社会科学》2000 年第 3 期。

管志利：《卢曼理论视角下生态文明与法治文明的耦合研究》，《理论研究》2015 年第 2 期。

郭明哲：《行动者网络理论（ANT）》，复旦大学博士论文，2008。

韩立新：《美国的环境伦理对中日两国的影响及转型》，《中国哲学史》，2006 年第 1 期。

韩宗生：《风险社会理论范式的批判性阐释》，《华东理工大学学报（社会科学版）》2018 年第 2 期。

洪大用：《西方环境社会学研究》，《社会学研究》1999 年第 2 期。

洪大用：《试论环境问题及其社会学的阐释模式》，《中国人民大学学报》2002 年第 5 期。

洪大用：《理论自觉与中国环境社会学的发展》，《吉林大学社会科学学报》2010 年第 3 期。

洪大用：《环境社会学的研究与反思》，《思想战线》2014 年第 4 期。

洪大用、龚文娟：《环境公正研究的理论与方法述评》，《中国人民大学学报》2008 年第 6 期。

江莹：《环境社会学研究范式评析》，《郑州大学学报》（哲学社会科学版）2005 年第 5 期。

金自宁：《现代法律如何应对生态风险？——进入卢曼的生态沟通理论》，《法律方法和法律思维》（第八辑），2012。

李春林、王耀伟：《环境正义的多维属性探究》，《河北工业大学学报（社会科学版）》2019年第1期。

李国庆：《日本环境社会学的理论和实践》，《国外社会科学》2015年第5期。

李国庆：《透视日本环境社会学》，《环境保护》2011年第14期。

李慧明：《生态现代化与气候谈判》，山东大学博士论文，2011。

李慧明：《生态现代化理论的内涵与核心观点》，《鄱阳湖学刊》2013年第2期。

李亮、郭辉：《常州毒地事件中政府环境话语分析》，《南京林业大学学报（人文社会科学版）》2016年第2期。

李培超、王超：《环境正义刍论》，《吉首大学学报》（社会科学版）2005年第2期

李昕蕾：《生态现代化理论视角下的山东省能源绿色转型——现实挑战与战略选择》，《鄱阳湖学刊》2015年第3期。

李学智：《地理环境与人类社会——孟德斯鸠、黑格尔"地理环境决定论"史观比较》，《东方论坛》2009年第4期。

李奕、韩广、邹甜：《浅议美国的环境公正》，《中国环境管理》2004年第3期。

李友梅、刘春燕：《环境问题的社会学探索》，《上海大学学报（社会科学版）》2003年第1期。

李友梅、翁定军编译：《马克思关于"代谢断层"的理论——环境社会学的经典基础》，《思想战线》2001年第2期。

梁巍：《后发展国家生态环境困境的反思及其应对》，《哈尔滨师范大学社会科学学报》2019年第4期。

廖小平：《论代际公平》，《伦理学研究》2004年第4期。

林兵：《中国环境社会学的理论建设——借鉴与反思》，《江海学刊》2008年第2期。

林兵：《中国环境问题的理论关照》，《吉林大学社会科学学报》2010年第3期。

蔺雪春：《变迁中的全球环境话语体系》，《国际论坛》2008 年第 6 期。

刘世风：《试论拉图尔的科学实践观》，《自然辩证法研究》2009 年第 2 期。

刘世风：《科学即文化：拉图尔科学实践观的人类学分析》，《浙江师范大学学报（社会科学版）》2009 年第 2 期。

刘涛：《环境传播的九大研究领域（1938—2007）：话语、权力与政治的解读视角》，《新闻大学》2009 年第 4 期。

卢春天、马溯川：《中日环境社会学理论综述及其比较》，《南京工业大学学报（社会科学版）》2017 年第 3 期。

吕涛：《环境社会学研究综述 —— 对环境社会学学科定位问题的讨论》，《社会学研究》2004 年第 4 期。

马国栋：《发展中的生态现代化理论：阶段、议题与关系网络》，《中国地质大学学报（社科版）》2011 年第 5 期。

马国栋：《批判与回应：生态现代化理论的演进》，《生态经济》2013 年第 1 期。

[日] 鸟越皓之、闰美芳：《日本的环境社会学与生活环境主义》，《学海》2011 年第 3 期。

秦明瑞：《社会系统理论与环境研究》，《社会科学辑刊》2007 年第 1 期。

秦明瑞：《系统的逻辑：卢曼理论中几个核心概念的演变》，《社会科学辑刊》2018 年第 5 期。

任剑涛：《祛魅、复魅与社会秩序的重建》，《江苏社会科学》2012 年第 2 期。

申森：《马尔库塞的资本主义生态批判与新感性自然观探析》，《大连海事大学学报（社会科学版）》2015 年第 4 期。

申森、张传泉：《世界风险社会话语下的生态风险：演绎逻辑、解决方案与解释失语》，《青海社会科学》2014 年第 4 期。

孙道进、孙越：《从"自觉的辩证法"到环境伦理学的"生态自觉"》，《辽宁大学学报（哲学社会科学版）》2009 年第 4 期。

宋金文：《生活环境主义的社会学意义 —— 生活环境主义中的"生活者视角"》，《河海大学学报（哲学社会科学版）》2009 年第 2 期。

孙旭友：《"关系圈"稀释"受害者圈"：企业环境污染与村民大多数沉默的乡村逻辑》，《华中农业大学学报（社会科学版）》2018 年第 2 期。

唐代兴：《城市社会学研究需要何种理论基础？》，《天府新论》2017 年第 2 期。

陶贤都、李艳林：《环境传播中的话语表征：基于报纸对土壤污染报道的分析》，《吉首大学学报（社会科学版）》2015 年第 5 期。

滕海键：《20 世纪八九十年代美国的环境正义运动》，《河南师范大学学报（哲学社会科学版）》2007 年第 6 期。

王伯承：《西方风险社会理论困境与中国本土化启示》，《内蒙古社会科学（汉文版）》2015 年第 6 期。

王芳：《文化、自然界与现代性批判——环境社会学理论的经典基础与当代视野》，《南京社会科学》2006 年第 12 期。

王芳：《行动者及其环境行为博弈：城市环境问题形成机制的探讨》，《上海大学学报（社会科学版）》2006 年第 6 期。

王芳：《理性的困境：转型期环境问题的社会根源探析 —— 环境行为的一种视角》，《华东理工大学学报（社会科学版）》 2007 年第 1 期。

王光荣：《论芝加哥学派城市生态学范式的局限》，《天津社会科学》2007 年第 5 期。

王晋军：《生态语言学：语言学研究的新视域》，《天津外国语学院学报》2007 年第 1 期。

王晋军：《国外环境话语研究回顾》，《北京科技大学学报（社会科学版）》2015 年第 5 期。

王京京：《国外社会风险理论研究的进展及启示》，《国外理论动态》2014 年第 9 期。

王宽：《新中国 70 年来中国共产党生态话语构建的基本历程与经验启示》，《理论导刊》2019 年第 9 期。

王雷：《〈论法的精神〉一书中的两条线索》，《东吴学术》2011 年第 4 期。

王平：《现代性风险及其治理：吉登斯生态思想要旨》，《苏州大学学报（哲学社会科学版）》2018 年第 2 期。

王守春：《地理环境在经济和社会发展中的作用的再认识 —— 关于对"地理环境决定论"批判的反思的反思》，《地理研究》1995 年第 3 期。

王韬洋：《"环境正义运动"及其对当代环境伦理的影响》，《求索》2003 年第 5 期。

武春友、孙岩：《环境态度与环境行为及其关系研究的进展》，《预测》2006 年第 4 期。

夏玉珍、卜清平：《风险理论方法论的回顾与思考》，《学习与实践》2016 年第 7 期。

肖文明：《观察现代性 —— 卢曼社会系统理论的新视野》，《社会学研究》2008 年第 5 期。

徐晓望：《关于人类海洋文化理论的重构》，《福建论坛（人文社会科学版）》1999 年第 4 期。

徐迎春、虞伟：《从环境"可持续"到"可再生"：新世界主义语境下的环境话语转向》，《浙江学刊》2019 年第 1 期。

徐迎春：《隐秘的互动：政府环境话语和主流媒体的"低碳"神话建构》，《浙江传媒学院学报》2015 年第 6 期。

郇庆治、[德] 马丁·耶内克：《生态现代化理论：回顾与展望》，《马克思主义与现实》2010 年第 1 期。

杨发庭：《生态危机：特征、根源及治理》，《理论与现代化》2016 年第 2 期。

杨丽杰、包庆德：《吉登斯风险社会及其解决方案的生态维度》，《自然辩证法研究》2017 年第 6 期。

杨盛军：《环境代际正义的实现 —— 论三种伦理主体的道德建构》，《吉首大学学报（哲学社会科学版）》2009 年第 3 期。

杨通进、汤剑波：《伦理学研究进展》，载中国社会科学院哲学研究所编：《中国哲学年鉴 2007》，哲学研究杂志社 2007 年版。

杨通进：《罗尔斯代际正义理论与其一般正义论的矛盾和冲突》，《哲学动态》2006 年第 8 期。

杨雪冬：《风险社会理论述评》，《国家行政学院学报》2005 年第 1 期。

姚大志：《一种程序正义？—— 罗尔斯正义原则献疑》，《江海学刊》2010 年第 3 期。

张斌、陈学谦：《环境正义研究述评》，《伦理学研究》2008 年第 4 期。

张康之、熊炎：《风险社会中的风险治理原理》，《南京工业大学学报（社会科学版）》2009 年第 2 期。

张品：《人类生态学派城市空间研究述评》，《理论与现代化》2014 年第 5 期。

张品：《城市社会学的兴起与困境——兼议城市在当代社会理论研究中的地位》，《理论月刊》2014 年第 5 期。

张文木：《中国地缘政治的特点及其变动规律（上）》，《太平洋学报》2013 年第 1 期。

张伟丽、叶民强：《政府、环保部门、企业环保行为的动态博弈分析》，《生态经济》2005 年第 2 期。

张戌凡：《观察"风险"何以可能——关于卢曼〈风险：一种社会学理论〉的评述》，《社会》2006 年第 4 期。

赵晓歌：《环境社会学研究的生态论思维范式》，《吉首大学学报（社会科学版）》2009 年第 3 期。

赵万里、蔡萍：《建构论视角下的环境与社会——西方环境社会学的发展走向评析》，《山西大学学报（哲学社会科学版）》2009 年第 1 期。

赵旭东：《程序正义概念和标准的再认识》，《法律科学》2003 年第 6 期。

郑红莲、王馥芳：《环境话语研究进展与成果综述》，《北京科技大学学报（社会科学版）》2018 年第 4 期。

郑莉：《现代性论争的缘起、困境与出路》，《马克思主义与现实》2007 年第 1 期。

周杰灵、严火其：《集约化养猪环境正义：美国北卡州经验及启示》，《自然辩证法研究》2019 年第 2 期。

周晓虹：《现代社会心理学——多维视野中的社会行为研究》，上海人民出版社 1997 年版。

周泽之：《黑格尔地理环境学说简论》，《安徽大学学报（哲学社会科学版）》1987 年第 2 期。

朱峰、保继刚、项怡娴：《行动者网络理论（ANT）与旅游研究范式创新》，《旅游学刊》2012 年第 11 期。

庄友刚：《从马克思主义视野对风险社会的二重审视》，《探索》2004 年第 3 期。

Bardo, J.W. and Hartman, J. J. *Urban Sociology: A Systematic Introduction*, F.E.Peacock Publishers,1982.

Beck. World Risk Society. Cambridge: Polity Press, 1999.

Bosselmann, K. "Ecological Justice and Law". Benjamin J. Richardson, Stepan Wood. *Environmental Law for Sustainability*: A Reader, Oxford: Hart Publishing, 2006.

Brulle, R.J. Agency, Democracy and Nature: The U.S. *Environment Movement from a Critical Theory Perspective, Cambridge*, MA: MIT Press, 2000.

Bryant, B I. *Environmental Justice: Issues, Policies, and Solutions*. Washington, D.C.: Island Press, 1995.

Bullard, R.D. *Confronting Environmental Racism: Voices from the Grassroots*. Boston: South and Press, 1993.

Bullard, R.D. *Environmental Justice for All*: It's the Right Thing to Do. J.envtl.l. & Litig, 1994.

Bullard, R.D. "Anatomy of Environmental Racism". Richard H. *Toxic Struggles: the Theory and Practice of Environmental Justice*. Philadephia: New Society Publishers, 1993.

Carson, R. *Silent Spring, anniversary edition*. Boston: Houghton Mifflin Company, 2002.

Cole, L.W., Foster S R. *From the Ground up: Environmental Racism and the Rise of the Environmental Justice Movement*. New York and London: New York University Press, 2001.

Connor, J.O. *Natural Causes: Essays in Ecological Marxism*. The Guilford Press, 1998.

Curtin, D. *Environmental Ethics for a Postcolonial World*. Lanham: Rowman & Littlefield, 2005.

Dobson, A. *Justice and Environment: Conceptions of Environmental sustainability and Dimensions of Distributive Justice.* Oxford: Oxford University Press, 1998.

Dryzek, J.S. *The Politics of the Earth: Environmental Discourses.* Oxford: Oxford University Press, 2005.

Ewald, F. "Insurance and risks". Burchell, G. Gordon, C .and Miller, P. (eds) *The Foucault Effect: Studies in Governmentality.* London: Harvester/Wheatsheaf, 1991.

Goatly, A. "Green grammar and grammatical metaphor, or language and myth of power, or metaphors we live By". *Journal of Pragmatics*, Vol.25, No.1, 1996.

Gould K A, Pellow, D. N., Schnaiberg A. *The Treadmill of Production: Injustice and Unsustainability in the Global Economy.* Boulder: Paradigm Publishers, 2008.

Halliday, M.A.K. "New ways of meaning: the challengeof applied linguistics". Püts, M.(ed.) *Thirty Years of Linguistics Evolution: Studies in Honour of René Dirven.* Philadelphia and Amsterdam: John Benjamins, 1992.

Hannigan J.A. *Environmental Sociology: A Social Constructionist Perspective.* London: Routledge, 1995.

Hardin, G. "The tragedy of the commons". *Science* 162, 1968.

Hartmann, S.B. "Feminist and Postcolonial Perspectives on Ecocriticism in a Canadian Context: Toward a Situatied Literary Theory and Practice of Ecofeminism and Environmental Justice", Catrin G, et al. *Nature in Literary and Cultural Studie: Transatlantic Conversa—tions on Ecocriticism.* Amsterdam: Rodopi, 2006.

Herndl, C.G. and Brown, S.C. "Introduction". C.G. Herndl and S.C. Brown (eds) *Green Culture: Environment Rhetoric in Contemporary America,* Madison. WI: University of Wisconsin Press., 12.

Humphreys, S. *Human Rights and Climate Change.* Cambridge: Cambridge University Press, 2010.

Kline, B. *First along the River : A Brief History of the U.S. Environmental Movement.* Lanham, Md.: Rowman & Littlefield Publishers, c2011.

Lockie, S. "Social Nature: the Environmental Challenges to Mainstream Social Theory". R. White (ed.), *Controversies in Environmental Sociology*, Cambridge: Cambridge University Press, 2004.

Maffi, L. *On Biocultural Diversity*. Washington, DC: Smithson. Inst. Press, 2001.

Marcuse1, H. *Technology War and Fascism*. London: Routledge, 1998.

Mills, W.T. "Metaphorical vision: changes in western attitudes to the environment". *Annals of the Association of American Geographers*, Vol.72, No.1, 1982.

Mol, A.P.J. "The Environmental Movement in an Era of Ecological Modernisation". *Geoforum*, 2000, 31(1).

Mühlhausler, P. & Peace, A. "Environmental discourses". *The Annual Review of Anthropology*, Vol.35, No.1, 2006.

Newton, D. E. *Environmental Justice: Reference Handbook*. Colifornia, International Horizons Inc., 1966.

Osborn, F. *Our Plundered Planet*. Boston: Little, Brown and Company, 1948.

Otis, L., Graham, Jr.(ed.) *Environmental Politics and Policy, 1960s—1990s*, University Park. Pennsylvania: The Pennsylvania University Press, 2000.

Pellow, D.N., Adam Weinberg, and Allan Schnaiberg."The Environmental Justice Movement: Equitable Allocation of the Costs and Benefits of Environmental Management Outcomes". *Social Justice Research*, 2001, 14(4).

Pellow, D. N. "Enviromental Inequality Formation: Toward a Theory of Enviromental Injustice". *American Behavioral Scientist*, 2000, 43.

Saunders, P. "Social Theory and the Urban Question". *Hutchinson Education*,1986.

Schnaiberg A, Pellow D,Weinberg A. "The Treadmill of Production and the Environmental State". Mol and Butteleds. *The Environ—mental State under Presser*. Boston Jai Press, 2002.

Schnaiberg and Gould. "Treadmill Predispositions and Social responses". KING, L. & McCarthy, D.(2nd ed), *Environmental Sociology: From Analysis to Action*. Lanham:

Rowman& Littlefield Publishers, Inc., 2009.

Stretesky, P and Hogan, M.J. " Environmental Justice: an Analysis of Superfund Sites in Florida". *Social Problem*, 1998, 45（2）.

Sze, J. "From Environmental Justice Literature to the literature of Environmental Justice". Joni A, et al. *The Environmental Justice Reader: Politics, Poetics and Pedagogy*. Tucson: University of Arizona Press, 2002.

Tatar, J R., Kaasa, S.O. ,Cauffman, E. "Perceptions of Procedural Justice among Female Offenders: Time Does not Heal all Wounds". *Psychology, Public Policy, and Law*, 2012, 18(2).

Todd, J. Trade Treaties, Citizen Submissions, and Environmental Justice. Social *Science Electronic Publishing*, 2017, 44（1）.

"World Commission on Environment and Development". *Our Common Future*, Oxford: Oxford University Press, 1987.

后　记

本教材编写的目的是对环境社会学相关思想和理论体系进行整理介绍，以帮助国内各高校社会学专业学生能够更加便捷系统地熟悉了解环境社会学研究的理论发展。本教材深入挖掘了传统社会学理论中的环境社会学思想，并系统梳理汇编了现当代发展起来的环境社会学理论。由于能力和资料有限，教材在成稿过程中，充分参考借鉴了国内学者关于欧美、日本等发达国家环境社会学理论的介绍性文章和著述，实质上是获得了他们很大的支持和帮助，特此向各位前辈学者表示衷心感谢，并就存在的不当之处，恳请各位老师包涵谅解，并诚请批评指正。近几年，环境社会学的理论体系又有了新进展，深层生态学、生态犯罪学等领域的探索将环境社会学的发展继续向前推进。未来期待能够把这些新的思想观点收纳进来，不断完善环境社会学理论体系的梳理与解读。